高等学校计算机教育信息素养系列教材

大学计算机基础

主　编　侯素红　王静红

副主编　邵　敏　申　冰
郭　欣　赵　丽

西安电子科技大学出版社

内 容 简 介

本书是针对计算机应用基础课程教学要求，依据2021年高等职业教育信息技术课程标准编写的，全书包含计算机基础知识、操作系统、文字处理软件、电子表格处理软件、演示文稿软件、计算机网络基础和计算机前沿技术等内容。

本书采用项目驱动的编写方式，使学生积极思考任务描述、掌握完成任务的必备知识，同时通过练习巩固知识点，配合习题使学生做到对知识点的融会贯通及延伸拓展，最终培养其可持续学习、可持续发展的终身学习的能力。

本书适合大学一年级所有专业的学生学习，也可作为全国计算机等级考试(一级MS Office考试)的培训书。

图书在版编目(CIP)数据

大学计算机基础 / 侯素红，王静红主编. —西安：西安电子科技大学出版社，2021.9
(2022.8 重印)
ISBN 978-7-5606-6173-5

Ⅰ. ①大…　Ⅱ. ①侯…　②王…　Ⅲ. ①电子计算机—高等学校—教材　Ⅳ. ①TP3

中国版本图书馆CIP数据核字(2021)第175586号

策　　划　李鹏飞　杨航斌
责任编辑　李鹏飞　马晓娟　阎　彬
出版发行　西安电子科技大学出版社(西安市太白南路2号)
电　　话　(029)88202421　88201467　　邮　　编　710071
网　　址　www.xduph.com　　电子邮箱　xdupfxb001@163.com
经　　销　新华书店
印刷单位　陕西天意印务有限责任公司
版　　次　2021年9月第1版　2022年8月第3次印刷
开　　本　787毫米×1092毫米　1/16　印 张　16.5
字　　数　320千字
印　　数　14 001～15 000册
定　　价　52.00元
ISBN 978-7-5606-6173-5 / TP
XDUP 6475001-3
如有印装问题可调换

前　　言

“计算机应用基础”课程是一门公共课程，是各高等院校开设最为普遍、受益面较广的一门基础课程，在高等院校教学体系中具有重要地位。根据教育部计算机应用基础教学大纲以及工作任务与职业能力分析，本书从实际出发，采用“项目驱动，学做一体”的教学方法，在教学过程中体现工作过程结构的完整性(获取信息、计划、实施、评价)，使学生对数字概念理解清晰，对先进技术产生兴趣，同时提高学生的职业能力、实际动手能力、分析并解决问题的能力以及创新能力，使学生理解数字化学习环境、资源、工具和信息系统的特点，能熟练使用各种软件工具与信息系统对信息进行加工、处理并展示交流，逐步养成实事求是的科学态度和严谨的工作作风，为专业课的学习打下扎实基础。

本书主要分为 7 个项目，具体内容如下。

项目 1：介绍了计算机基础知识，主要包括计算机必备基础知识、系统组成与工作原理、计算机病毒的相关知识与防范。

项目 2：介绍了 Windows 7 操作系统，主要包括操作系统的使用、文件的管理与使用。

项目 3：介绍了 Word 2016 文字处理软件，主要包括制作招聘启事、说明书、促销方案和出库单等。

项目 4：介绍了 Excel 2016 电子表格处理软件，主要包括成绩报表的创建、统计、分析和制作。

项目 5：介绍了 PowerPoint 2016 演示文稿软件，主要包括工作总结的制作、美化与提升。

项目 6：介绍了计算机网络基础知识，主要包括网络的使用和电子邮件的收发。

项目 7：介绍了计算机前沿技术，主要包括大数据及应用、云计算、人工智能和区块链。

本书系统地介绍了计算机的基本操作，以任务引出所需要的知识，结构清晰，易于理解。每个项目的开头均设置了“引言”和“学习目标”，旨在帮助读者在学习的过程中抓住重点难点。每个项目的最后都有“思考与练习”，用于巩固所学知识，帮助读者加深对知识与操作的理解，提升学以致用的能力。

本书由侯素红、王静红任主编，邵敏、申冰、郭欣、赵丽任副主编。其中侯素红编写了项目 4，王静红编写了项目 7，邵敏编写了项目 2、项目 5，申冰编写了项目 3，郭欣编写了项目 1，赵丽编写了项目 6。

由于时间仓促，本书难免存在不足之处，还请广大读者批评指正，提出宝贵意见，以便我们修订完善。

编　者

2021 年 5 月

目　　录

项目 1　计算机基础知识

计算机是20世纪人类社会最伟大的科技发明成果之一，计算机的应用遍及人类社会的各个领域，极大地推动了人类社会的进步与发展。由计算机技术和通信技术相结合而形成的信息技术是现代信息社会最重要的技术支柱，对人类的生产方式、生活方式及思维方式都产生了极其深远的影响，目前计算机已经成为人类信息化社会中必不可少的基本工具之一。全面认知计算机，充分了解计算机的各项功能，才能使其成为人们的助手，更好地协助人们学习、生活和工作。

本项目将简单介绍计算机的基础知识、计算机系统组成与工作原理以及计算机病毒的相关知识。

学习目标

(1) 了解计算机的诞生及发展阶段；

(2) 了解计算机的特点、应用和分类；

(3) 了解计算机的发展趋势；

(4) 掌握数制及其转换知识；

(5) 了解计算机系统组成与工作原理；

(6) 了解计算机病毒。

1.1　计算机基础知识

计算机是一种能够自动、高速、精确地存储和加工信息的电子设备。对本定义要明确两点：

(1) 计算机不仅是一种计算工具，还是一种信息处理机。

(2) 计算机不同于其他任何机器，它能够接收、保存数据，并按照程序的引导自动地进行各种操作。

1.1.1 计算机的诞生及发展阶段

计算机自诞生以来得到了迅猛的发展。人们研制出了各种类型的计算机，其广泛应用于社会生活、学习和工作等各个领域，并发挥着巨大的作用。

1. 计算机的诞生

世界公认的第一台通用电子计算机，是于1946年2月15日由美国宾夕法尼亚大学研制成功的，它被命名为ENIAC(Electronic Numerical Integrator And Computer，电子数字积分计算机)，如图1-1所示。ENIAC采用电子管作为计算机的基本元器件，全机共用电子管17000多个、继电器1500个、电容10000个、电阻7000个，占地面积约170平方米，重30余吨，每小时耗电150千瓦，每秒能进行5000次加法运算或400次乘法运算。

图1-1　ENIAC

2. 计算机的发展阶段

电子计算机诞生以后，获得了迅猛发展。按照计算机采用的电子元器件的不同，可以将计算机的发展阶段划分为电子管计算机、晶体管计算机、中小规模集成电路计算机、大规模及超大规模集成电路计算机四代。

第一代：电子管计算机(1946—1958年)。其主要特点是：硬件方面，采用电子管作为基本逻辑电路元件，主存储器采用水银延迟线存储器、磁鼓和磁芯等，外存储器则采用磁带；软件方面，使用机器语言和汇编语言。第一代计算机的体积庞大，运算速度慢，功耗大，可靠性差，价格昂贵；应用以科学计算为主。

第二代：晶体管计算机(1958—1964 年)。其主要特点是：硬件方面，采用晶体管作为基本逻辑电路元件，主存储器主要采用磁芯，外存储器开始采用磁盘；软件方面，出现了各种各样的高级语言及其编译程序，还出现了以批处理为主的操作系统。第二代计算机的体积大大缩小，耗电减少，重量减轻，可靠性提高，性能比第一代计算机有很大的提高；应用以科学计算和各种事务处理为主，并开始用于工业控制。

第三代：中小规模集成电路计算机(1964—1971 年)。其主要特点是：硬件方面，计算机的主要逻辑部件采用中小规模集成电路，主存储器开始采用半导体存储器；软件方面，对计算机程序设计语言进行了标准化，并提出了结构化程序设计思想。第三代计算机的体积进一步减小，运算速度、运算精度、存储容量及可靠性等主要性能指标大为改善；计算机的应用领域和普及程度更加广泛。

第四代：大规模及超大规模集成电路计算机(1971 至今)。其主要特点是：硬件方面，计算机的逻辑部件由大规模和超大规模集成电路组成，主存储器采用半导体存储器，计算机的外围设备多样化、系列化；软件方面，实现了软件固化技术，出现了面向对象的计算机程序设计思想，并广泛采用了数据库技术、计算机网络技术。

第四代计算机发展最重要的成就之一就是微处理器的体积不断减小，集成度不断提高，运算速度越来越快，从而使计算机逐渐向微型机(即日常使用的个人计算机)方向发展，使计算机逐渐走进办公室、学校和普通家庭。

1.1.2　计算机的特点、分类和应用

1. 计算机的特点

1) 运算速度快

目前，计算机的运算速度已达到 20 亿亿次/秒，这使得在过去需要几年甚至几十年才能完成的任务，现在只需要几分钟甚至更短的时间就可以完成，极大地提高了工作效率。同时，随着计算机技术的发展，计算机的运算速度还会进一步提高。

2) 精度高

计算机的精度取决于机器的字长，字长越长，精度越高。不同型号的计算机字长不同，有 8 位、16 位、32 位、64 位等，目前较流行的计算机大多为 64 位字长。

3) 具有记忆能力和逻辑判断能力

计算机的记忆能力是指其对数据的存储能力，即计算机可以存储大量的信息；计算机还具有逻辑运算的功能，能对信息进行识别、比较、判断等。

4) 自动化程度高

计算机内部的操作运算都是在程序的控制之下自动完成的。程序员根据用户的要求编写并运行程序，计算机就可以按照程序的指令要求，自动完成指定的任务。

2. 计算机的分类

计算机的分类方法较多，一般按照计算机的用途、功能和规模进行分类。

1) 按照计算机的用途分类

计算机的用途千差万别，按照用途的不同，可以将计算机分为通用计算机和专用计算机。

(1) 通用计算机。通用计算机是指功能较多、应用较广，适合于各行各业应用的计算机。目前应用于学校机房、办公室和家庭的计算机都属于通用计算机。

(2) 专用计算机。专用计算机是指为完成某一特殊功能而设计的计算机。专用计算机一般配有专门开发的软件及与之相配套的接口设备，大多被应用于工业控制、军事等领域。

2) 按照计算机的功能和规模分类

按照功能强弱和规模大小，可以将计算机分为巨型机、大型机、小型机和微型机等。

(1) 巨型机。巨型机亦称超级计算机，其具有极高的性能和极大的规模，价格昂贵，主要用于航天、气象、地质勘探等尖端科技领域。巨型机的研发和生产是一个国家科技实力的体现，我国是世界上少数能生产巨型机的国家之一，成功研发并生产了“银河”“曙光”“天河”“神威”等巨型机。

(2) 大型机。大型机虽然在量级上不及巨型机，但也具有很高的运算速度和很大的存储量，一般用于为大中型企事业单位(如银行、机场等)提供数据的集中存储、管理和处理，承担企业级服务器的功能。目前，生产大型机的厂商主要有美国的IBM公司、日本的富士通公司等。

(3) 小型机。小型机是指性能和价格介于微型机服务器和大型机之间的一种高性能计算机。小型机的特点是结构简单、可靠性和维护费用低。目前，小型机已被微型机取代。

(4) 微型机。微型机又称微机，是当今使用最普及的一类计算机，其特点是体积小、功耗低、功能多、性价比高。微型机按照结构和性能的不同，又可分为单片机、单板机、个人计算机(Personal Computer，PC)、工作站和服务器等几种类型。其中，个人计算机包括台式计算机、笔记本计算机、一体机和平板计算机等类型。

3. 计算机的应用

计算机最早应用于科学计算和数据处理。随着计算机技术的发展和普及，计算机已融入社会生活的方方面面，在科学技术、国民经济和社会生活等各个方面得到广泛的应用，取得了明显的社会效益和经济效益。

1) 科学计算

科学计算又称数值计算，是计算机的重要应用领域之一，也是它最早的应用领域。利用计算机可以实现人工无法完成的各种科学计算问题。例如，建筑设计中的计算，气象预报中气象数据的计算，火箭运行轨迹、高能物理及地质勘探等许多尖端科学技术的计算，都需要借助计算机来完成。

2) 数据处理

数据处理又称信息处理，是指利用计算机管理、操纵各种形式的数据。利用计算机进行数据处理已成为计算机应用的一个重要方面，例如，企业管理、人事管理、物资管理、报表统计、财务计算、信息情报检索等都属于数据处理的范畴。

3) 过程控制

过程控制又称实时控制，是指利用计算机实时地采集、监测被控制对象运行情况的数据，并对这些数据进行分析处理，然后按照某种最佳方案发出控制信号，实现对动态过程的控制、指挥和协调。过程控制在机械、冶金、石油化工、电力、建筑和轻工等领域得到了广泛的应用，卫星、导弹发射等国防尖端科学技术领域更是离不开计算机的实时控制。

4) 计算机辅助系统

计算机辅助系统(Computer Aided System)是利用计算机辅助完成各类任务的计算机系统总称。计算机辅助系统包括计算机辅助设计(Computer Aided Design，CAD)、计算机辅助制造(Computer Aided Manufacturing，CAM)、计算机辅助测试(Computer Aided Test，CAT)和计算机辅助教育(Computer Based Education，CBE)等。CAD、CAM、CAT技术的有效结合，可实现产品设计、制造和测试的自动化完成，大大降低了工程技术人员和工人的劳动强度。

5) 人工智能

人工智能(Artificial Intelligence，AI)又称为智能模拟，是用计算机模拟人的智能行为(如感知、思维、推理和学习等)的理论和技术。人工智能是在计算机科学、控制论等基础上发展起来的边缘学科，包括专家系统、机器翻译和自然语言理解等。例如，用计算机模拟人脑部分功能进行学习、推理、联想和决策，模拟医生给病人诊病的医疗诊断专家系统等。

6) 系统仿真

系统仿真(System Simulation)是利用模型来模仿真实系统的技术。通过仿真模型可以了解实际系统或过程在各种因素变化的条件下，其性能的变化规律。例如，将反映自动控制系统的数学模型输入计算机，利用计算机研究自动控制系统的运行规律；利用计算机进行飞行模拟训练、航海模拟训练等。

7) 办公自动化

办公自动化(Office Automation，OA)是将现代化办公和计算机技术结合起来的一种新型的办公方式。办公自动化可以用计算机或数据处理系统来处理日常例行的各种事务，它具有完善的文字、表格、图像处理功能和网络通信能力，可以进行文档的存储、查询和统计等工作。例如，起草文稿，签阅文件，收集、加工和输出各种资料信息等。办公自动化系统中的设备除计算机外，一般还包括复印机、传真机和通信设备等。

8) 电子商务和电子政务

电子商务或电子政务是指将互联网技术与传统信息技术相结合，通过计算机网络在互联网上展开网上相互关联的动态商务活动或政务活动。

1.1.3 计算机的发展趋势

21 世纪是信息革命的时代，信息科技将成为发展最迅速、影响最广泛的科技领域。计算机结构和功能将向着巨型化、微型化、超强功能、网络化和智能化的方向发展。

(1) 巨型化是指发展运算速度快、存储容量大和具有超强功能的计算机，主要用于满足尖端科学技术飞速发展的需要等。

(2) 微型化是利用微电子技术和超大规模集成电路技术，将计算机的体积进一步缩小，价格进一步降低。现在除了放在办公桌上的台式微机外，还有可随身携带的笔记本电脑，以及可以拿在手上进行操作的掌上电脑。

(3) 网络化是指利用现代通信技术和计算机技术把分布在不同地点的计算机互连起来，组成一个规模大、功能强的计算机网络，目的是使网络内的计算机灵活、方便地收集和传递信息，共享硬件、软件和数据等资源。

(4) 智能化是指让计算机具有模拟人的感觉和思维过程的能力，这是新一代计算机要实现的目标。预计在未来人工智能计算机不仅能模仿人的左脑进行逻辑思维，而且能模仿人的右脑进行形象思维，计算机将设计得像人一样，可以模拟人的思维、说话及感觉，达到以假乱真的效果。

可以预测，随着超导技术和电子仿生技术应用于计算机，超导计算机和人工智能计算机将会发展到一个更高、更先进的水平。

1.1.4　数制及其转换

数据是指人们能够识别或计算机能够处理的符号，是对客观事物的具体表示。数据不仅是用数字符号表示的数值数据，也可以是用文字、语言、图形和图像等表示的非数值数据。信息是指经过加工处理后用于决策或具体应用的数据。信息根据其属性，可分为事实性信息、预测信息和决策信息。

1. 计算机中数据的表示

数制是数据的表示和计算方法，也称为计数制。常用的数制有十进制、二进制、八进制和十六进制等。任何一种数制都具有三个要素，即数码、基数和进位规则。任意 R 进制数 N 都可以表示成下面按权展开多项式和的形式：

$$N = a_{n-1}R_{n-1} + a_{n-2}R_{n-2} + \cdots + a_1R_1 + a_0R_0 + \cdots + a_{-m}R_{-m} = \sum_{i=-m}^{n-1} a_iR^i$$

式中，a_i 称为数码，i 取 0，1，…，$n-1$ 中的任意一个数字；R 称为基数，R_i 表示数位中的权；m 和 n 为正整数。按上述公式展开计算，可以将任意进制数转换为十进制数。常用数制的数码、基数和进位规则见表 1-1。

表 1-1　常用数制的数码、基数和进位规则

数制	数　码	基数	进位规则
十进制	0、1、2、3、4、5、6、7、8、9	10	逢十进一
二进制	0、1	2	逢二进一
八进制	0、1、2、3、4、5、6、7	8	逢八进一
十六进制	0、1、2、3、4、5、6、7、8、9、A、B、C、D、E、F	16	逢十六进一

在计算机中，通常用数字后面跟一个英文字母表示该数进位计数制。十进制数一般用 D(Decimal)或 d 表示、二进制数用 B(Binary)或 b 表示、八进制数用 O(Octal)或 o

表示、十六进制数用 H(Hexadecimal)或 h 表示。常用数制对照见表 1-2。

表 1-2 各种数制对照表

十进制	二进制	八进制	十六进制
0	0	0	0
1	1	1	1
2	10	2	2
3	11	3	3
4	100	4	4
5	101	5	5
6	110	6	6
7	111	7	7
8	1000	10	8
9	1001	11	9
10	1010	12	A
11	1011	13	B
12	1100	14	C
13	1101	15	D
14	1110	16	E
15	1111	17	F

2. 数制的转换

在日常生活中，人们习惯采用十进制数，而在计算机内部则采用二进制数，在计算机科学中书写多采用八进制数或十六进制数。因此，需要在各种进位计数制之间进行相互转换。

1) 任意数制转换为十进制数

使用位权相加法把 R 进制数每位上的权数与该位上的数码相乘再求和，即得要转换的十进制数值。

【例 1.1】 将二进制数 11011 转换成十进制数。

$$\begin{aligned}(11011)_2 &= 1\times 2^4+1\times 2^3+0\times 2^2+1\times 2^1+1\times 2^0\\ &= 16+8+0+2+1\\ &= (27)_{10}\end{aligned}$$

【例 1.2】 将八进制数 125 转换成十进制数。

$$(125)_8 = 1 \times 8^2 + 2 \times 8^1 + 5 \times 8^0 = 64 + 16 + 5 = (85)_{10}$$

【例 1.3】 将十六进制数 16B 转换成十进制数。

$$(16B)_{16} = 1 \times 16^2 + 6 \times 16^1 + 11 \times 16^0 = 256 + 96 + 11 = (363)_{10}$$

2) 十进制数转换为任意数制

将十进制数转换为任意数制时，需对整数部分和小数部分分别进行处理。处理方法如下：

(1) 整数部分：除基取余法，即连续除以基数 R，直到商为零为止，将所得余数倒序排列。

(2) 小数部分：乘基取整法，即连续乘以基数 R，直到小数部分为零或满足精度要求为止，将所得整数顺序排列。

【例 1.4】 将十进制数 13.125 转换成二进制数。

整数部分：	取余	小数部分：	取整
2 | 13		0.125*2=0.25	…0
2 | 6	…1	0.25*2=0.5	…0
2 | 3	…0	0.5*2=1.0	…1
2 | 1	…1		
0	…1		

转换结果：$(13.125)_{10} = (1101.001)_2$

1.2 计算机系统组成与工作原理

一个完整的计算机系统由硬件系统和软件系统两大部分组成。硬件是组成计算机的物质实体，硬件的性能决定计算机的运行速度；软件则是介于用户和硬件系统之间的界面，决定计算机可以进行的工作。硬件和软件相互渗透、相互促进，两者充分结合，才能发挥计算机的最大功能。

1.2.1 计算机的硬件组成

计算机硬件是指计算机中看得见、摸得着的电子线路和物理装置的总称，由运算器、控制器、存储器、输入设备和输出设备五大部件组成。运算器、控制器、存储器三个部件是信息加工、处理的主要部件，它们合称为“主机”，而输入和输出设备及外存储器则合称为“外部设备”。

1. 运算器

运算器(Arithmetic Logic Unit，ALU)是对数据信息进行加工和处理的中心，能够完成各种算术运算和逻辑运算。运算器主要由算术逻辑运算单元和寄存器两部分组成，其性能是影响整个计算机性能的重要因素。在运算过程中，运算器从存储器获得数据，运算后又把结果送回存储器保存起来。整个运算过程是在控制器的统一指挥下，按照程序中编排的操作顺序进行的。

2. 控制器

控制器(Controller)是分析和执行指令的部件，是控制计算机各个部分有条不紊地协调工作的指挥中心。控制器从存储器中逐条取出并分析指令，然后根据指令要求完成相应的操作，产生一系列控制命令，使计算机各部分自动、连续并协调工作，成为一个有机的整体，实现程序输入、数据输入和运算及运算结果的输出。

运算器和控制器通常集成在一块芯片上，统称为中央处理器(Central Processing Unit，CPU)。CPU 是计算机的核心和关键，计算机的性能主要取决于 CPU。

3. 存储器

存储器(Memory)是用来存放输入设备送来的程序和数据，以及运算器送来的中间结果和最后结果的记忆装置。存储器分内存储器和外存储器。

1) 内存储器

内存储器简称内存，又称主存，是 CPU 根据地址线能直接寻址的空间，由半导体器件制成。内存是主机的一部分，它用来存放正在执行的程序或数据，与 CPU 直接交换信息。其特点是存取速度快，但容量相对较小。内存按其功能和存储信息的原理，又可分成两大类，即随机存储器(RAM)和只读存储器(ROM)。

(1) 随机存储器(Random Access Memory，RAM)是一种在计算机正常工作时可读/写的存储器。RAM 中的信息断电后会失去，因此，用户在操作过程中应养成随时存盘的习惯，以防断电丢失数据。通常所说的内存容量是指 RAM 容量。

(2) 只读存储器(Read Only Memory，ROM)。ROM 与 RAM 的不同之处是它在计算机正常工作时只能读出信息，而不能写入信息。ROM 的最大特点是不会因断电而丢失信息，利用这一特点可以将操作系统的基本输入/输出程序固化其中，计算机在通电后立即执行其中的程序，ROM BIOS 就是指含有这种基本输出程序的 ROM 芯片。只读存储器电路简单，集成度高，根据其特点和功能，又可分为可编程只读存储器(PROM)和可改写只读存储器(EPROM)。ROM 中的信息由制造厂家在生产过程中写入，不能改写；PROM 中的信息可由用户自己在编程器上做一次性写入；EPROM 中的信息可用紫外线擦除，由用户重新写入。

2) 外存储器

外存储器简称外存，又称辅存，它作为一种辅助存储设备，不能与 CPU 直接交换信息，主要用来存放一些暂时不用而又需长期保存的程序或数据。当需要执行外存中的程序或处理外存中的数据时，必须通过 CPU 输入输出指令，将其调入 RAM 中才能被 CPU 执行和处理，其性质与输入输出设备相同，所以一般把外存储器归属于外部设备。外存储器的特点是存储容量大，但存取速度相对较慢。以下是常用的外存储器：

(1) 硬盘。硬盘是微型计算机的重要外存储器，被固定在密封的盒内，一般置于主机箱内。系统和用户的程序、数据等信息通常保存在硬盘上。

硬盘的主要性能指标有容量(单位为 MB 或 GB)、接口类型、转数(单位为转/分，r/min)等。硬盘有两种，一种为固定式，另一种为移动式。固定式硬盘就是固定在主机内的硬盘，而移动式硬盘则是可以轻松携带并随时共享和存储资料的硬盘。

(2) 光盘。光盘是利用激光原理进行信息读写的存储器。它分为只读型光盘(CD-ROM)、一次写入型光盘(CD-R)、可擦写型光盘(CD-RW)和 DVD 光盘等几类。

(3) U 盘。U 盘即便携存储器(USB Flash Disk)，也称闪存，采用 USB 接口，无须外接电源，即插即用，具有断电后数据不丢失的特点，可快速实现不同计算机间的信息交流。

4. 输入/输出设备

输入/输出设备简称 I/O(Input/Output)设备。用户通过输入设备将程序和数据输入计算机，输出设备将计算机处理的结果(如数字、字母、符号和图形)显示或打印出来。常用的输入设备有键盘、鼠标器、扫描仪、数字化仪等。常用的输出设备有显示器、打印机、绘图仪等。

1.2.2　计算机的软件组成

软件(Software)是计算机系统必不可少的组成部分，相对于硬件而言，软件是计算机的灵魂。软件的功能是充分发挥计算机硬件资源的效益，为用户使用计算机提供方便。

软件是为方便使用计算机和提高使用效率而组织开发的程序以及有关文档。程序是一系列按照特定顺序组织的计算机数据和有序指令的集合，计算机之所以能够自动而连续地完成预定的操作，就是运行特定程序的结果。文档指的是对程序进行描述的文本，用于对程序进行解释、说明。

微型计算机的软件系统根据用途可分为系统软件和应用软件两大类。系统软件一般包括操作系统、语言编译程序和数据库管理系统。应用软件是指针对计算机用户的某种应用目的而开发的软件，如文字处理软件、表格处理软件、绘图软件、财务软件、过程控制软件等。

1. 系统软件

系统软件指的是为了使计算机能正常、高效地工作所配备的无需用户干预的各种程序的集合，其主要功能是对计算机系统进行调度、监控和维护，管理计算机系统中的硬件，使它们能协调工作。系统软件是计算机系统正常运行必不可少的软件，包括操作系统、语言处理程序、数据库管理系统和服务程序等。

1) 操作系统

操作系统(Operating System，OS)是最重要的系统软件，用于管理、控制计算机系统的软、硬件和数据资源的大型程序，是用户和计算机之间的接口。操作系统还提供了软件的开发和应用环境。

概括来说，操作系统有两大功能：一是对计算机系统硬件和软件资源进行管理、控制和调度，以提高计算机的效率和各种硬件的利用率；二是作为人机对话的界面，为用户提供最佳的工作环境和最友好的服务。

随着计算机技术的迅速发展和计算机的广泛应用，用户对操作系统的功能、应用环境、使用方式不断提出了新的要求，因而逐步形成了不同类型的操作系统。

操作系统种类繁多，可以从以下几个角度进行划分：

(1) 根据应用领域不同，可分为桌面操作系统、服务器操作系统、主机操作系统、嵌入式操作系统等。

(2) 根据功能不同，可分为批处理操作系统、分时操作系统、实时操作系统、网络操作系统、分布式操作系统等。

(3) 根据工作方式不同，可分为单用户单任务操作系统(如 MS-DOS)、单用户多任务操作系统(如 Windows 98)、多用户多任务分时操作系统(如 Linux、Unix、Windows 7、Windows 8、Windows 10 等)。

(4) 根据源代码的开放程度不同，可分为开源操作系统(Linux、Android、Chrome OS)和不开源操作系统(Windows 系列)等。

2) 语言处理程序

人和计算机交流信息使用的语言称为计算机语言或程序设计语言。程序设计语言通常分为机器语言、汇编语言和高级语言三类，它的基础是一组记号和一组规则，其基本成分有数据成分、运算成分、控制成分和传输成分。数据成分用于描述程序中所涉及的数据，运算成分用于描述程序中所涉及的运算，控制成分用于描述程序中的控制结构，传输成分用于描述程序中的数据传输。语言处理程序是为用户设计的编程服务软件，用于将高级语言源程序翻译成计算机能识别的目标程序。

3) 数据库管理系统

数据库管理系统(Database Management System，DBMS)是对计算机中所存放的大量数据进行组织、管理、查询，并提供一定处理功能的大型系统软件。简单来说，数据库管理系统的作用就是管理数据库，它是位于用户和操作系统之间的数据管理软件，能够科学地组织和存储数据、高效地获取和维护数据。

目前，常见的数据库管理系统有微软公司的 Access、SQL Server，MySQLAB 公司的 MySQL，甲骨文公司的 Oracle 等。

2. 应用软件

应用软件是为了解决用户的各种应用问题而开发的计算机软件，涉及计算机应用的所有领域。科学和工程计算软件、管理软件、辅助设计软件和过程控制软件等都属于应用软件。应用软件可以是一个特定的程序，也可以是一组功能紧密协作的软件集合体，还可以是由众多独立软件组成的庞大的软件系统。

1.2.3　计算机的工作原理

到目前为止，尽管计算机发展了四代，但其基本工作原理仍然没有改变，即冯·诺依曼原理。概括地说，计算机的基本工作原理就是两点，即存储程序与程序控制。图 1-2 所示为计算机工作原理示意图。

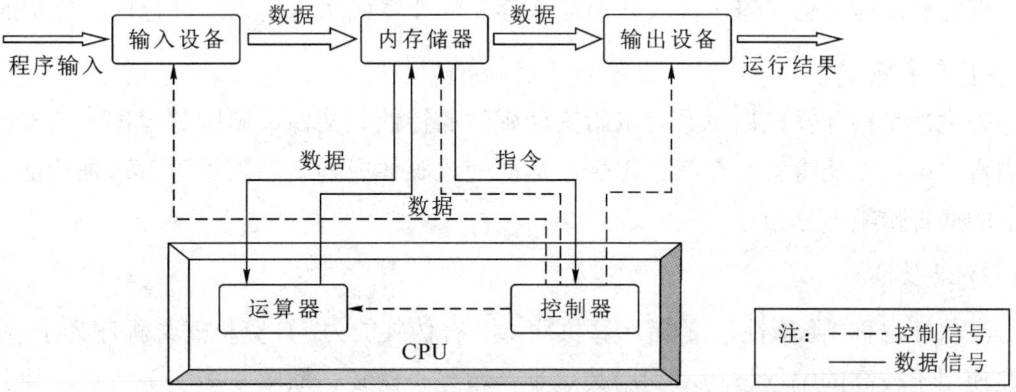

图 1-2　计算机工作原理示意图

计算机的工作原理可以简单地叙述为：将完成某一计算任务的步骤，用机器语言程序预先送到计算机存储器中保存，然后按照程序编排的顺序，一步一步地从存储器中取出指令，控制计算机各部分运行，并获得所需结果。按照这个原理，计算机在执行程序时须先将要执行的相关程序和数据放入内存储器中，在执行程序时，中央处理器根据当前程序指针从寄存器的内容中取出并执行指令，然后再取出并执行下一条指令，如此循环下去直到程序执行结束指令后才停止执行。

1.3 认识并防范计算机病毒

计算机病毒是一种人为蓄意制造的，以制造计算机系统故障、窃取信息等为目的的计算机程序。从第一个计算机病毒诞生以来，其花样不断翻新，给计算机世界带来了极大的危害，信息化社会面临着计算机病毒的严重威胁。计算机病毒防治工作的基本任务是在计算机的使用和管理中，利用各种行政和技术手段防止计算机病毒的入侵、存留和蔓延。

1. 计算机病毒的概念

《中华人民共和国计算机信息系统安全保护条例》关于计算机病毒的定义：计算机病毒，是指编制或者在计算机程序中插入的破坏计算机功能或者毁坏数据，影响计算机使用，并能自我复制的一组计算机指令或者程序代码。

2. 计算机病毒的特征

1) 传染性

传染性是指计算机病毒具有把自己复制到其他媒体的特性。计算机病毒自我复制有两个前提条件：一是计算机病毒装入计算机的内存，二是计算机病毒能够分配到CPU的处理资源。这就意味着，仅仅在磁盘上存在的计算机病毒是无法进行自我复制的。

2) 寄生性

寄生性是指计算机病毒具有依附其他媒体的特性。文件、扇区等媒体一旦被计算机病毒传染，该病毒就会在其中寄生，从而使该媒体成为新的感染源，这种特征与医学上的病毒传染十分相似。

3) 潜伏性

潜伏性也称“隐蔽性”，是指计算机病毒具有伪装能力。计算机病毒程序为了潜伏，往往使用了较高的编程技巧，利用其短小、精练、伪装、欺骗及多变等特点，使其在未发作时隐蔽得很好，一般不易被人察觉，只有使用专用的检测软件或者具备系统知识的专业技术人员才能识别。

4) 触发性

触发性是指计算机病毒一般都具有触发机制，当触发条件不满足时，计算机病毒除了感染之外，无所作为，而触发条件一旦满足，则计算机病毒将表现出其特异功能或破坏作用。触发条件主要有以下五种：

(1) 利用日期触发。如臭名昭著的 CIH 病毒在每年的 4 月 26 日发作。

(2) 利用时钟触发。如特定时刻、累计工作时间、文件存盘时刻等。

(3) 键盘触发。如当用户按下预定单键、组合键或者击键次数达到预定数时发作。

(4) 利用计算机内部的某些特定操作触发。如中断调用次数达到预定数等。

(5) 由外部命令触发。

5) 表现性

表现性是指当触发条件满足时，计算机病毒在其所在的计算机上发作，表现出特异的症状和破坏作用，所以也称“破坏性”。常见的病毒表现有:

(1) 占用 CPU、内存等系统资源或将资源耗尽。

(2) 使系统性能下降，如速度下降等。

(3) 干扰系统的正常运行。

(4) 干扰终端的输入/输出行为。

(5) 攻击引导扇区、文件分配表、文件目录表、文件等系统数据区。

(6) 格式化磁盘。

(7) 改写主机板上的 BIOS 内容。

(8) 拒绝网络服务。

6) 衍生性

衍生性是指当一种计算机病毒暴发或被查出之后，病毒制造者或者其他人往往会对其进行修改，改变其特征以迷惑计算机病毒查杀程序，以期继续危害计算机系统，从而形成了该计算机病毒的变种。

3. 计算机病毒的预防、检测与清除

1) 计算机病毒的预防

计算机病毒层出不穷，给计算机用户带来很多麻烦，对于计算机病毒，要树立以预防为主、清除为辅的观念，具体方法如下：

(1) 及时安装操作系统的安全漏洞补丁程序。

(2) 进行操作系统的安全设置，如用户权限设置、共享设置、安全属性设置等。

(3) 定期进行全面查毒，尤其是在作为触发条件的敏感日期。

(4) 安装至少一种计算机病毒查杀软件、一种计算机病毒防火墙、一种邮件防火墙并及时更新计算机病毒库。

(5) 使用移动存储介质时，应先进行查杀计算机病毒操作。

(6) 应随时保留一张无计算机病毒的、带有各种系统命令的启动盘。

(7) 连接因特网的机器一旦发现有计算机病毒，应在第一时间拔掉网线或切断集线器、路由器等网络部件的电源，以免造成计算机病毒继续传播。

(8) 对从未用过或新购置的计算机，应先查毒后使用。

(9) 不要随意打开可疑邮件及其附件。

(10) 做好硬盘分区表、引导盘的引导扇区等的备份。在重新启用曾感染过顽固计算机病毒的硬盘之前，用专用工具将首磁道的所有扇区清零。

(11) 做好系统和数据备份。

2) 计算机病毒的检测

计算机病毒的检测方法有以下几种：

(1) 手工检测。手工检测是指通过软件工具(DEBUG、PCTOOLS、NU 等)进行病毒检测，它是利用工具软件对计算机易遭病毒攻击和修改的内存及磁盘的有关部分进行检查，通过与在正常情况下的状态进行对比分析，判断是否被计算机病毒感染。这种方法难度大、耗时长，但可以检测识别未知的计算机病毒，以及一些自动检测工具不能识别的新型计算机病毒，适用于专业用户。

(2) 自动检测。自动检测是指通过计算机病毒诊断软件来识别一个系统是否含有计算机病毒。这种方法可以方便地检测大量的计算机病毒，但只能识别已知的计算机病毒，对未知病毒不能识别，适用于一般用户。

3) 计算机病毒的清除

计算机病毒不仅干扰受感染的计算机的正常工作，而且会继续传播计算机病毒、造成泄密和干扰网络的正常运行。计算机病毒清除可采用人工清除和杀毒软件清除。

(1) 人工清除。人工清除可以使用正常的文件来覆盖被计算机病毒感染的文件、删除被计算机病毒感染的文件和重新格式化磁盘等。人工清除难度大，不适合一般用户。

(2) 杀毒软件清除。杀毒软件清除是利用反病毒软件专门对计算机病毒进行防堵、清除，用户按照杀毒软件的菜单或联机帮助操作即可。该方法适于查杀已知的计算机病毒，要求用户对杀毒软件的病毒库进行及时的更新和升级。国内有很多杀毒软件，比较流行的有 360 安全卫士、腾讯电脑管家、360 杀毒、金山毒霸等。

360杀毒是360安全中心出品的一款免费云安全杀毒软件，整合了五大查杀引擎，包括国际知名的BitDefender病毒查杀引擎、Avira AntiVirus(小红伞)病毒查杀引擎、360云查杀引擎、360主动防御引擎及360第二代QVM人工智能引擎。

腾讯电脑管家是腾讯公司推出的免费安全软件，拥有云查杀木马、系统加速、漏洞修复、实时防护、网速保护、电脑诊所、健康小助手、桌面整理和文档保护等功能。

4. 防火墙

防火墙(Firewall)是指一种将计算机内部网络和公众访问网络(如Internet)分开的方法，它实际上是一种建立在现代通信网络技术和信息安全技术基础上的应用性安全技术和隔离技术。

1) 防火墙的定义

我国公共安全行业标准中对防火墙的定义为：设置在两个或多个网络之间的安全阻隔，用于保证本地网络资源的安全，通常是包含软件部分和硬件部分的一个系统或多个系统的组合。

防火墙作为网络防护的第一道防线，位于内部网或网络群体计算机与外界网络的边界，限制着外界用户对内部网络的访问同时也管理内部用户访问。

2) 防火墙的特性

防火墙是放置在两个网络之间的一些组件，防火墙具有通信都经过防火墙、防火墙只放行经过授权的网络流量、防火墙能经受得住对其本身的攻击三个特性。防火墙主要提供以下四种服务。

(1) 服务控制：防火墙可以控制用户能够访问的网络服务类型。

(2) 方向控制：防火墙能够控制特定的服务请求通过它的方向。

(3) 用户控制：防火墙能够控制能够进行网络访问的用户。

(4) 行为控制：防火墙能够控制使用某种特定服务的方式。

3) 防火墙的分类

防火墙的分类方法很多，可以从防火墙采用的技术、软/硬件形式、结构、性能及部署位置等标准来划分。

(1) 按防火墙技术分类：包过滤型防火墙、应用代理型防火墙。

(2) 按防火墙软/硬件形式分类：软件防火墙、硬件防火墙、芯片级防火墙。

(3) 按防火墙结构分类：单一主机防火墙、路由器集成式防火墙、分布式防火墙。

(4) 按防火墙性能分类：百兆级防火墙、千兆级防火墙。

(5) 按防火墙的应用部署位置分类：边界防火墙、个人防火墙、混合式防火墙。

思考与练习

1. 第一台通用电子计算机 ENIAC 诞生于(　　)年。

A. 1946　　B. 1958

C. 1964　　D. 1978

2. 第二代计算机所采用的基本逻辑电路元件是(　　)。

A. 电子管　　B. 晶体管

C. 集成电路　　D. 大规模和超大规模集成电路

3. 计算机问世至今经历了四代，而划分成四代的主要依据是计算机的(　　)。

A. 规模　　B. 功能

C. 性能　　D. 构成器件

4. 计算机当前的应用领域无处不在，但其最早的应用领域是(　　)。

A. 数据处理　　B. 科学计算

C. 人工智能　　D. 过程控制

5. 用来表示计算机辅助设计的英文缩写是(　　)。

A. CAI　　B. CAM

C. CAD　　D. CAT

6. 下列四组数据依次为二进制数、八进制数和十六进制数，符合要求的是(　　)。

A. 11，78，19　　B. 2，77，10

C. 12，80，10　　D. 11，77，19

7. 十进制数向二进制数进行转换时，十进制数 91 相当于二进制数(　　)。

A. 1101011　　B. 1101111

C. 1110001　　D. 1011011

8. 计算机中用来表示存储容量大小的基本单位是(　　)。

A. 位(Bit)　　B. 字节(Byte)

C. 字(Word)　　D. 双字(Double Word)

9. 计算机配置内存的容量为 16 GB 或以上，其中的 16 GB 是指(　　)。

A. $16 \times 1000 \times 1000 \times 1000$ 个字节

B. $16 \times 1000 \times 10\,000 \times 1000 \times 8$ 个字节

C. $16 \times 1024 \times 1024 \times 1024$ 个字节

D. $16 \times 1024 \times 1024 \times 1024 \times 8$ 个字节

10. 在计算机内部，数据加工、处理和传送的形式是(　　)。

A. 二进制码　　B. 八进制码

C. 十进制码　　D. 十六进制码

11. 一个完备的计算机系统应该包含计算机的(　　)。

A. 主机和外设　　B. 硬件和软件

C. CPU 和存储器　　D. 控制器和运算器

12. 计算机主机的组成是(　　)。

A. 运算器和控制器　　B. 中央处理器和主存储器

C. 运算器和外设　　D. 运算器和存储器

13. 计算机硬件的五大基本部件包括运算器、存储器、输入设备、输出设备和(　　)。

A. 显示器　　B. 控制器

C. 硬盘存储器　　D. 鼠标

14. 通常所说的“裸机”仅有(　　)。

A. 硬件系统　　B. 软件系统

C. 指令系统　　D. CPU

15. 计算机的主存储器是(　　)。

A. RAM 和磁盘　　B. ROM

C. RAM 和 ROM　　D. 硬盘和控制器

16. 下列设备既可作为输入设备又可作为输出设备的是(　　)。

A. 显示器　　B. 硬盘

C. 打印机　　D. 扫描仪

项目 2　Windows 7 操作系统

操作系统是用于管理和控制计算机硬件和软件资源，为用户提供交互操作界面的系统软件的集合，是用户和计算机之间的接口，也是计算机硬件与软件之间的纽带和桥梁。用户要想方便有效地使用计算机，一般都要通过操作系统。操作系统是计算机最重要的系统软件，是计算机的“灵魂”，是每台计算机不可缺少的组成部分。

学习目标

1. 掌握个性化的操作环境的定制；
2. 了解 Windows 7 操作系统；
3. 熟练使用控制面板。

2.1　Windows 7 操作系统的安装

任务描述

小张是某公司的新职员，公司为他配置了一台计算机，小张要进行 Windows 7 操作系统的安装。

任务简析

计算机系统由硬件系统和软件系统两部分组成。操作系统是一台计算机必不可少的系统软件，在计算机系统中占据着特别重要的地位。系统软件有两个显著的特点：

(1) 通用性。系统软件普遍适用于各个应用领域。

(2) 基础性。其他软件都是在系统软件的支持下运行的。

操作实现

Windows 7 操作系统的安装媒介主要有三种：光盘、U 盘和硬盘。下面以通过硬盘安装为例介绍 Windows 7 操作系统的安装。

开始安装 Windows 7 操作系统之前，首先要得到镜像文件，然后打开安装目录运行安装程序，进入 Windows 7 操作系统的正式安装界面，如图 2-1 所示。

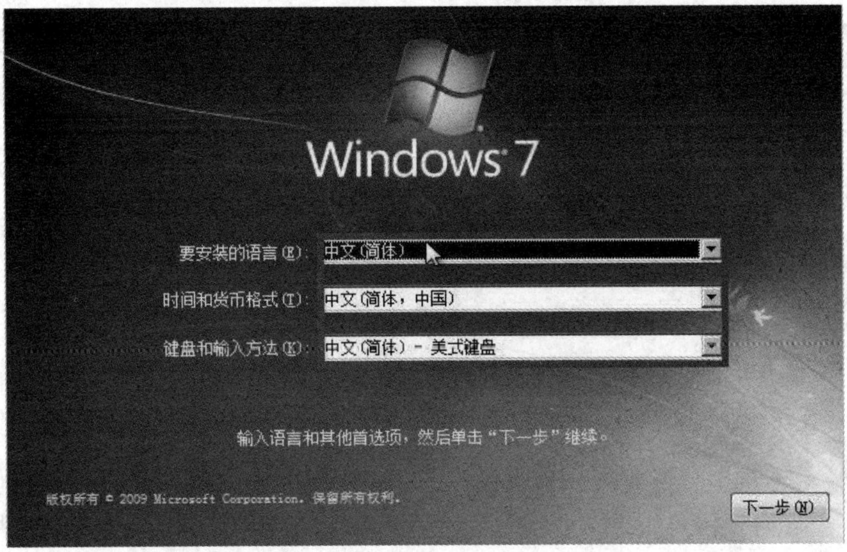

图 2-1　Windows 7 操作系统的安装界面

参照图 2-1 设置好选项后，单击“下一步”按钮，出现如图 2-2 所示界面。单击“现在安装”按钮，启动 Windows 7 操作系统安装程序。随后安装程序会提示确认 Windows 7 操作系统的许可协议，用户在阅读并认可后，选中“我接受许可条款”，即进入下一步操作。

图 2-2　开始安装

此时，安装程序会自动弹出“升级”(升级安装)和“自定义(高级)”(全新安装)两种升级选项提示，如图 2-3 所示。前者可以在保留部分核心文件、设置选项和安装程序的情况下，对系统内核执行升级操作。

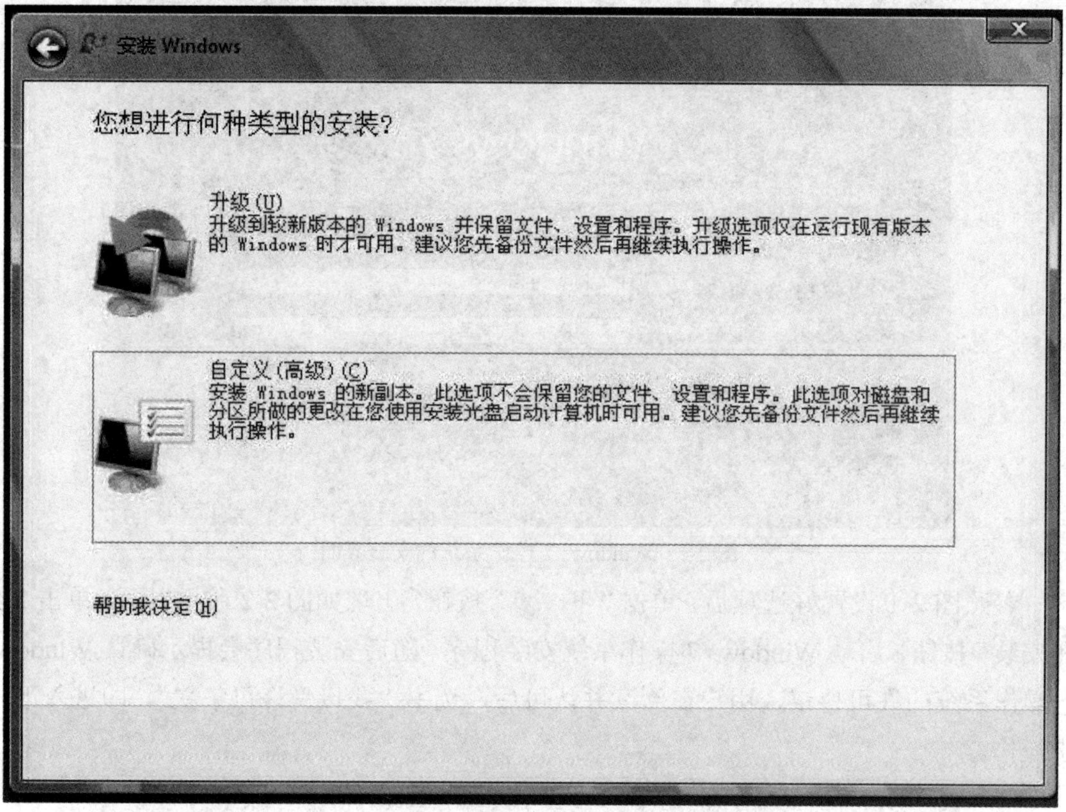

图 2-3　安装选项

在选择好安装方式后，安装程序会要求用户选择安装路径。此时安装程序会自动罗列当前系统的各个分区和各分区的磁盘大小、类型等，选择一个 8 GB 以上剩余空间的分区。

选择好安装路径后，对分区执行格式化操作，完成后，开始执行复制、展开文件等安装工作。文件复制完成后，将出现 Windows 7 操作系统的启动界面。

经过大约 20 min，安装成功，之后会弹出用户名、计算机名称等设置内容，如图 2-4 所示。此时根据提示，即可轻松完成设置，之后电脑便会显示 Windows 7 操作系统桌面。

成功安装 Windows 7 后，需要在 30 天内联网进行激活。激活的具体方法如下：

(1) 用鼠标右键单击(右击)桌面上的“计算机”图标，在弹出的菜单中选择“属性”命令，打开“系统”窗口。

(2) 单击窗口下方“剩余 X 天可以激活，立即激活 Windows”链接，打开“正在激活 Windows…”对话框，联网验证密钥，验证结束即可激活操作系统。

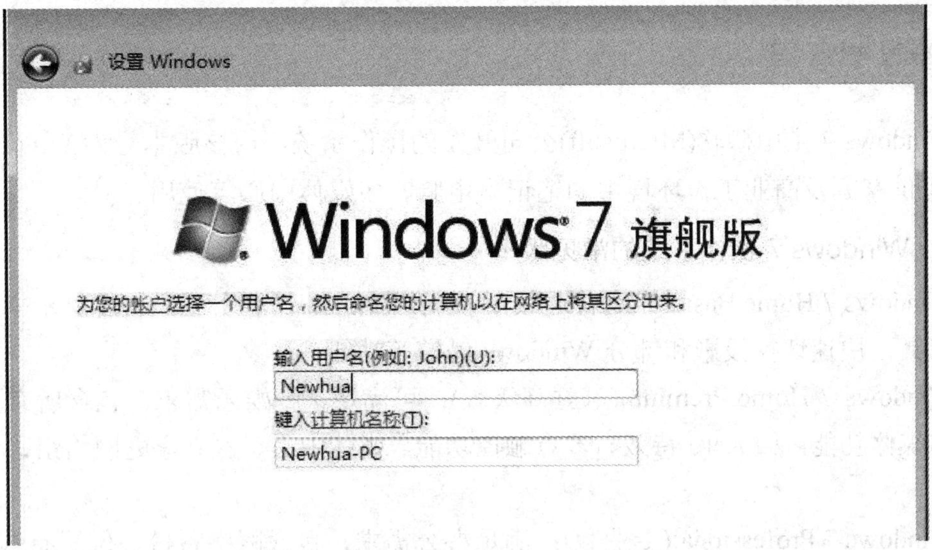

图 2-4　Windows 7 系统设置界面

如果操作系统激活失败，则需要更改新的密钥，可以在“系统”窗口下方单击“更改产品密钥”链接，在弹出的“键入产品密钥”对话框中，输入产品密钥，单击“下一步”按钮，再次打开“正在激活 Windows…”对话框进行激活。激活后打开“系统”窗口，可以查看有关计算机的基本信息，如图 2-5 所示。

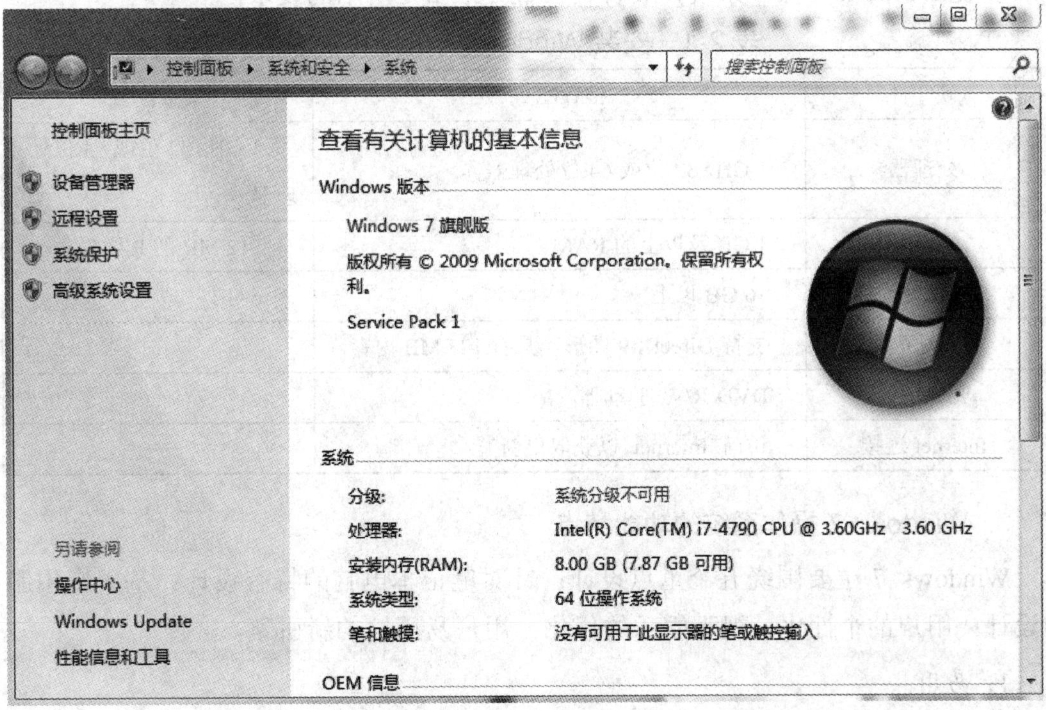

图 2-5　计算机“系统”窗口

必备知识

Windows 7 是由微软(Microsoft)公司开发的操作系统，内核版本号为 Windows NT 6.1，可供家庭及商业工作环境中的笔记本电脑、多媒体中心等使用。

1. Windows 7 操作系统的常见版本

Windows 7 Home Basic(家庭普通版)：支持 Windows 7 任务栏、快速显示桌面、桌面小工具、快速切换投影和部分 Windows 触控等功能。

Windows 7 Home Premium(家庭高级版)：可满足家庭娱乐需求，包含所有桌面增强和多媒体功能，如 Aero 特效、多点触控功能、媒体中心、建立家庭网络组、手写识别等。

Windows 7 Professional(专业版)：满足办公需求，包含网络备份、位置感知打印、加密文件系统和 Windows XP 模式等。

Windows 7 Ultimate(旗舰版)：拥有上述版本的全部功能，面向高端用户和软件发烧友。

2. 安装 Windows 7 的硬件要求

安装 Windows 7 操作系统，硬件需要满足表 2-1 所示的要求。

表 2-1　安装 Windows 7 的硬件要求

硬　件	推荐配置	最低配置
处理器	1 GHz 32 位或 64 位处理器	1 GHz 32 位或 64 位处理器
内存	1 GB 及以上的 RAM	512 MB 的 RAM
磁盘空间	16 GB 以上	6 GB
显示适配器	支持 DirectX 9 图形，具有 128 MB 内存	—
光驱动器	DVD-R/W 驱动器	—
Internet 连接	访问 Internet 以获取更新	—

3. Windows 7 操作系统的功能特点

Windows 7 主要围绕五个重点设计：针对笔记本电脑的特有设计；基于应用服务的设计；用户的个性化；视听娱乐的优化；用户易用性的新引擎。

1) 易用

Windows 7 简化了许多设计，如快速最大化、窗口半屏显示、跳转列表、系统故障快速修复等。

2) 简单

Windows 7 让信息的搜索(包括本地、网络和互联网搜索)和使用更加简单，直观的用户体验更加高级，还整合了自动化应用程序的提交和交叉程序数据的透明性。

3) 效率高

Windows 7 中，系统集成的搜索功能非常的强大，只要用户打开开始菜单并输入搜索内容，无论是查找应用程序，还是查找文本文档，搜索功能都能自动运行，给用户带来极大的便利。

综合练习

使用控制面板配置操作系统，要求学生根据所学内容自行完成。

2.2 Windows 7 操作系统的个性化设置

任务描述

小张的计算机系统使用的是 Windows 7 操作系统，他首先要熟悉一下系统的操作和使用。

任务简析

人与人之间若语言不通则无法通过对话来表达意思，同样人与机器之间若“语言”不通也不能把人们想做的事交给机器来做。人与机器对话交流的接口就是操作系统，要熟练地使用计算机，就得先熟练地使用操作系统。

操作实现

可以通过更改计算机的桌面主题、窗口颜色、声音、桌面背景、屏幕保护程序等来为计算机添加个性化设置，还可以为桌面选择特定的小工具。

1. 设置开始菜单

右击任务栏的开始按钮，在弹出的快捷菜单中选择“属性”命令，将弹出如图 2-6 所示的对话框，在此对话框中选择“「开始」菜单”选项卡，进行相关的设置即可。

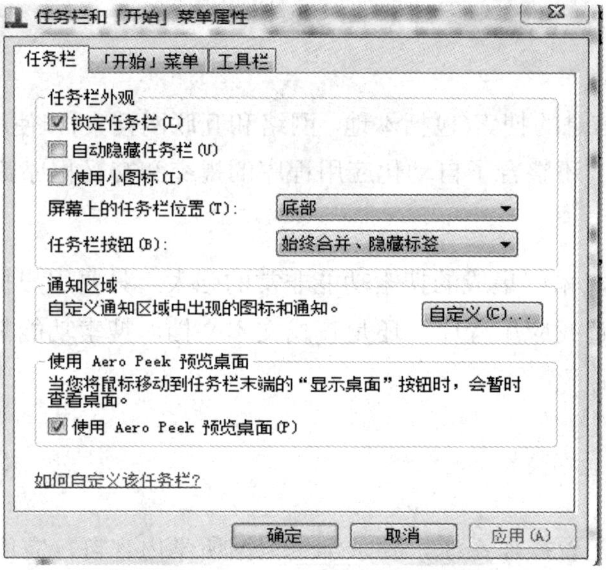

图 2-6　“任务栏和「开始」菜单属性”对话框

2. 设置桌面主题

单击开始按钮，选择“控制面板”，打开“控制面板”窗口，单击“外观和个性化”链接，接着在打开的窗口中单击“个性化”链接，打开如图 2-7 所示的窗口，进行相关的设置。

图 2-7　个性化设置窗口

3. 设置桌面小程序

在桌面上右击，在弹出的快捷菜单中选择“小工具”命令，在打开的窗口中双击想要添加的小工具图标即可将其添加到桌面。在添加的桌面小工具上右击还可以自定义小工具，如设置选项、调整大小、移动位置等。

必备知识

Windows 7 操作系统启动后的桌面如图 2-8 所示。桌面上形态各异的若干图标是系统中的程序和资源。

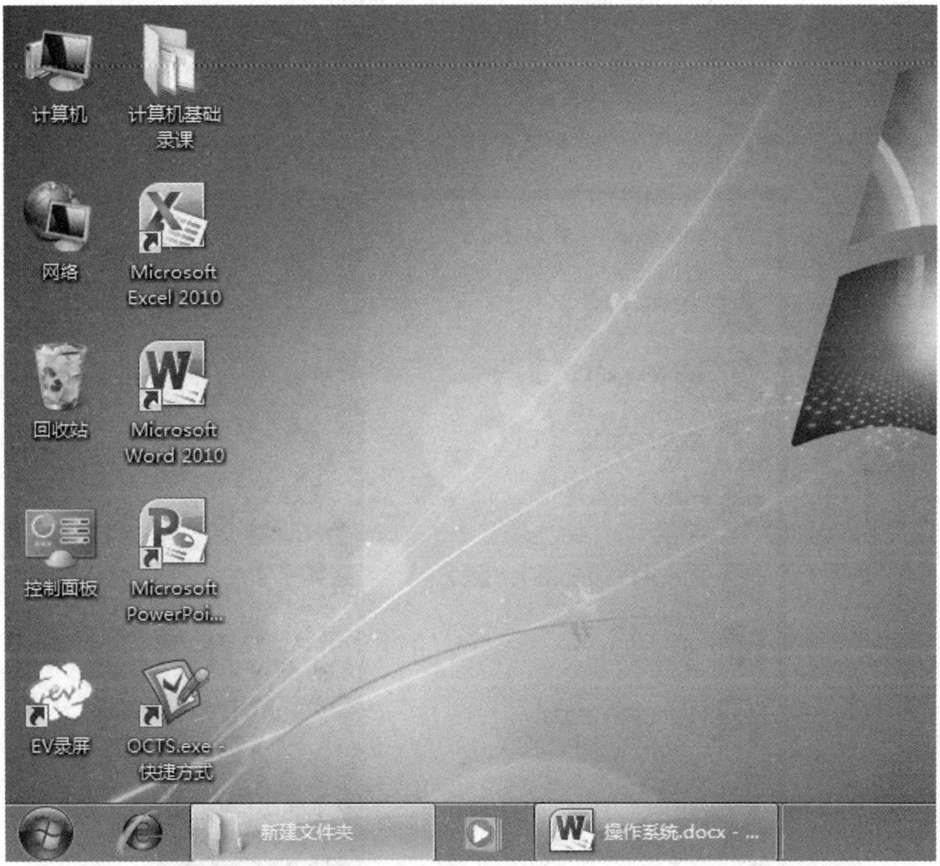

图 2-8　Windows 7 操作系统的桌面

桌面最下面的是任务栏，任务栏最左边是开始按钮。计算机的所有操作都可以从它开始。任务栏最右边是通知区域，有时钟、音量控制等按钮。

1. 任务栏与开始菜单

1) 任务栏

任务栏是位于桌面最下方的一个小长条，它显示了系统正在运行的程序和打开的窗口、当前时间等内容。用户通过任务栏可以完成许多操作，而且可以对它进行一系列的设置。

任务栏的组成如图 2-9 所示。

图 2-9　任务栏

系统默认的任务栏位于桌面的最下方，但用户可以根据自己的需要把它拖到桌面的任何边缘处，也可以改变任务栏的宽度。通过改变任务栏的属性，还可以让它自动隐藏。

2) 开始菜单

开始菜单是计算机程序、文件夹和设置的主门户，如图 2-10 所示。

图 2-10　开始菜单

2. 窗口

当用户打开一个文件或者是应用程序时，都会出现一个窗口，窗口是用户进行操作的媒介，熟练地对窗口进行操作，可提高用户的工作效率。

1) 窗口的组成

在 Windows 7 中有许多种窗口，其中大部分都有相同的组件。标准的窗口由标题栏、菜单栏、工具栏等几部分组成。图 2-11 所示就是一个窗口。

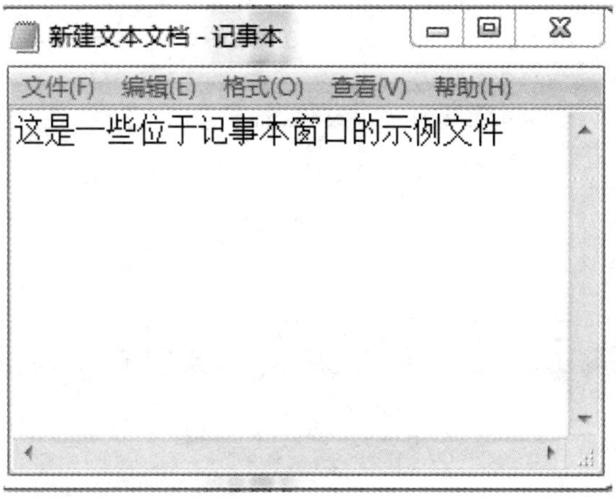

图 2-11　记事本窗口

2) 窗口的操作

窗口操作在 Windows 系统中是很重要的。用户可以通过鼠标使用窗口上的各种命令对窗口进行操作，也可以通过键盘使用快捷键对窗口进行操作。基本的窗口操作包括打开、缩放、移动等。

当用户打开多个窗口，且需要这些打开的窗口全部处于显示状态时，就涉及排列问题。Windows 7 为用户提供了三种排列的方案：层叠窗口、堆叠显示窗口和并排显示窗口。

3. 对话框

对话框是用户与计算机系统之间进行信息交流的窗口。对话框是特殊类型的窗口，在对话框中用户可以对选项进行选择，对系统进行对象属性的修改或者设置，如图 2-12 所示。

对话框主要由标题栏、选项卡、单选按钮、复选框、文本框、列表框、下拉列表框、数值设定框、命令按钮等组成。

对话框的操作主要包括对话框的移动和关闭以及在对话框中进行选项卡的切换等。

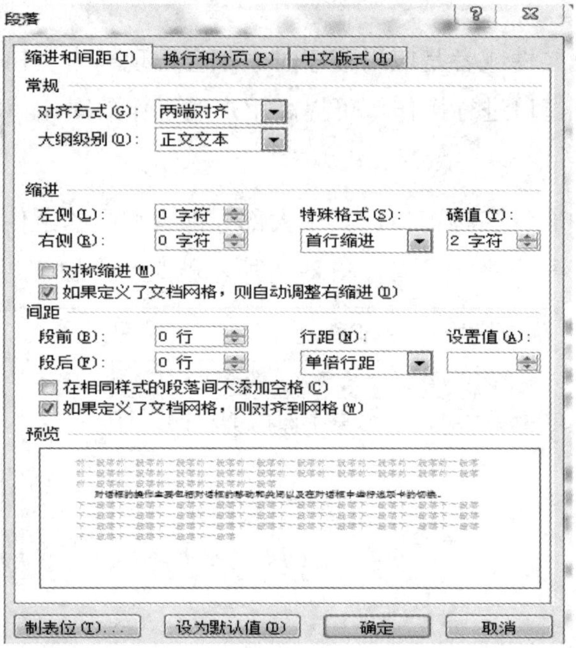

图 2-12　对话框举例

4. 菜单

Windows 7 有三种菜单：任务栏上的开始菜单、窗口标题行下面的下拉菜单和快捷菜单，如图 2-10、图 2-13、图 2-14 所示。

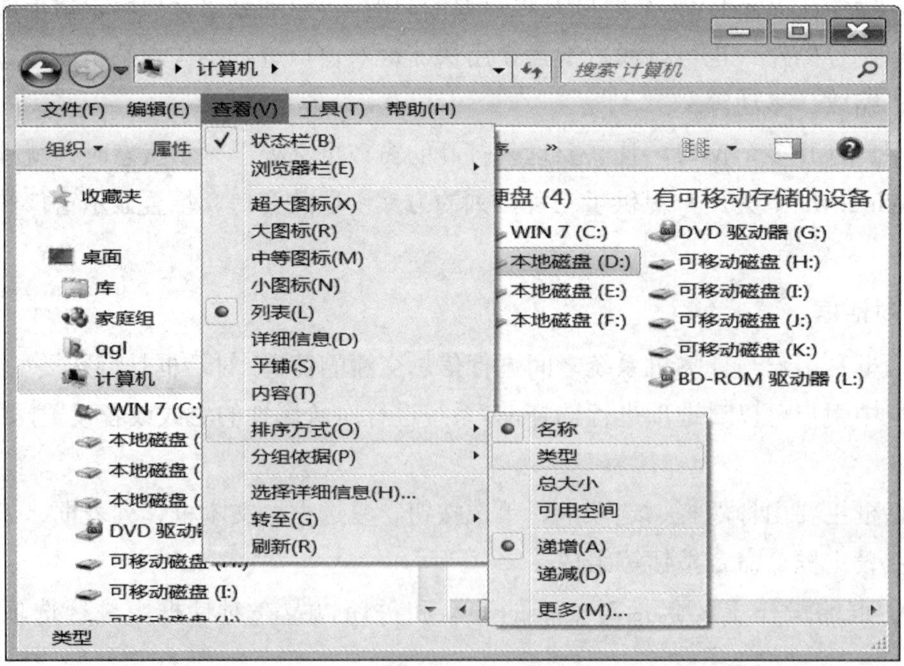

图 2-13　下拉菜单

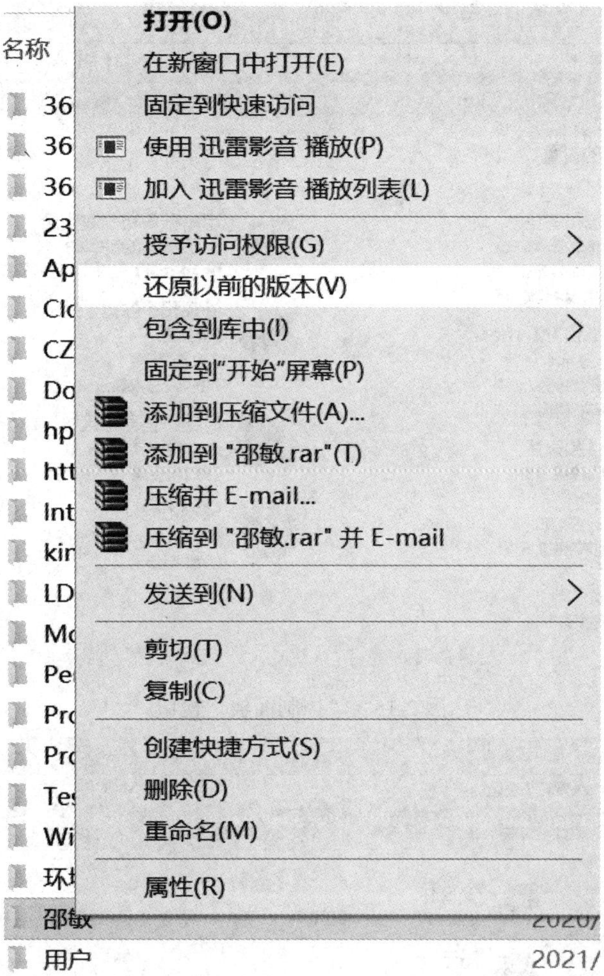

图 2-14　快捷菜单

5. 退出

当用户要结束对计算机的操作时，一定要先退出 Windows 7 系统，然后再关闭显示器，否则会丢失文件或破坏程序，如果用户在没有退出 Windows 系统的情况下就强制关机，系统将认为是非法关机，当下次再开机时，系统会自动执行自检程序。

6. 控制面板

“控制面板”是 Windows 7 的功能控制和系统配置中心，提供丰富的专门用于更改 Windows 外观和行为方式的工具，如图 2-15 所示。打开“控制面板”的方法：单击开始按钮，选择“控制面板”命令。

单击“控制面板”窗口中的“外观和个性化”链接，可以看到图 2-16 所示的更多详细设置项目，如桌面背景、声音效果、屏幕保护程序和字体设置等。

图 2-15 “控制面板”窗口

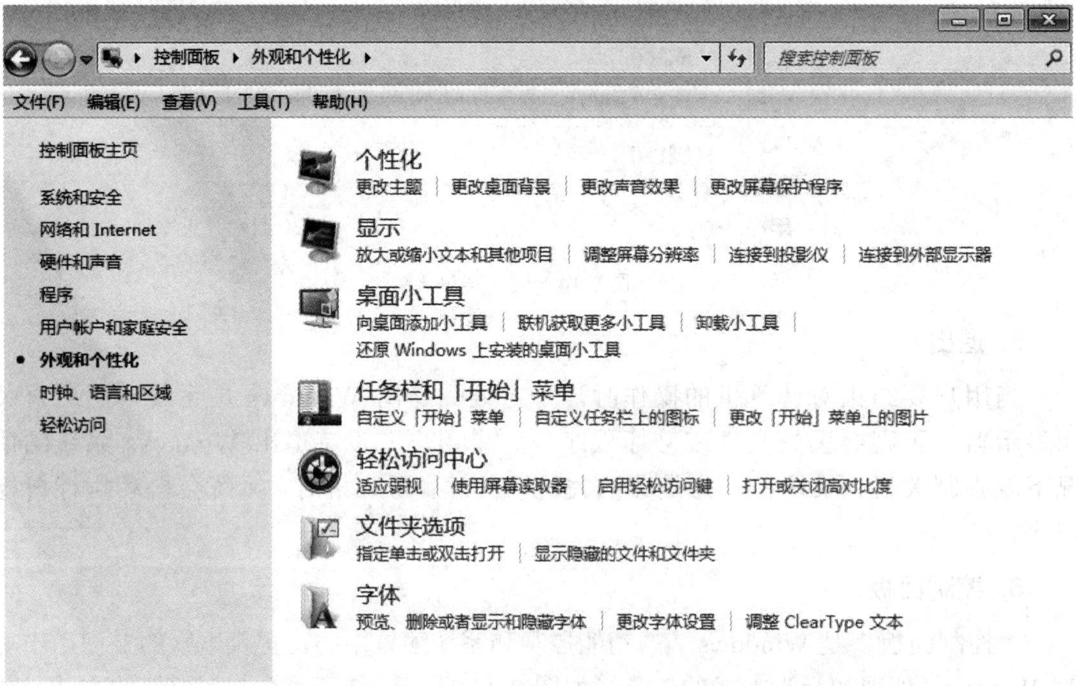

图 2-16 “外观和个性化”窗口

单击“控制面板”窗口中的“时钟、语言和区域”链接，在其详细设置项目中单击“设置日期和时间”，打开图 2-17 所示的“日期和时间”对话框，在其中可以调整系统日期和时间。

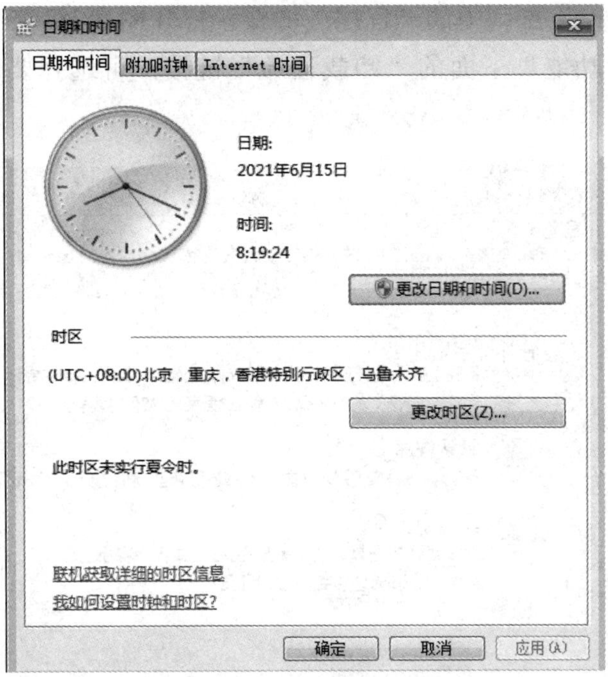

图 2-17　“日期和时间”对话框

单击“控制面板”窗口中的“系统和安全”链接，打开图 2-18 所示的“系统和安全”窗口，里面主要提供了计算机硬件、软件信息以及相应安全方面的很多设置项目。

图 2-18　“系统和安全”窗口

单击“控制面板”窗口中的“程序”链接，打开图 2-19 所示的“程序”窗口，然后单击“程序和功能”下面的“卸载程序”链接，可选择要删除的软件并将之删除。

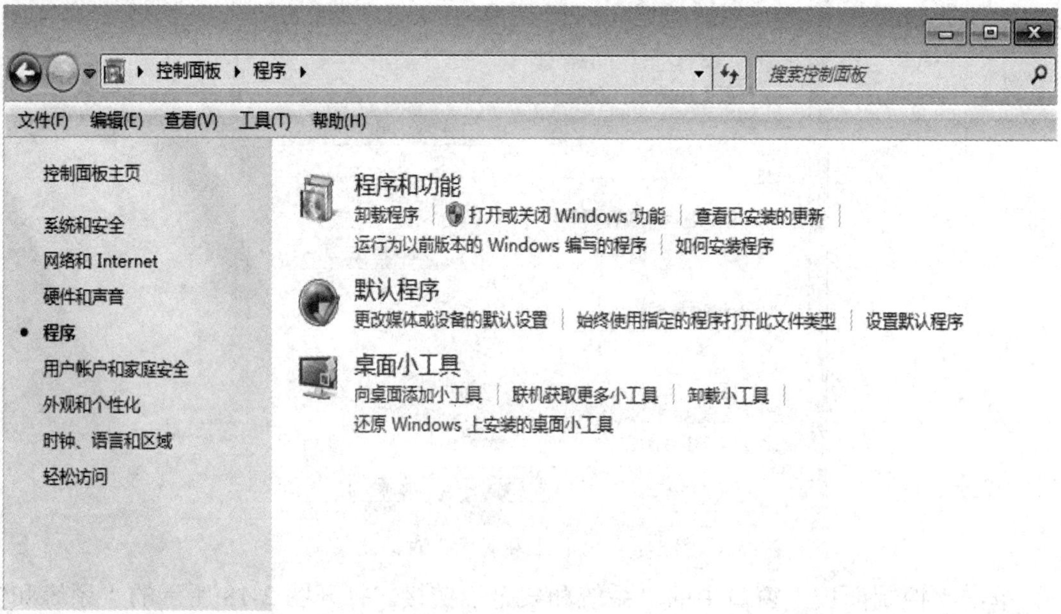

图 2-19 “程序”窗口

创建密码和经常修改管理员密码是保障系统安全的一个重要措施。在“控制面板”窗口中依次单击“用户账户和家庭安全”“用户账户”链接，打开图 2-20 所示的“用户账户”窗口。接着单击“更改用户账户”下面的“为您的账户创建密码”链接，打开图 2-21 所示的“创建密码”窗口。在自己的用户名下面的两个文本框中输入相同的密码后，单击右下的“创建密码”按钮即可完成密码的创建。

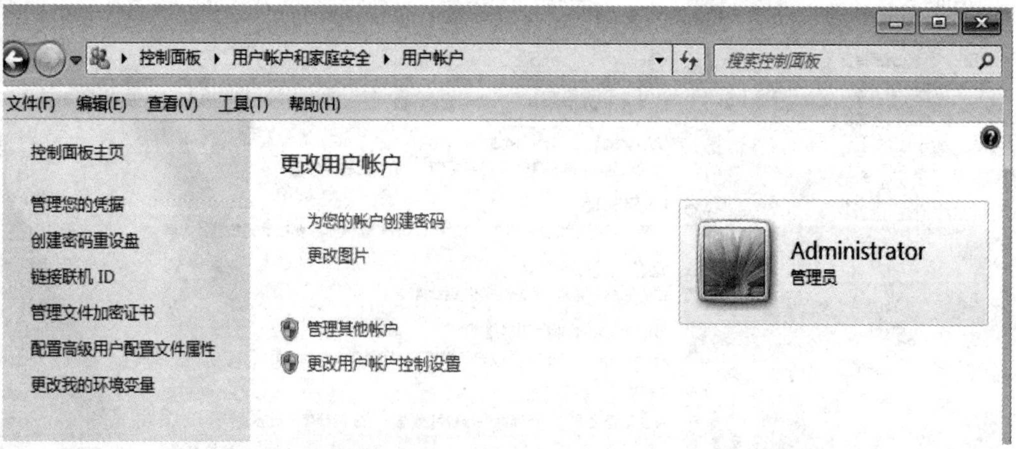

图 2-20 “用户账户”窗口

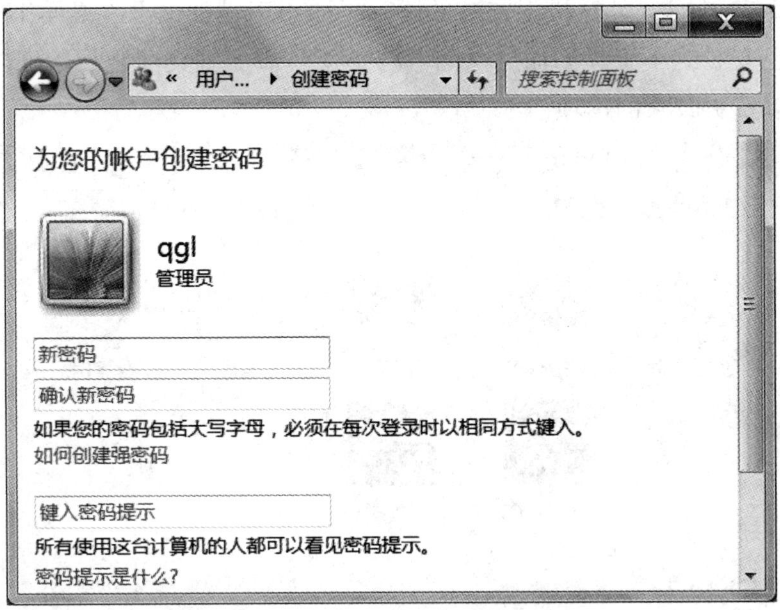

图 2-21　“创建密码”窗口

7. 应用程序工具

利用 Windows 7 应用程序工具可以进行简单的文本处理、画图、统计计算、日历设置、桌面幻灯片设置、计算机系统管理等。

1) 附件

Windows 7 自带了一些非常方便而且非常实用的应用程序，它们一般存于附件组中，如“记事本”“写字板”“计算器”“画图”等。

“记事本”是一个简单的文本编辑器，使用它可以进行一些简单的文本编辑，比如输入、读取无格式的文本(一般为 TXT 格式)。

“写字板”与“记事本”类似，也是一个文本编辑器，但它的功能比“记事本”强，它可以对文本设置格式，也可以存取 RTF(Rich Text Format)格式的文件。

“计算器”提供了编程计算器、科学型计算器和统计信息计算器的高级功能。

“画图”是 Windows 7 中的一项功能，可在空白绘图区域或现有图片上绘图。很多绘图工具都可以在“功能区”中找到，“功能区”位于“画图”窗口的顶部。

“录音机”可以录制声音并将其作为音频文件保存在计算机上。

“截图”可以用来捕获屏幕上任何对象的屏幕快照或画面，并添加注释，保存或共享。

2) 桌面小工具

Windows 7 随附的小工具包括日历、时钟、天气、货币、幻灯片放映、图片拼图板等，如图 2-22 所示。计算机上安装的所有桌面小工具都位于“桌面小工具库”中，可以将任何已安装的小工具添加到桌面。将小工具添加到桌面之后，可以移动它、调整它的大小以及更改它的选项。

图 2-22　Windows 7 的小工具

8. 管理磁盘

Windows 7 提供了三种管理磁盘的方式：格式化磁盘、清理磁盘和整理磁盘碎片，还可以查看磁盘属性。

1) 格式化磁盘

格式化磁盘就是在磁盘内进行磁区分割，作内部磁区标示，以方便存取，如图 2-23 所示。

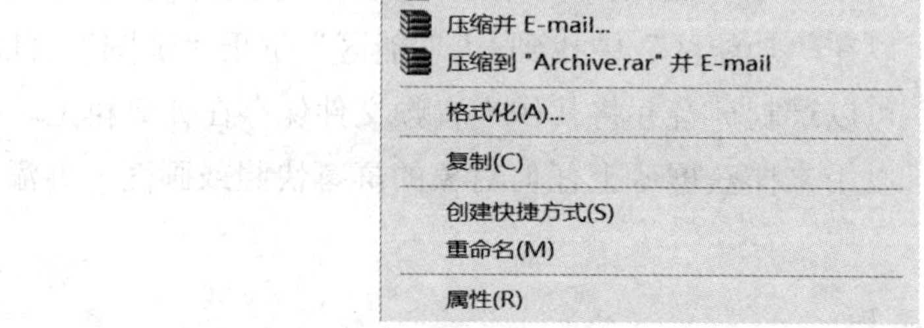

图 2-23　选中“格式化”命令

如果选中“快速格式化”复选框，可以以最快速度实现磁盘格式化操作，如图 2-24 所示。

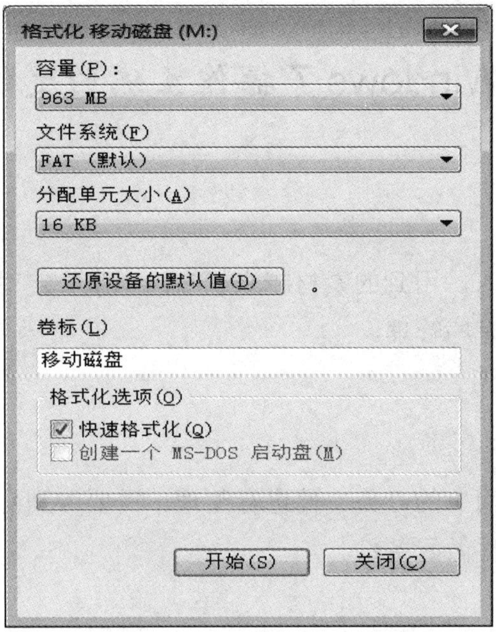

图 2-24　选中“快速格式化”复选框

2) 清理磁盘

使用磁盘清理程序帮助用户释放硬盘驱动器空间，删除临时文件、Internet 缓存文件，还可以安全删除不需要的文件，腾出它们占用的系统资源，以提高系统性能。

3) 整理磁盘碎片

磁盘碎片整理程序可以重新排列碎片数据，以便磁盘和驱动器能够更有效地工作。可以设置磁盘碎片整理程序按计划自动运行，也可以手动分析磁盘和驱动器以及对其进行碎片整理。

4) 查看磁盘属性

磁盘的属性通常包括磁盘的类型、文件系统、空间大小、卷标信息等常规信息，以及磁盘的查错、碎片整理程序和磁盘的硬件信息等。

综合练习

(1) 根据自己的喜好对系统进行个性化的设置。

(2) 使用 Windows 7 自带的小程序。

(3) 使用 Windows 7 随附的小工具。

(4) 进行用户的登录、注销和切换操作。

(5) 打开“控制面板”并进行相关的设置。

2.3　Windows 7 操作系统的文件操作

任务描述

随着工作的不断深入，用到的素材越来越多，小张决定对自己的文件进行整理和归类，以实现对文件的有序管理。

任务简析

本任务要求对几个简单的办公文件进行整理。需要做到两点：一是对文件进行分类存放；二是对重要文件做好备份。

操作实现

1) 建立文件夹

在 D 盘建立几个文件夹，分别存放公司的宣传文件、通知、素材等资料，并给文件夹命名。

2) 移动文件

将原始资料分门别类进行存放和归档。

3) 备份文件

将重要资料复制到 E 盘作为数据备份。

必备知识

1. 资源管理器

资源管理器可以以分层的方式显示计算机内的所有文件。使用资源管理器可以更方便地实现浏览、查看、移动和复制文件或文件夹等操作，用户不必打开多个窗口，只在一个窗口中就可以浏览所有的磁盘和文件夹。

资源管理器窗口由左右两个窗格组成。左窗格包括“收藏夹”“库”“计算机”等。单击左窗格中的小三角形按钮，可以展开下层的其他资源，如图 2-25 所示。

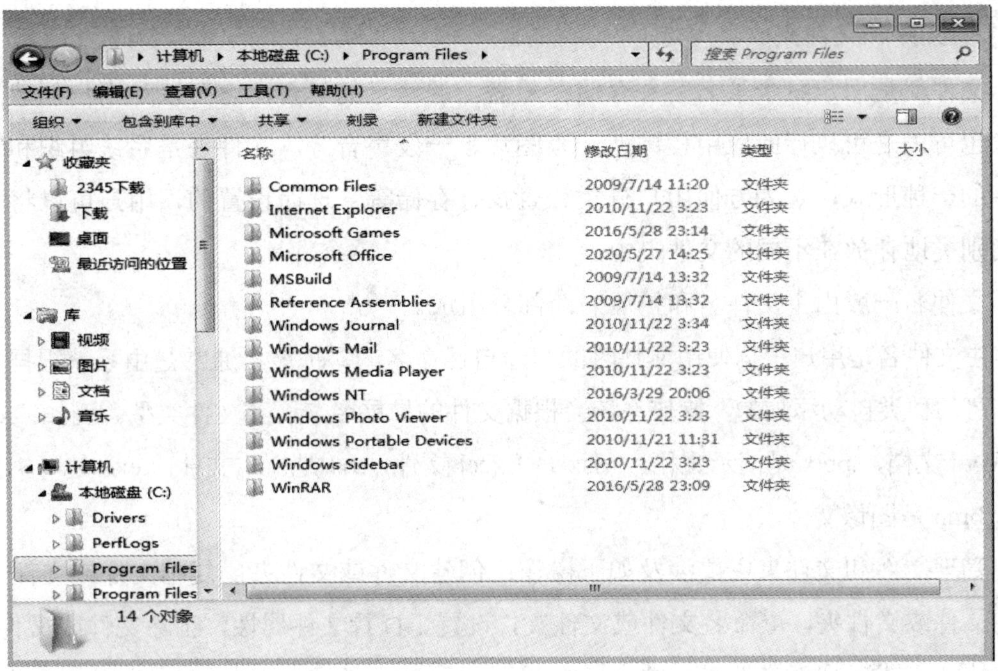

图 2-25　资源管理器窗口

要改变图标的显示顺序，可以选择“查看”菜单下的“排序方式”菜单命令，进行相应设置，如图 2-26 所示。

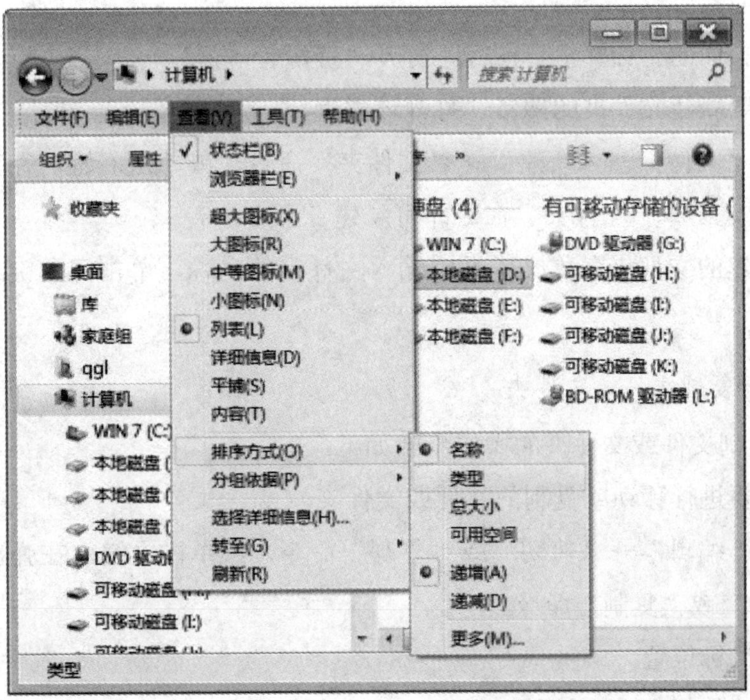

图 2-26　选择“排序方式”菜单命令

2. 文件和文件夹

文件就是用户赋予了名字并存储在磁盘上的信息的集合，它可以是用户创建的文档，也可以是可执行的应用程序或一张图片、一段声音等。文件夹是系统组织和管理文件的一种形式，是为方便用户分类、查找、存储等管理而设置的，用户可以将文件分门别类地存放在不同的文件夹中。

文件名一般由主文件名和扩展名两部分组成。

主文件名是用户根据使用文件时的用途自己命名的，扩展名通常是由系统根据文件中信息的种类自动添加的，操作系统会根据文件的扩展名来区分文件类型。例如：.docx是 Word 文档，.pptx 是演示文稿，.xlsx 是 Excel 文件，.txt 是文本文件，.exe 是可执行文件，.bmp 是图像文件。

管理文件和文件夹主要涉及如下操作：创建文件或文件夹，复制文件或文件夹，移动文件或文件夹，重命名文件或文件夹，设置、查看文件属性，删除文件或文件夹，创建快捷方式，搜索文件或文件夹。

1) 创建文件夹

用户可以创建新的文件夹来存放具有相同类型或相近形式的文件。创建文件夹的步骤如下：

(1) 双击桌面的“计算机”图标，打开“资源管理器”。

(2) 双击要新建文件夹的磁盘，打开该磁盘。

(3) 选择“文件”→“新建”→“文件夹”命令，或单击右键，在弹出的快捷菜单中选择“新建”→“文件夹”命令即可新建一个文件夹。

(4) 在新建的文件夹名称文本框中输入文件夹的名称，单击回车键或用鼠标单击其他地方确认。

2) 移动和复制文件或文件夹

移动和复制文件或文件夹的操作步骤如下：

(1) 选择要进行移动或复制的文件或文件夹。

(2) 单击“编辑”→“剪切”或“复制”命令，或单击右键，在弹出的快捷菜单中选择“剪切”或“复制”命令。

(3) 选择目标位置。

(4) 选择“编辑”→“粘贴”命令，或单击右键，在弹出的快捷菜单中选择“粘贴”命令。

3) 重命名文件或文件夹

重命名文件或文件夹的具体操作步骤如下：

(1) 选择要重命名的文件或文件夹。

(2) 单击“文件”→“重命名”命令，或单击右键，在弹出的快捷菜单中选择“重命名”命令。

(3) 这时文件或文件夹的名称将处于编辑状态(蓝色反白显示)，用户直接键入新的名称即可。

4) 删除文件或文件夹

删除文件或文件夹的操作如下：

(1) 选定要删除的文件或文件夹。若要选定多个相邻的文件或文件夹，可按着 Shift 键进行选择；若要选定多个不相邻的文件或文件夹，可按着 Ctrl 键进行选择。

(2) 选择“文件”→“删除”命令，或单击右键，在弹出的快捷菜单中选择“删除”命令。

(3) 若确认要删除该文件或文件夹，可在弹出的“确认文件/文件夹删除”对话框中单击“是”按钮；若不删除该文件或文件夹，可在弹出的“确认文件/文件夹删除”对话框中单击“否”按钮。

5) 删除或还原“回收站”中的文件或文件夹

删除或还原“回收站”中文件或文件夹的操作步骤如下：

(1) 双击桌面上的“回收站”图标，打开“回收站”对话框。

(2) 在空白处单击右键，弹出快捷菜单。若要删除“回收站”中所有的文件和文件夹，可单击“清空回收站”命令；若要还原所有的文件和文件夹，可单击“还原所有项目”命令。若要还原某个文件或文件夹，可选中要还原的文件或文件夹，单击右键，在弹出的快捷菜单中选择“还原”命令。若要还原多个文件或文件夹，可按着“Ctrl”键选定多个文件或文件夹之后进行还原操作。

6) 创建快捷方式

给文件或文件夹创建快捷方式，可以在目标位置单击鼠标右键，在弹出的快捷菜单中选择“新建”→“快捷方式”命令，在打开的对话框中按提示操作即可，如图 2-27 所示。

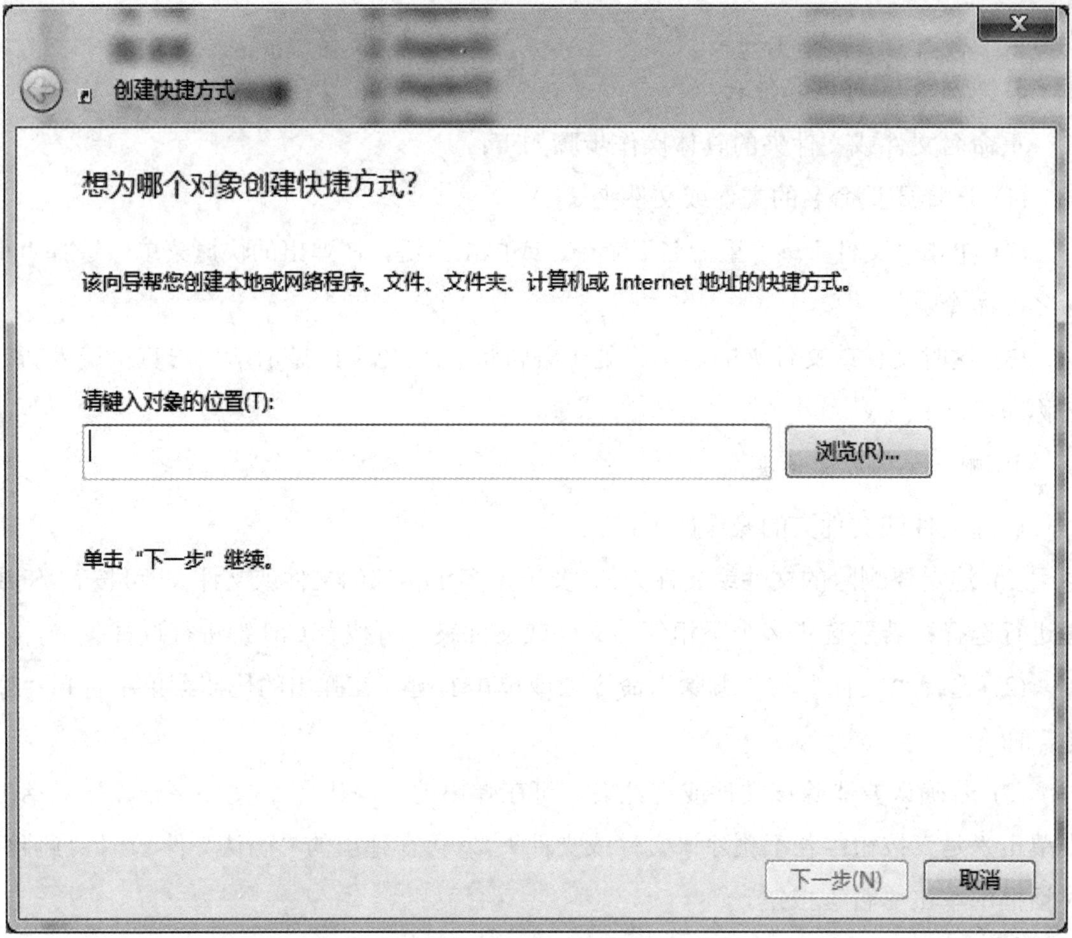

图 2-27　创建快捷方式向导

在目标文件或文件夹上单击鼠标右键，在弹出的快捷菜单中选择“创建快捷方式”命令，可以在当前位置创建快捷方式。

在目标文件或文件夹上单击鼠标右键，在弹出的快捷菜单中选择“复制”命令，在目标位置单击鼠标右键，在弹出的快捷菜单中选择“粘贴快捷方式”，也可以完成文件或文件夹快捷方式的创建。

7) 更改文件或文件夹属性

文件或文件夹包含三种属性：只读、隐藏和存档。更改文件或文件夹属性的操作步骤如下：

(1) 选中要更改属性的文件或文件夹。

(2) 选择“文件”→“属性”命令，或单击右键，在弹出的快捷菜单中选择“属性”命令，打开“属性”对话框，如图 2-28 所示。

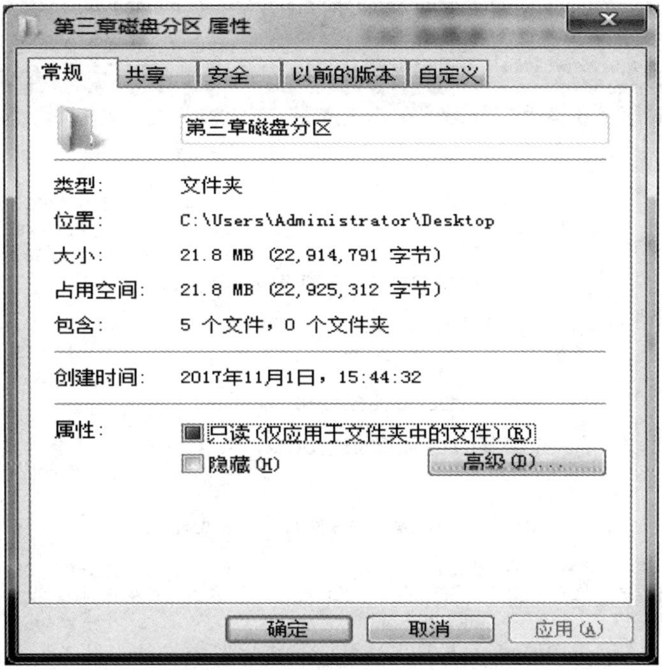

图 2-28　“属性”对话框

(3) 选择“常规”选项卡。

(4) 在该选项卡的“属性”选项组中选定需要的属性复选框。

(5) 单击“确定”按钮。

8) 搜索文件和文件夹

单击开始按钮，在“搜索”栏输入文件或文件夹信息，输入信息即开始搜索，Windows 7 会将搜索的结果显示在当前对话框中。

在“计算机”或“资源管理器”窗口中查找文件或文件夹时，若在打开的某一驱动器或文件夹窗口地址栏右侧的搜索栏中输入要搜索的文件或文件夹名称，系统会自动搜索并显示搜索结果，如图 2-29 所示。搜索时，可以使用通配符，“*”表示任意个字符，“?”表示一个不确定的字符。

9) 文件夹选项

打开“文件夹选项”对话框的步骤为：

(1) 单击开始按钮，选择“控制面板”命令，再打开“所有控制面板项”对话框。

(2) 双击文件夹选项的图标，即可打开“文件夹选项”对话框，如图 2-30 所示。也可以通过双击桌面上的“计算机”图标，在打开的对话框中单击“工具”→“文件夹选项”命令，打开“文件夹选项”对话框。“文件夹选项”对话框中有常规、查看、搜索三个选项卡。

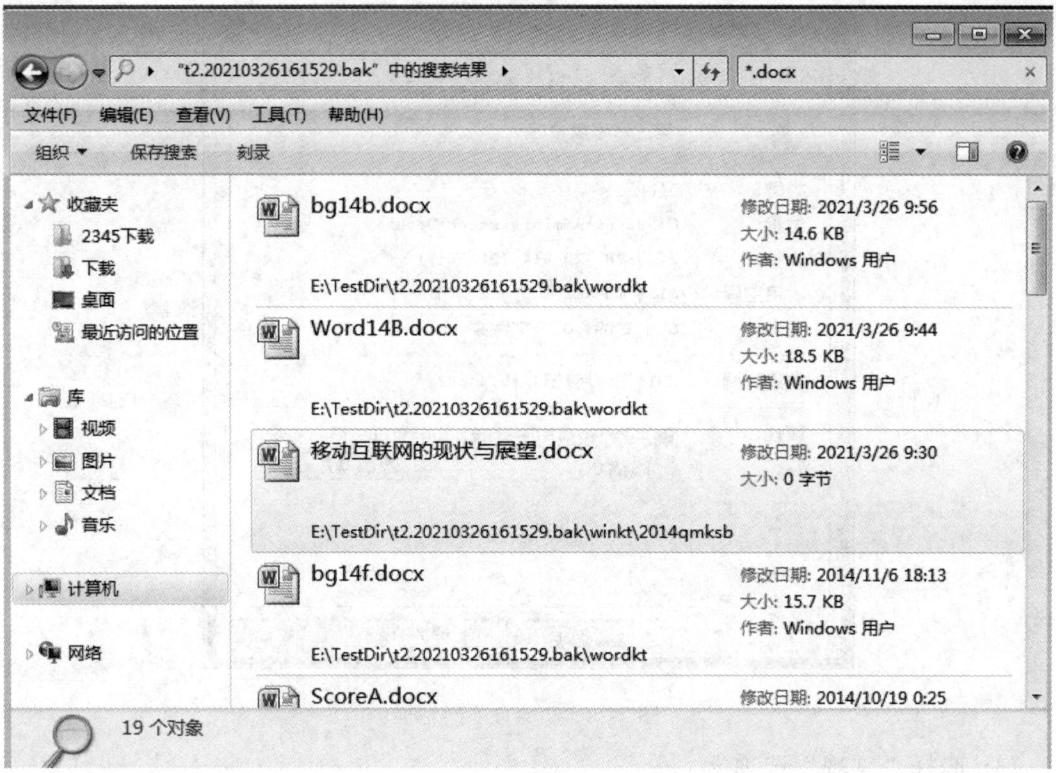

图 2-29　搜索文件

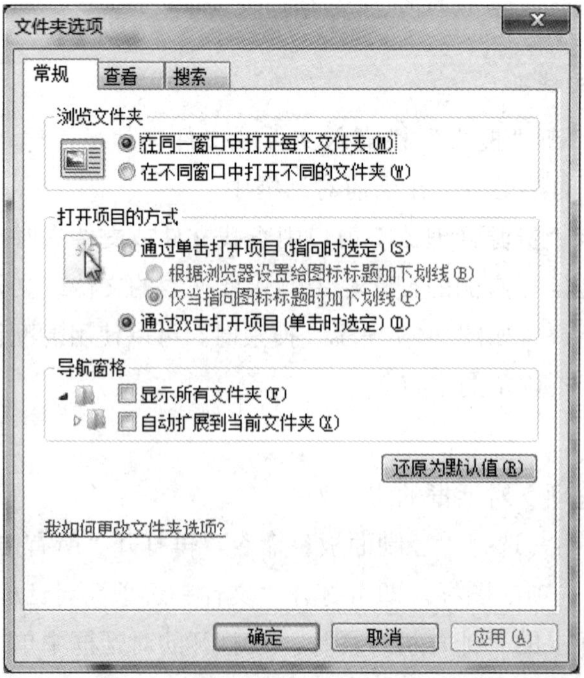

图 2-30　文件夹选项

10) 文件管理工具——库

传统文件管理是根据文件在磁盘树形结构中的存储位置进行的。Windows 7 使用库进行文件管理。使用库可以轻松地把处于不同磁盘、不同文件夹中的同类文件夹集中到一起进行管理。

例如，要把属于三个人的文件夹里面的所有音像文件或文件夹集中在一起管理，主要过程如下：

(1) 先建立一个库。在“计算机”窗口单击左窗格的“库”，然后右击右窗格空白位置，选择快捷菜单中的“新建”下的“库”命令，再键入新建立的库名称“公司音像资料”。

(2) 在库中添加要管理的文件夹。右击“公司音像资料”库，然后选择快捷菜单中的“属性”命令，弹出“公司音像资料 属性”对话框。

(3) 单击中间的“包含文件夹”按钮，弹出“将文件夹包括在‘公司音像资料’中”对话框，在对话框中像“计算机”窗口一样找到要包含的文件夹，然后单击下面的“包括文件夹”按钮。一直重复操作直到把其他要包含的文件夹也包含到库中。单击“确定”按钮。

11) 使用库管理文件和子文件夹

管理库中的文件和子文件夹，如同在文件夹中一样可以进行诸如复制、移动、删除、重命名等基本操作。图 2-31 所示为库窗口。

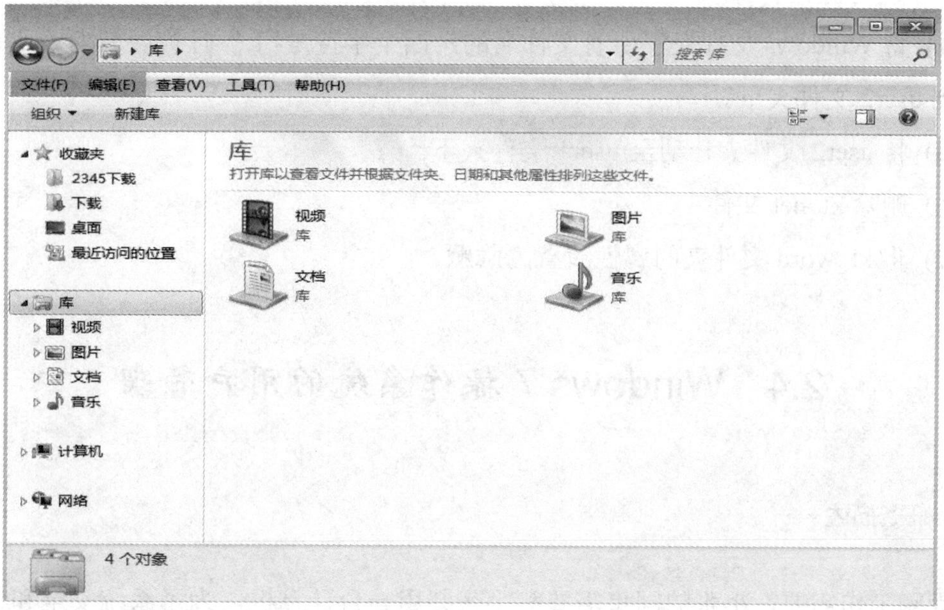

图 2-31　库窗口

使用库操作应注意事项：

(1) 库中包含若干文件夹，以后也可以把其中某个文件夹从库中删除，但是这里说的删除仅仅是解除了库对该文件夹的包含关系，并不能在库或磁盘上物理删除相应文件夹。

(2) 要解除库包含的文件夹，可以在库“属性”对话框中操作。

(3) 如果某个文件夹被包含在库中，将来即使不打开库窗口，只在该文件夹中删除、重命名文件，也等同于对库中的文件进行了同样的操作。

综合练习

(1) 查看计算机硬盘的属性。

(2) 在桌面上建立如下所示的文件夹结构：

- 姓名
  - user
    - user1
    - user2
  - kt_word
  - kt_net

(3) 在 user1 文件夹下建立 Microsoft Excel 应用程序的名为“Excel 程序”的快捷方式。

(4) 将 Windows 文件夹下所有文件名的第四个字符是“L”且扩展名为 exe 的文件复制到 user2 文件夹下。

(5) 将 user2 文件夹移动至 user1 文件夹下。

(6) 删除 kt_net 文件夹。

(7) 将 kt_word 文件夹的属性设置为隐藏。

2.4　Windows 7 操作系统的用户管理

任务描述

因为工作需要，小张的同事需要和小张共用一台计算机，为了系统安全和工作互不影响，小张需要给计算机增加一个账户。

任务简析

用户账户控制(User Account Control，UAC)是 Windows Vista(及更高版本操作系统)中一组新的技术，可以帮助阻止恶意程序(有时也称为“恶意软件”)损坏系统，同时也可以帮助组织部署更易于管理的平台。

使用 UAC，应用程序和任务总是在非管理员账户的安全上下文中运行，但管理员专门给系统授予管理员级别的访问权限时除外。UAC 会阻止未经授权应用程序的自动安装，防止无意中对系统设置进行更改。

操作实现

(1) 选择“开始”→“控制面板”命令，打开“控制面板”。

(2) 在“控制面板”界面中，选择“用户账户和家庭安全”。

(3) 在“用户账户和家庭安全”界面中，选择“用户账户”，如图 2-32 所示。

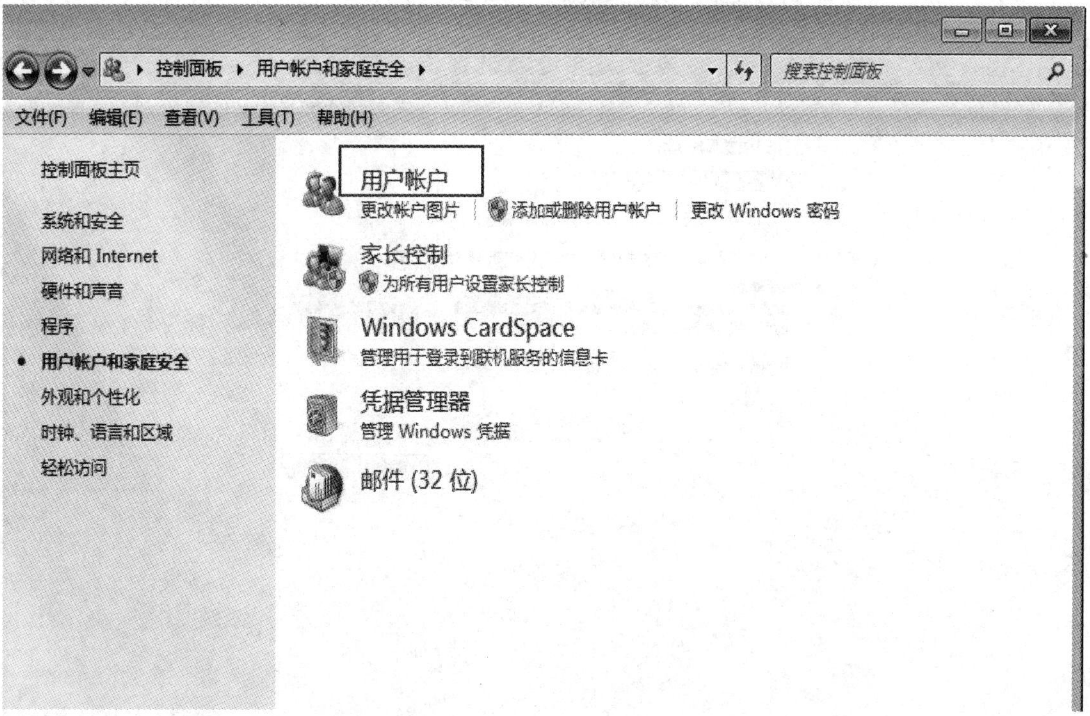

图 2-32　选择“用户账户”

(4) 单击“添加或删除用户账户”链接，可以为计算机添加或删除账户，如图 2-33 所示。

图 2-33　添加或删除用户账户

(5) 给用户账户命名并选择用户类型，如图 2-34 所示。

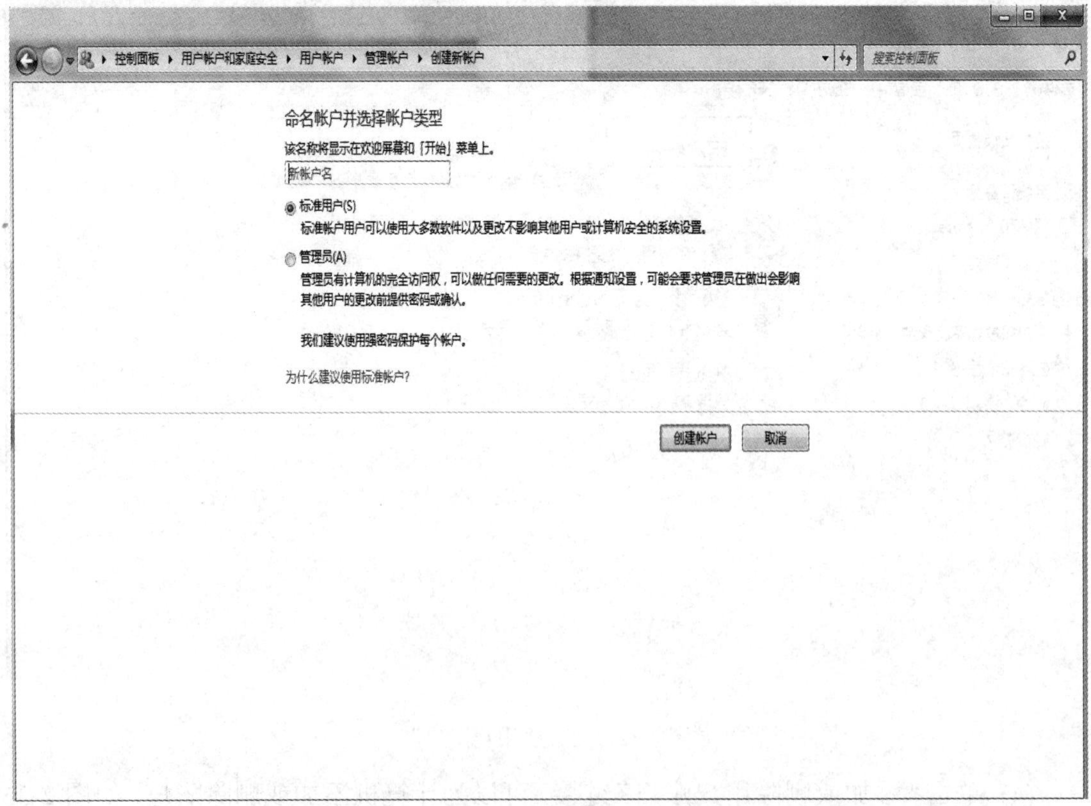

图 2-34　给用户账户命名并选择用户类型

必备知识

Windows 7 系统的用户账户有三种类型，分别是管理员账户、标准用户账户和来宾账户。

管理员账户：计算机的管理员账户拥有对全系统的控制权，能改变系统设置，可以安装和删除程序，能访问计算机上所有的文件。除此之外，它还拥有控制其他用户权限的功能。Windows 7 中至少要有一个计算机管理员账户。在只有一个计算机管理员账户的情况下，该账户不能将自己改成受限制账户。

标准用户账户：标准用户账户是受到一定限制的账户，在系统中可以创建多个此类账户，也可以改变其账户类型。该账户可以访问已经安装在计算机上的程序，可以设置自己账户的图片、密码等，但无权更改大多数计算机的设置。

来宾账户：来宾账户只是一个临时账户，主要用于远程登录的网上用户访问计算机系统。来宾账户仅有最低的权限，没有密码，无法对系统做任何修改，只能查看计算机中的资料。

综合练习

(1) 为计算机创建一个新账户。

(2) 修改账户密码。

(3) 启用来宾账户。

思考与练习

1. 在操作系统中为自己设置管理员账户，账户名称为自己名字的拼音。
2. 列举创建文件快捷方式的几种方法。

项目 3　Word 2016 文字处理软件

Word 2016 是微软公司办公软件套件 Microsoft Office 2016 的重要组件之一，可以录入文字并进行文档的基本操作，如图文混排、表格操作、页面设置与打印设置、长文档排版、公文写作等。本项目重点介绍 Word 的三个功能，一是文字的基本编辑，要求能够熟练掌握文档的基本操作；二是图文混排，图文混排是 Word 较为核心的编辑应用技术；三是表格的制作和设置，表格是日常办公文档经常使用的形式，Word 2016 为制作表格提供了许多方便灵活的工具和手段。

Word 2016 是专业处理文档的软件，主要用于制作各种文档，功能强大。通过本项目，可以学会使用 Word 2016 对文档进行相应的字体、段落格式设置的方法，以及对图、文、表的综合操作方法。

学习目标

1. 掌握 Word 的版面设计技巧；
2. 掌握 Word 文档的编辑方法；
3. 掌握表格的基本设置及表格中数据的处理方法；
4. 了解图文混排方法。

3.1　制作招聘启事

任务描述

XX 信息科技有限公司拟招聘一批员工，需要公司的人事专员制作一份招聘启事，模板如图 3-1 所示。

任务简析

要完成本任务，需要编辑文本，对文字和段落进行设置，并添加项目符号及编号。

XX 信息科技有限公司招聘

XX 信息科技有限公司是以数字业务为龙头，集电子商务、系统集成、自主研发为一体的高科技公司。公司集中了大批高素质的、专业性强的人才，立足于数字信息产业，提供专业的信息系统集成服务、GPS 应用服务。在当今数字信息化高速发展的时机下，公司正虚席以待，诚聘天下英才。

一、**招聘信息**：

招聘岗位：渠道管理高级经理

职位类型：高级管理/项目管理

要求学历：本科以上

薪酬待遇：面议

工作地点：上海

二、**岗位职责**：

- 负责开拓和管理辖区内大额贷款类合作商户，熟悉市场上信用类贷款、抵押类贷款等持牌金融机构产品；
- 负责辖区内合作渠道的客户服务、产品推荐工作，实现公司既定的业绩目标；
- 负责辖区内渠道商的开拓、准入、退出，制定渠道管理办法及对渠道市场竞争及规则进行监督；
- 了解个贷业务操作，跟踪渠道方每日贷款进件、审批流程，提升客户满意度；
- 做好业务数据汇总、分析等工作，通过报表系统等工具对渠道作业进行全流程监测、辅导、追踪等；
- 定期对金融机构大额信贷产品进行市场调研、分析汇总。

三、**职位要求**：

1) 金融、管理、经济、法律相关专业本科以上学历；
2) 4 年以上银行、消费金融公司、互联网金融等金融机构相关岗位工作经验；
3) 熟悉金融行业专业知识和业务流程、信用风险管理、综合协调管理；
4) 具有敏感的市场意识和商业素质；
5) 具有较好的业务逻辑思维、文字与口头表达能力。

四、**应聘方式**：

- 邮寄方式：有意者请将自荐信、学历、简历（附 1 寸照片）等寄至上海市虹口区东大名路。
- 电子邮件方式：有意者请将自荐信、学历、简历等以正文形式发送至 xinxikeji@163.com。

五、**咨询方式**：

联系电话：021-66278***

联系人：刘先生、李小姐

图 3-1　公司招聘启事模板

具体操作步骤如下：

(1) 打开名为“XX 信息科技有限公司招聘”的文档。

(2) 设置标题文字格式：字体为微软雅黑，字号为小二号，字形为加粗，字体颜色为蓝色，文字效果为加阴影，段前段后各为 0.5 行，文字对齐方式为居中。

(3) 设置正文格式：字体为宋体，字号为小四号，段落行间距为固定值 20 磅，首行缩进 2 个字符。

(4) 设置“招聘信息”和“咨询方式”下“招聘岗位”等文字的格式：字体为宋体，字形为加粗。

(5) 设置各段子标题的格式：字形为加粗，加双下划线，段后为 5 磅。

(6) 插入项目符号：在“岗位职责”和“应聘方式”下面的内容里插入项目符号✦和✧进行编号。

(7) 插入数字编号：在“职位要求”下面的内容里插入数字编号 1)、2)进行编号。

(8) 插入特殊字符：在“咨询方式”后插入符号☎。

(10) 进行页面设置：页边距为“适中”，纸张方向为“纵向”，纸张大小为 A4。

(11) 设置“渠道管理高级经理”格式：底纹为浅黄色，边框为 0.5 磅黑色单线。

(12) 保存文档。

操作实现

1. 打开文档

启动 Word 2016，单击“文件”选项卡，在弹出的下拉菜单中选择“打开”命令，打开“打开”对话框，选择名为“XX 信息科技有限公司招聘”的文档，单击“打开”按钮。

2. 字体设置

设置字体时，选中所要编辑的文字，选择“开始”选项卡：在“字体”栏中单击字体下拉列表框 宋体 ，在弹出的下拉列表中可选择需要的字体；单击字号下拉列表框 五号 ，可设置字体的字号；单击“加粗”按钮 **B** 可为文字加粗；单击字体颜色按钮 A 可为字体设置颜色；单击“字体”组的组按钮，打开“字体”对话框，如图 3-2 所示，在“字体”选项卡中单击“文字效果”按钮，在打开的对话框中选择“阴影”选项卡，可添加阴影。

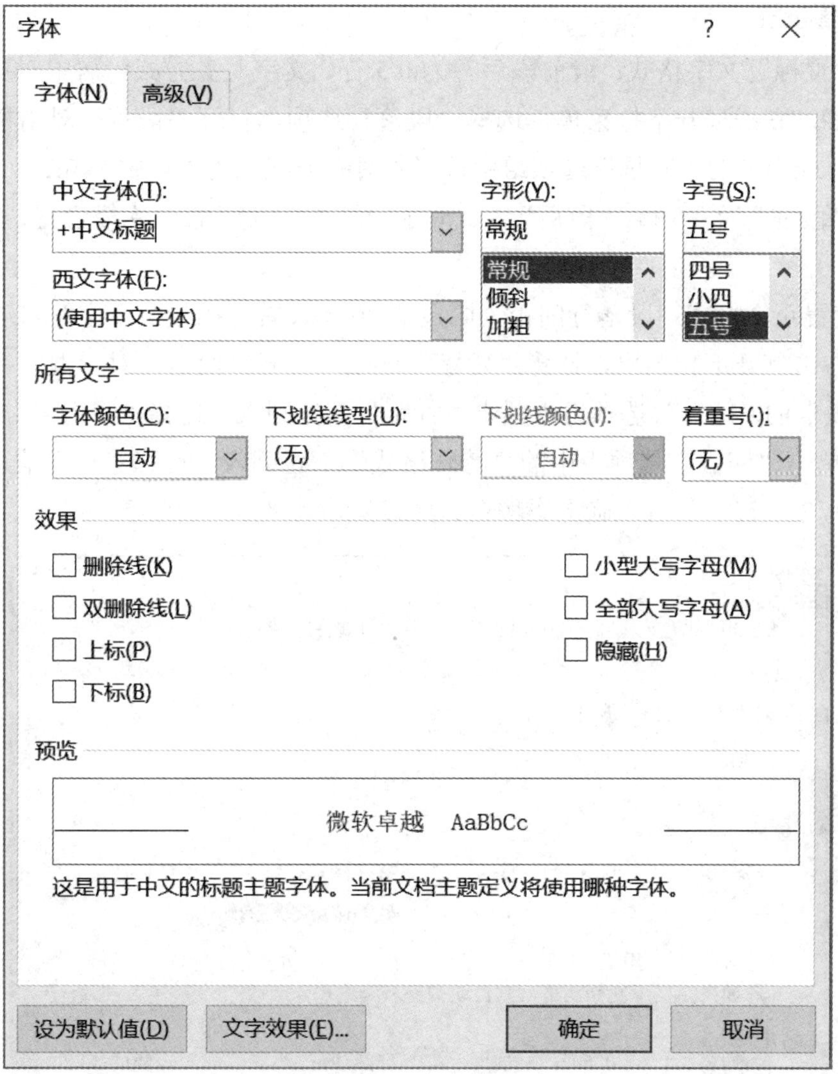

图 3-2　“字体”对话框

(1) 标题文字格式：字体为微软雅黑，字号为小二号，字形为加粗，字体颜色为蓝色，文字效果加阴影，段前段后各为 0.5 行，文字对齐方式为居中。

(2) 正文格式：字体为宋体，字号为小四号。

(3) “招聘信息”和“咨询方式”下的格式：字体为宋体，字形为加粗。

(4) 为各段子标题格式加双下划线。具体方法为：选中所要编辑的文字，选择“开始”选项卡，单击“加粗”按钮 **B** 为文字加粗，再单击“下划线”按钮 U，在弹出的下拉列表框内选择“双下划线”，利用格式刷工具 格式刷 将已设置好格式的文字选中，再单击格式刷工具，在要进行同样格式设置的其他段落文字上，利用格式刷的功能依次为各段标题文字设置相应的格式。

3. 段落设置

(1) 设置标题文字格式：段前段后各为 0.5 行，文字对齐方式为居中对齐。选中要设置的文字，右击打开下拉菜单，选择“段落”选项，打开“段落”对话框，在“缩进和间距”选项卡的“常规”选项组中选择“对齐方式”为“居中”，在“间距”选项组中设置“段前”为 0.5 行，“段后”为 0.5 行，单击“确定”按钮完成设置，如图 3-3(a)所示。

(2) 设置正文格式：段落行间距为固定值 20 磅，首行缩进 2 个字符。选中要设置的文字，右击打开下拉菜单，选择“段落”选项，打开“段落”对话框，在“缩进和间距”选项卡的“间距”选项组中单击“行距”下拉列表，选择“固定值”，设置值为 20 磅，并单击“缩进”选项组中的“特殊格式”下拉列表，选择“首行缩进”选项，设置磅值为 2 字符，单击“确定”按钮完成设置，如图 3-3(b)所示。

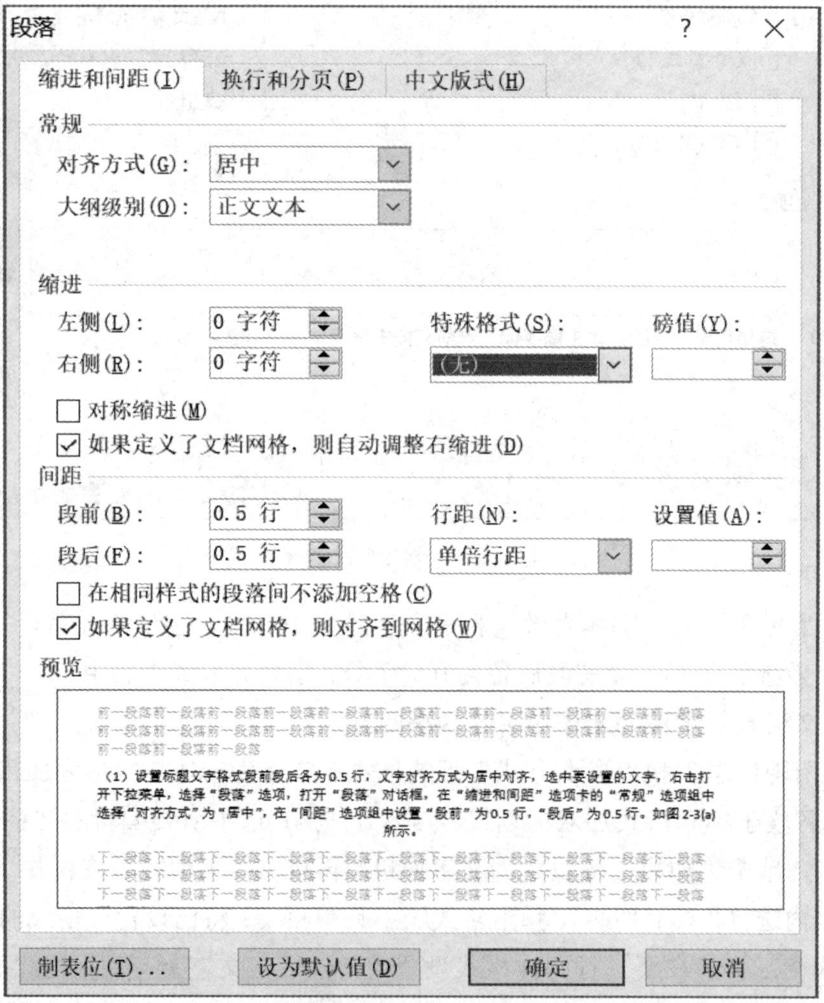

(a) 设置段落间距和对齐方式

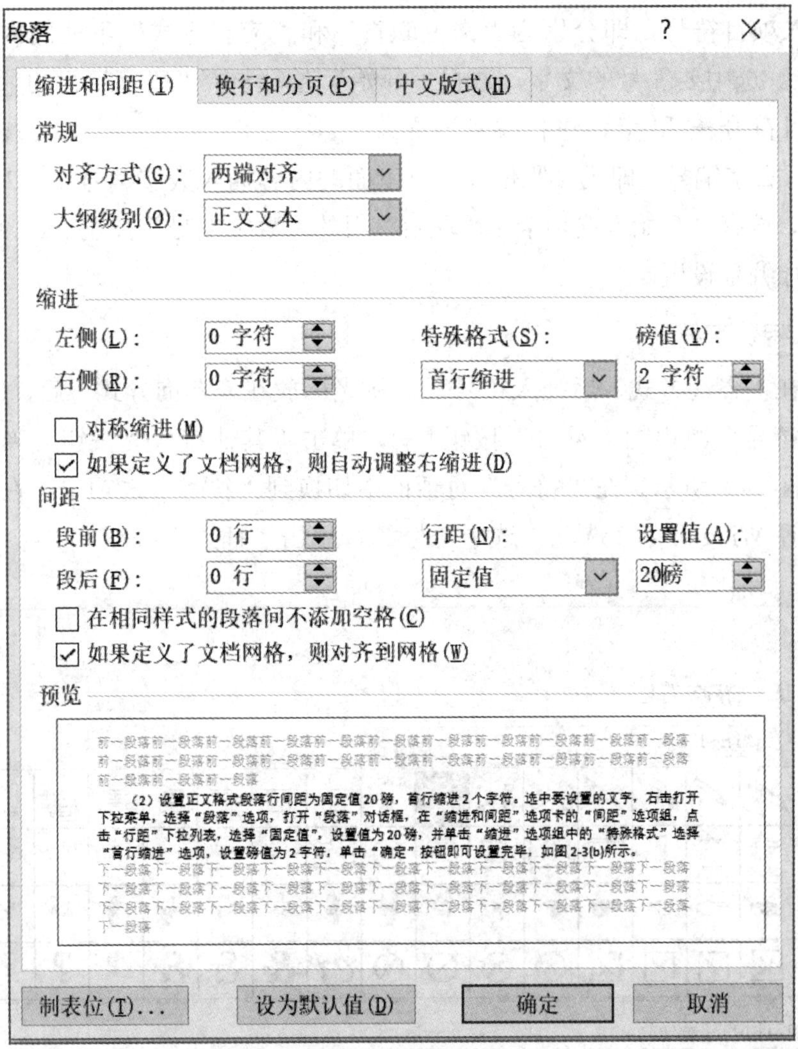

(b) 设置行距和首行缩进

图 3-3　设置段落格式

(3) 设置称谓格式为段后 5 磅。选中要设置的文字，右击打开下拉菜单，选择“段落”选项，打开“段落”对话框，在“缩进和间距”选项卡的“间距”选项组中设置“段后”为 0.5 行，单击“确定”按钮完成设置。设置落款格式的对齐方式为右对齐，方法同步骤(1)中的对齐方式的设置。

(4) 设置各段子标题格式为段后 5 磅。按住 Ctrl 键依次选中要设置的子标题，右击打开下拉菜单，选择“段落”选项，打开“段落”对话框，在“缩进和间距”选项卡的“间距”选项组中设置“段后”为 5 磅，单击“确定”按钮完成设置。

4. 项目符号和数字编号的插入

(1) 插入项目符号，即分别为“岗位职责”和“应聘方式”下面的内容插入项目符号✦和✧。选中要编号的文字，选择“开始”选项卡中“段落”组的项目编号按钮☰中的项目符号✦和✧，进行编号设置。

(2) 插入数字编号，即为“职位要求”下面的内容插入数字编号 1)、2)等。选中要编号的文字，选择“开始”选项卡中“段落”组的“数字编号”按钮☰ 中的 1)、2)、3)格式，进行编号设置。

5. 插入特殊字符

此处需在“咨询方式”后插入符号☏。将光标放在“咨询方式”后，选择“插入”选项卡下“符号”组内的“符号”按钮Ω，单击“其他符号”按钮，弹出“符号”对话框，如图 3-4 所示。在“符号”对话框中切换到“符号”选项卡，在“字体”下拉列表中选择 Wingdings 2 选项，选中符号☏，单击“插入”按钮。

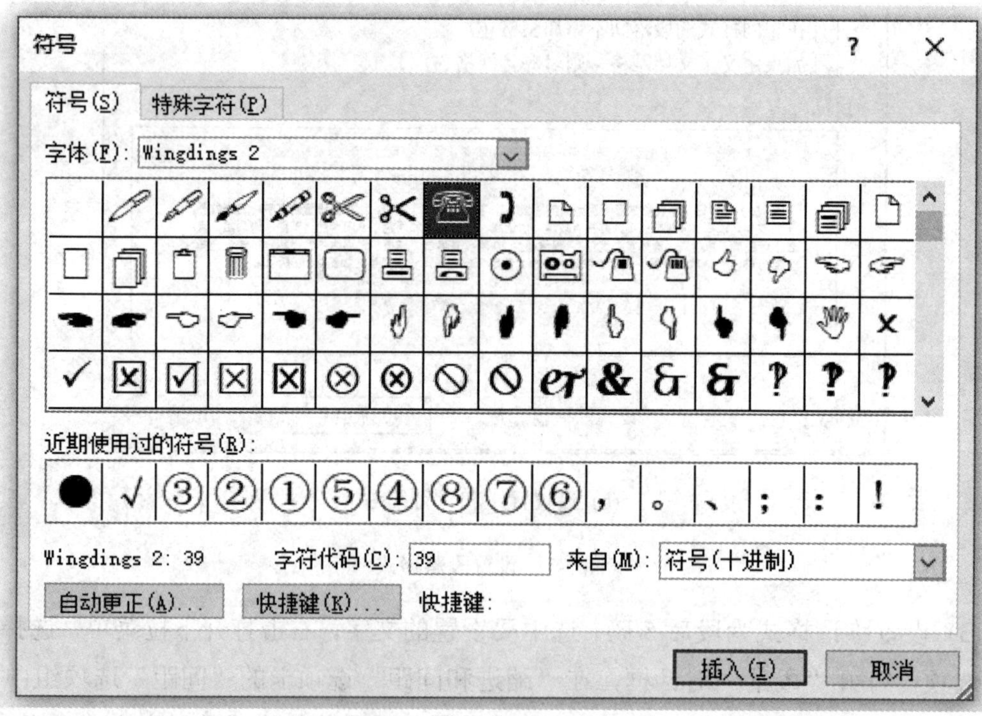

图 3-4　“符号”对话框

6. 页面设置

(1) 单击“布局”选项卡，在“设置”选项组内单击“页边距”按钮，选择“适中”选项，如图 3-5 所示。

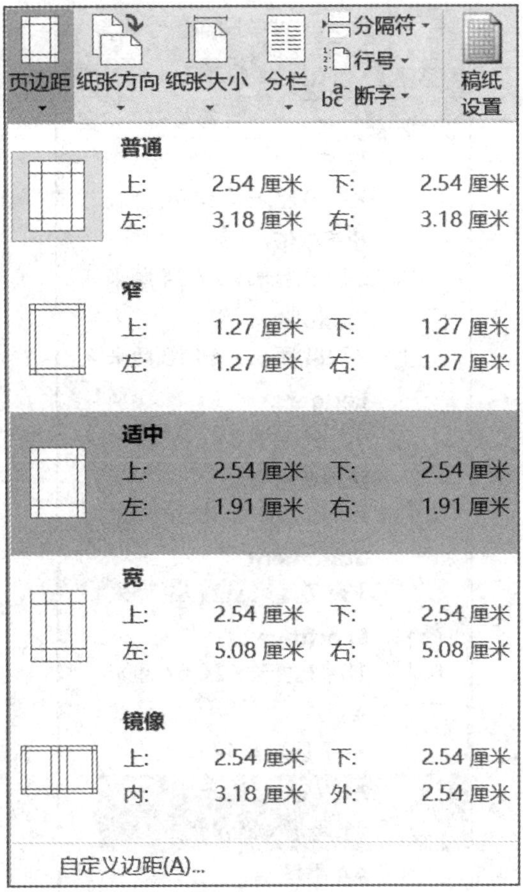

图 3-5 页边距设置

(2) 单击“布局”选项卡，在“页面设置”选项组内单击“纸张方向”按钮，选择“纵向”选项，如图 3-6 所示。

图 3-6 纸张方向设置

(3) 单击“布局”选项卡，在“页面设置”选项组内单击“纸张大小”按钮，选择“A4”选项，如图 3-7 所示。

图 3-7　纸张大小设置

7. 边框和底纹

(1) 选中“渠道管理高级经理”字样，在“开始”选项卡的“段落”组中单击框线按钮田，弹出“边框和底纹”对话框，如图 3-8 所示。在“边框”选项卡中设置“宽度”为 0.5 磅，“样式”为单直线，“应用于”选文字，单击“确定”按钮。

(2) 选中“渠道管理高级经理”字样，在“开始”选项卡的“段落”组中单击框线按钮田，弹出“边框和底纹”对话框，切换到“底纹”选项卡，设置“填充”为浅黄色，“应用于”选文字。

8. 保存文档

单击快速访问工具栏中的“保存”按钮进行保存，或使用 Ctrl+S 组合键进行保存。

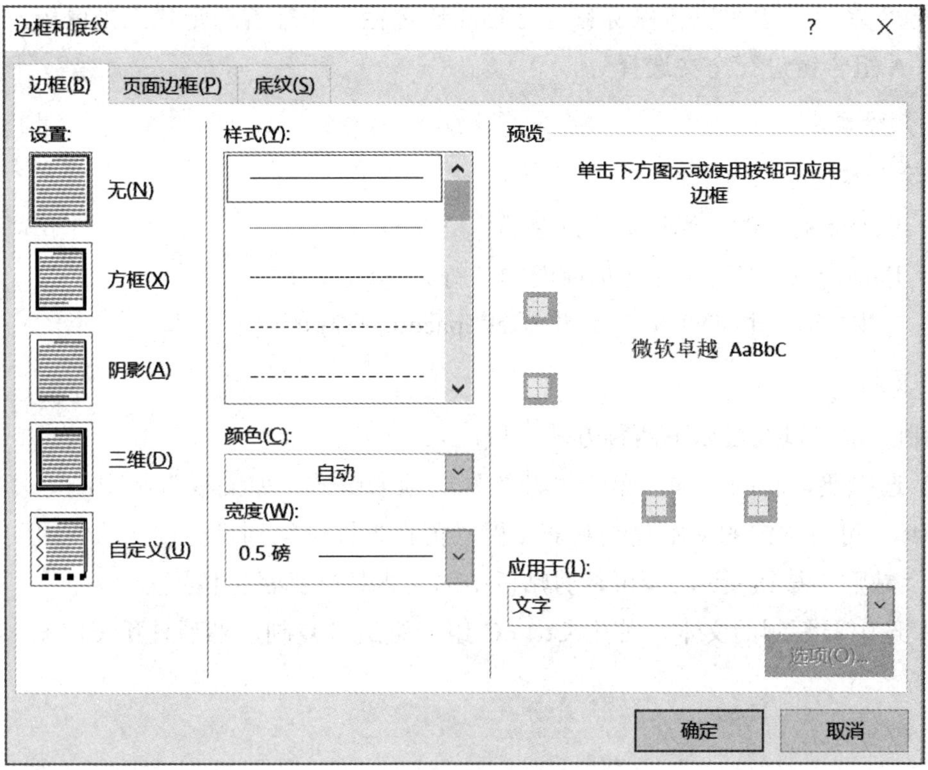

图 3-8　“边框和底纹”对话框

必备知识

1. 文本操作

文本操作主要有选择文本、删除文本、复制文本和移动文本。

1) 选择文本

选择文本的方法有以下几种：

(1) 选择部分区域。直接拖动鼠标进行选择；按 Shift 键的同时单击文本的首部和尾部，则起始位置到结束位置的文本会被选中；按住 Alt 键的同时拖动鼠标去选择文本，选中的区域为矩形区域。

(2) 选择一句文本。按住 Ctrl 键的同时，鼠标随意单击文本，选中的为一句文本。

(3) 选择一行文本。将鼠标移至行首的选定栏，鼠标指针变为向右指的箭头时单击，可以选择一行文本。

(4) 选择一段文本。将鼠标移至行首的选定栏双击鼠标左键，或者在段落中的任意位置三击鼠标左键即可选择一段文本。

(5) 选择全文。在“开始”选项卡下的“编辑”选项组中单击“选择”按钮，选择“全选”命令，也可以将鼠标移至行首的选定栏，在行首选定栏三击鼠标，或者使用 Ctrl+A 组合键进行全文选择。

2) 删除文本

删除文本的方法有三种：

(1) Delete 键：删除光标后面的字符。

(2) BackSpace 键：删除光标前面的字符。

(3) 选中文本，按 Delete 键或者 BackSpace 键删除所选的文本。

3) 复制文本

复制文本可以通过以下两种方法实现：

(1) 选中要复制的文本，单击“开始”选项卡中的“剪贴板”组中的“复制”按钮 复制，可将选定的文本复制到剪贴板，再将光标定位到目标位置，使用同样的方法选择“粘贴”按钮 粘贴，即可将剪贴板中的文本粘贴到目标位置。

(2) 选中要复制的文本，使用 Ctrl+C 组合键进行复制，然后使用 Ctrl+V 组合键完成粘贴。

4) 移动文本

移动文本可以通过以下两种方法实现：

(1) 选中要复制的文本，使用 Ctrl+X 组合键进行剪切，然后使用 Ctrl+V 组合键进行粘贴。

(2) 选中要移动的文本，左键按住不放，当出现虚线时，拖动到目标位置。

2. 字体格式设置

字体格式设置可通过“开始”选项卡的“字体”组来实现，如图 3-9 所示。

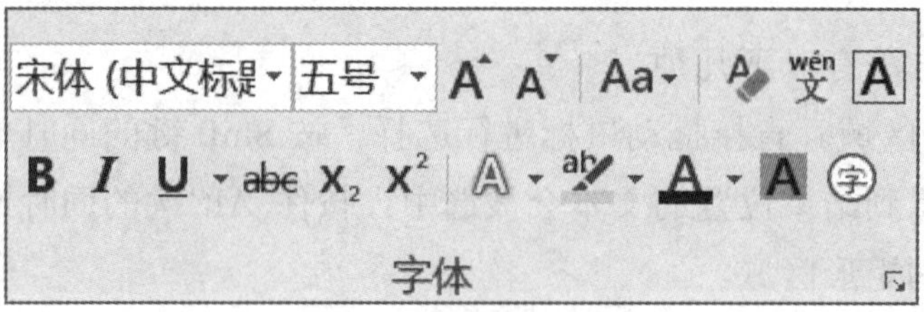

图 3-9　“字体”组

也可选中要设置字体格式的文本，右击打开“字体”对话框进行字体格式设置。

3. 段落格式设置

段落格式可通过“开始”选项卡中的“段落”组来设置，如图 3-10 所示。

也可选中要设置段落格式的文本，右击打开“段落”对话框进行段落格式的设置。

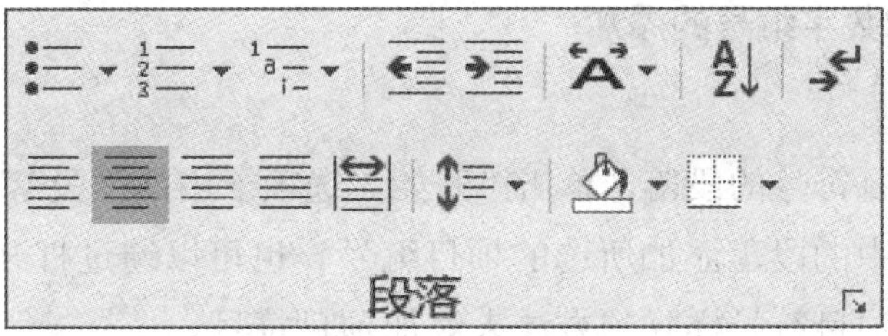

图 3-10　“段落”组

4. 页面设置

页面设置可以通过“布局”选项卡中的“页面设置”组来实现，如图 3-11 所示。

也可以单击“页面设置”组的右下角，在弹出的“页面设置”对话框中进行页面设置，如图 3-12 所示。

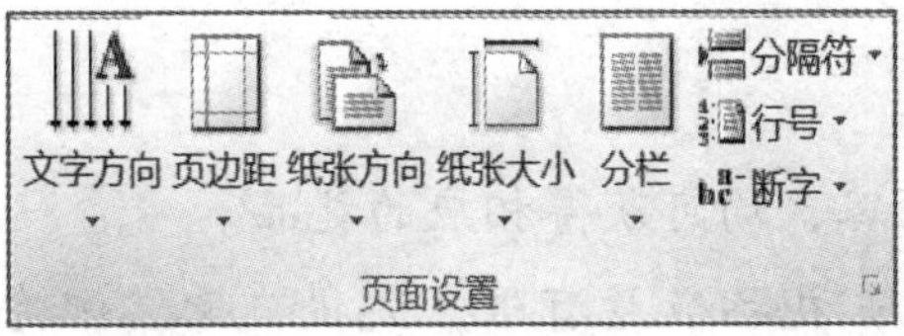

图 3-11　“页面设置”组

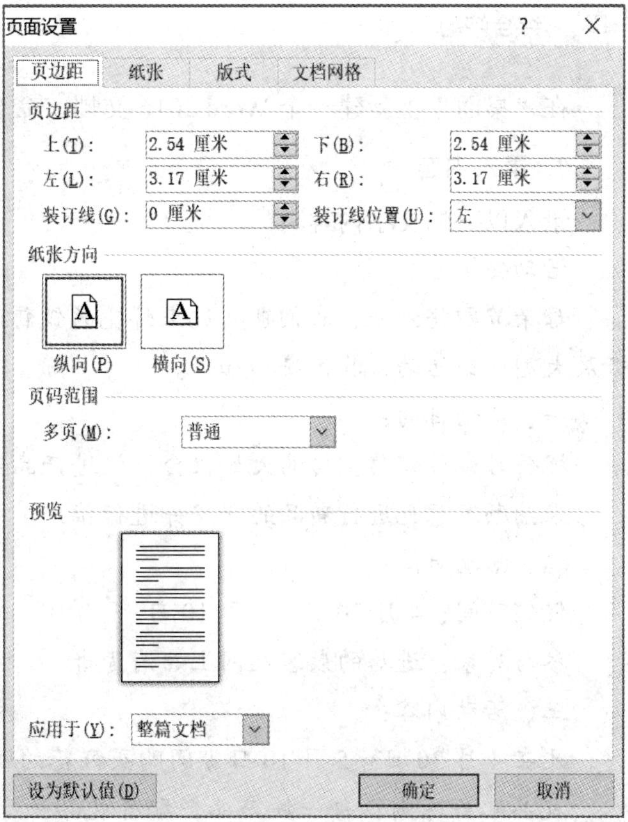

图 3-12　“页面设置”对话框

5. 格式刷的使用

格式刷能够复制文字和段落的格式，避免一次次进行重复格式设置。选择要进行格式设置的文字，选择“开始”选项卡的“剪贴板”中的“格式刷”按钮，可依次对要进行相同格式设置的文本进行设置。

6. 项目符号和数字编号的添加

1) 项目符号

选中要添加项目符号的段落，单击“开始”选项卡中的“段落” 组中的“项目符号”按钮，可为选中的段落添加所选的项目编号。也可以通过打开“项目符号”下拉菜单，选择需要的项目符号样式的方法来添加项目符号。

2) 编号

选中需要添加编号的段落，单击“开始”选项卡中的“段落” 组中的“编号”按钮，可为选中的段落添加所选的编号。也可以通过单击“编号”下拉按钮，在其下拉列表中选择需要的编号样式的方法来添加编号。

综合练习

在“桌面”上新建一个 Word 2016 文档，命名为“活动安排”。

1. 录入内容

录入以下的文字内容。

活动安排

母亲节即将到来，我们也将迎来鲜花的销售旺季。为此，花店决定在母亲节期间开展大型促销活动，具体安排如下。

一、活动目的：

抓住母亲节销售宣传的大好机会，促进产品销售；

采纳顾客意见进行新品的研究并进行推广。

二、活动时间：

促销时间：4 月 30 日～5 月 10 日

参与对象：进店的散客及网上的消费者

三、活动内容：

凡在 4 月 30 日～5 月 10 日期间购买鲜花的顾客，均可获得相应的礼品。

礼品配备原则：每一件产品，配备礼品一个；礼品数量有限，先提先配，配完即止。

4 月 30 日～5 月 10 日期间，购买鲜花满 200 元即可享受全场 9.5 折优惠。

四、活动要求：

所有的礼品赠送必须按标准执行，严禁店员截留礼品，严禁把礼品挪作他用，严禁售卖礼品。

花店会提前积极、及时备货，保证母亲节活动期间的货源需求，以免影响活动效果。

XX 花店

20XX 年 4 月 25 日

2. 文档排版

具体的排版要求如下：

(1) 页面设置：上页边距为 2 cm，下页边距为 2 cm，左右页边距均为 2 cm，纸张方向为纵向，纸张大小为 A4。

(2) 标题文字：字体为微软雅黑，字号为二号，字形为加粗，字体颜色为蓝色，效果为阴影，段前、段后各为 0.5 行，对齐方式为居中对齐。

(3) 正文：字体为宋体，字号为小四号，行距为固定值 18 磅，首行缩进 2 字符。

(4) 各段子标题：字形为加粗，字体为黑体，字号为四号，段前为 0.5 行。

(5) 项目符号：在“活动目的”和“活动内容”的各条内容前插入 ✧ 和 ◆ 项目符号。

(6) 符号：在“活动时间”和“活动要求”的各条内容前插入 1)、2)编号符号。

(7) 落款：对齐方式为右对齐。

(8) 促销时间格式：字形加粗，字体颜色为红色，边框为 0.5 磅单线。

最终排版效果如图 3-13 所示。

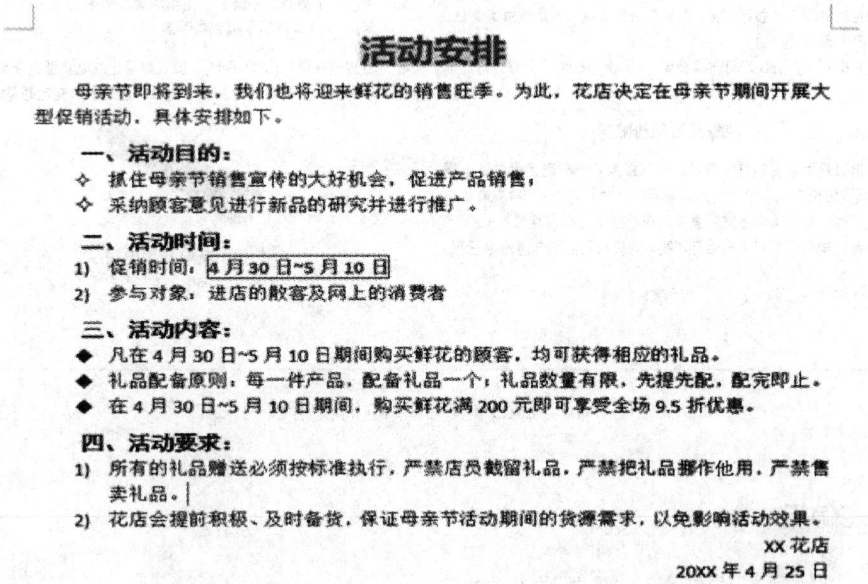

活动安排

母亲节即将到来，我们也将迎来鲜花的销售旺季。为此，花店决定在母亲节期间开展大型促销活动，具体安排如下。

一、活动目的：

✧ 抓住母亲节销售宣传的大好机会，促进产品销售；

✧ 采纳顾客意见进行新品的研究并进行推广。

二、活动时间：

1) 促销时间：4 月 30 日~5 月 10 日

2) 参与对象：进店的散客及网上的消费者

三、活动内容：

◆ 凡在 4 月 30 日~5 月 10 日期间购买鲜花的顾客，均可获得相应的礼品。

◆ 礼品配备原则：每一件产品，配备礼品一个；礼品数量有限，先提先配，配完即止。

◆ 在 4 月 30 日~5 月 10 日期间，购买鲜花满 200 元即可享受全场 9.5 折优惠。

四、活动要求：

1) 所有的礼品赠送必须按标准执行，严禁店员截留礼品，严禁把礼品挪作他用，严禁售卖礼品。

2) 花店会提前积极、及时备货，保证母亲节活动期间的货源需求，以免影响活动效果。

XX 花店

20XX 年 4 月 25 日

图 3-13　排版效果

3.2 制作使用说明书

任务描述

制造 LED 充电式手电筒的厂家要求设计部门为公司的产品制作如图 3-14 所示的使用说明书。

使用说明书 1

LED 充电式手电筒

概述

本产品为 LED 充电式手电筒，公司遵循国家行业执行标准：GB700.13-1999，确属本公司产品质量问题，自购置之日起保修期为 3 个非正常使用而致使产品损坏，烧坏的，不属保修之列。

技术特性

- 本产品额定容量高达 900mAH。
- 超长寿命电池，高达 500 次以上循环使用。
- 采用节能，高功率，超长寿命的 LED 灯泡。
- 充电保护：充电状态显示红灯，充电满显示绿灯。

使用和操作

- 充电时灯头应朝下，将手电筒交流插头完全推出，直接插入 AC110V/220V 电源插座上，此时红灯亮起，表示手电筒处于充电状态:当充电充满时，绿灯亮起，表示充电已充满。
- 使用时推动开关按键，前档为 6 个 LED 灯亮，中间档为 3 个 LED 灯亮，后档为关灯。
- 充满电，3 个 LED 灯可连续使用约 26 个小时，6 个 LED 灯可连续使用 16 个小时

故障分析与排除

1) 使用过程中若发现灯不亮或者光线很暗，则有可能是电池电量不足，如果充电后灯变亮则说明手电筒功能正常，如果充电后仍然不亮，则有可能是线路故障，可以到本公司自费维修。
2) 使用几年后若发现充电后灯不亮，则极有可能是电池寿命已到，应及时到本公司自费更换。

维修与保养

- 在使用过程中，如 LED 灯泡亮度变暗时，电池处于完全放电状态，为保护电池，应停止使用，并及时充电(不应在 LED 灯泡无光时才充电，否则电池极易损坏失效。)
- 手电筒应该经常充电使用，请勿长期搁置，如不经常使用，请在存放 2 个月内补充电一次，否则会降低电池寿命

注意事项

1. 请选择优质插座，并保持安全规范充电操作。
2. 产品充电时切勿使用，以免烧坏 LED 灯泡或电源内部充电部件。
3. 手电筒不要直射眼睛，以免影响视力(小孩应在大人指导下使用)。勿让本产品淋雨或者受潮。
4. 当充电充满时(绿灯亮起)，请立即停止充电，避免烧坏电池。非专业人士请勿随便拆卸手电筒，避免引起充电时危险。

LED 充电式手电筒

图 3-14　LED 充电式手电筒使用说明书

任务简析

要完成本项工作任务，需要进行如下操作：

(1) 新建文档，命名为“LED 充电式手电筒使用说明书.docx”。

(2) 页面设置：页边距为“窄”，纸张宽为 25 cm，高为 20 cm，纸张方向为横向。

(3) 插入页眉和页脚。页眉为运动型(奇数页)，输入文本“使用说明书”，将文本加粗；页脚为现代型(偶数页)，将页眉、页脚中多余的文本删除。

(4) 文本录入。

(5) 大标题的字体设置为黑体、三号、加粗、居中对齐。

(6) 各级标题设置为宋体，字号为小四号，字形为加粗，段前为 0.5 行，居左对齐。

(7) 在最后一行插入图片“手电筒.jpg”，文字环绕为“嵌入型”，对齐方式为居中对齐。

(8) “技术特性”标题下的文本设置为宋体、五号，插入项目符号✧。

(9) “故障分析与排除”标题下的文本设置为宋体、五号，添加数字符号 1)、2)。

(10) “维修与保养”标题下的文本设置为宋体、五号，插入项目符号 ◆。

(11) “注意事项”标题下的文本设置为宋体、五号，添加数字符号 1.、2.、3.。

(12) 将全文分成两栏。

(13) 在最后一行输入文本“LED 充电式手电筒”，文本框设置为无线条、无颜色填充，宋体，小四，加粗，蓝色，居中对齐，在文本两边插入蓝色虚线，粗细为 1 磅。

(14) 文本背景设置为文字水印“充电式手电筒”。

操作实现

1. 创建文档并保存

启动 Word 2016 新建空白文档，单击快速访问工具栏中的“保存”按钮，在打开的“另存为”对话框中设置“保存位置”为“桌面”，设置“文件名”为“LED 充电式手电筒使用说明书”，最后单击“保存”按钮。

2. 页面设置

单击“布局”选项卡，在“页面设置”组中单击“页边距”下拉按钮，在其下拉列表中选择“窄”选项，完成页边距的设置。然后单击“纸张方向”下拉按钮，在其下拉菜单中选择“横向”选项，完成纸张方向的设置。单击“纸张大小”下拉按钮，在其下拉菜单选择“其他页面大小”选项，在弹出的“页面设置”对话框中的“纸张”选项卡中设置宽度为 25 m，高度为 20 cm，单击“确定”按钮完成纸张大小的设置，如图 3-15 所示。

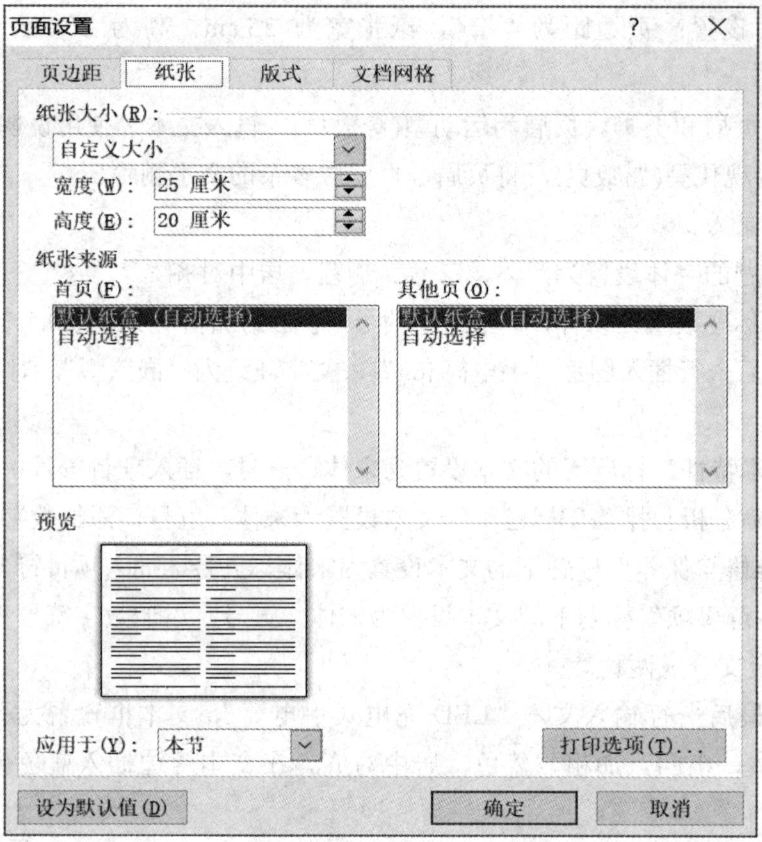

图 3-15　纸张设置

3. 插入页眉和页脚

(1) 单击“插入”选项卡，在“页眉和页脚”功能组中，单击“页眉”下拉按钮，在弹出的下拉列表中选择“运动型(奇数页)”选项。

(2) 在页眉中“键入文档标题”位置输入“使用说明书”，并将页眉中的第二行删除。选中“使用说明书”文本，进行“加粗”设置，双击文档任意位置退出页眉设置。

(3) 在“插入”选项卡的“页眉和页脚”功能组中单击“页脚”下拉按钮，在弹出的下拉列表中选择“运动型(偶数页)”选项，双击文档任意位置退出页眉设置。

(4) 选中页脚中的页码数字，将其删除。

4. 文本录入

录入 LED 充电式手电筒使用说明书的文本内容。

5. 设置字体和段落

(1) 选中“概述”文本，单击“开始”选项卡中的“字体”组，设置“字体”为“宋体”，“字号”为小四号，字体效果为“加粗”。单击“开始”选项卡中的“段落”组中的“居中”按钮，进行居中对齐。单击“段落”组右下角的按钮，在弹出的“段落”对话框中选择“缩进和间距”选项卡，在“间距”选项组中设置“段前”和“段后”为 0.5 行。

(2) 选中“概述”所在的段落，在“开始”选项卡的“剪贴板”组中单击“格式刷”按钮，依次选中其他标题和所在的段落，完成文本标题和段落的样式复制。

(3) 选中“LED 充电式手电筒”标题，单击“开始”选项卡中的“字体”组，设置“字体”为“黑体”，字体效果为“加粗”，“字号”为三号；单击“开始”选项卡中的“段落”组中的“居中”按钮，进行居中对齐设置。

6. 插入图片

(1) 将鼠标光标放在文章末尾，单击“插入”选项卡中的“插图”组中的“图片”按钮，在打开的“插入图片”对话框中选择“手电筒.jpg”图片，单击“插入”按钮即可完成图片的插入。

(2) 选中图片，在“开始”选项卡的“段落”组中单击“居中对齐”按钮并适当调整其位置。

(3) 选中图片，在“格式”选项卡的“排列”组中单击“环绕文字”下拉按钮，在其下拉列表中选择“嵌入型”选项，完成图片环绕方式的设置，如图 3-16 所示。

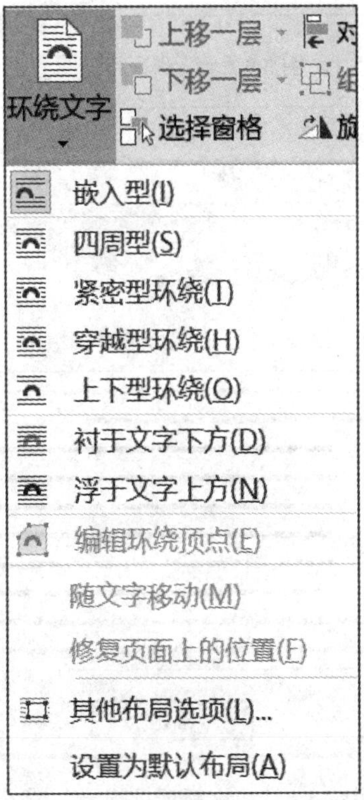

图 3-16　“环绕文字”下拉列表

7. 设置项目符号和编号

(1) 选中“技术特性”标题下面的文本，在“开始”选项卡的“段落”组中单击“项目符号”下拉按钮，选择项目符号“ ✧ ”，如若没有此项目符号，可打开下拉列表，选择“定义新项目符号”命令(如图 3-17 所示)，打开“定义新项目符号”对话框，如图 3-18 所示。

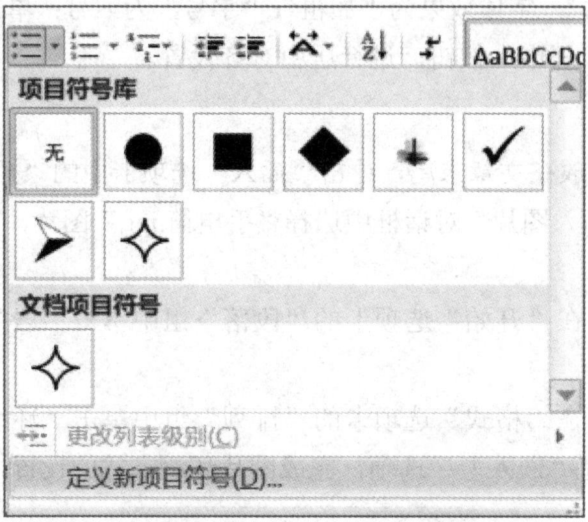

图 3-17　设置项目符号

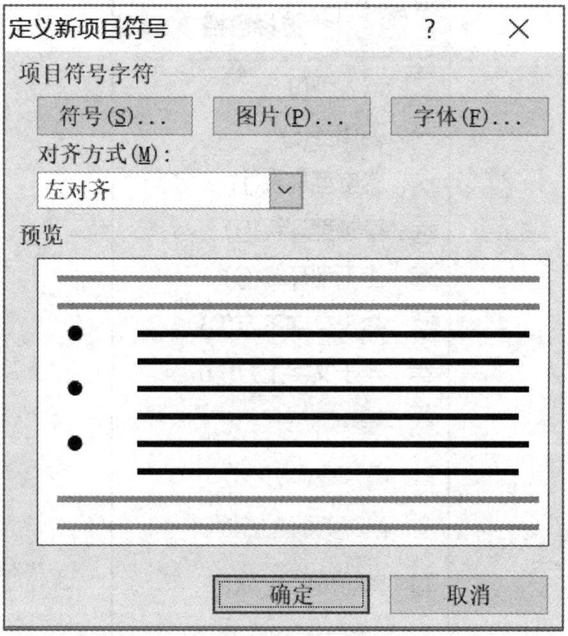

图 3-18　“定义新项目符号”对话框

(2) 单击“符号”按钮，在打开的“符号”对话框中，将“字体”设置为 Wingdings，

选中 ✧ 符号后单击“确定”按钮，完成项目符号的设置，如图 3-19 所示。

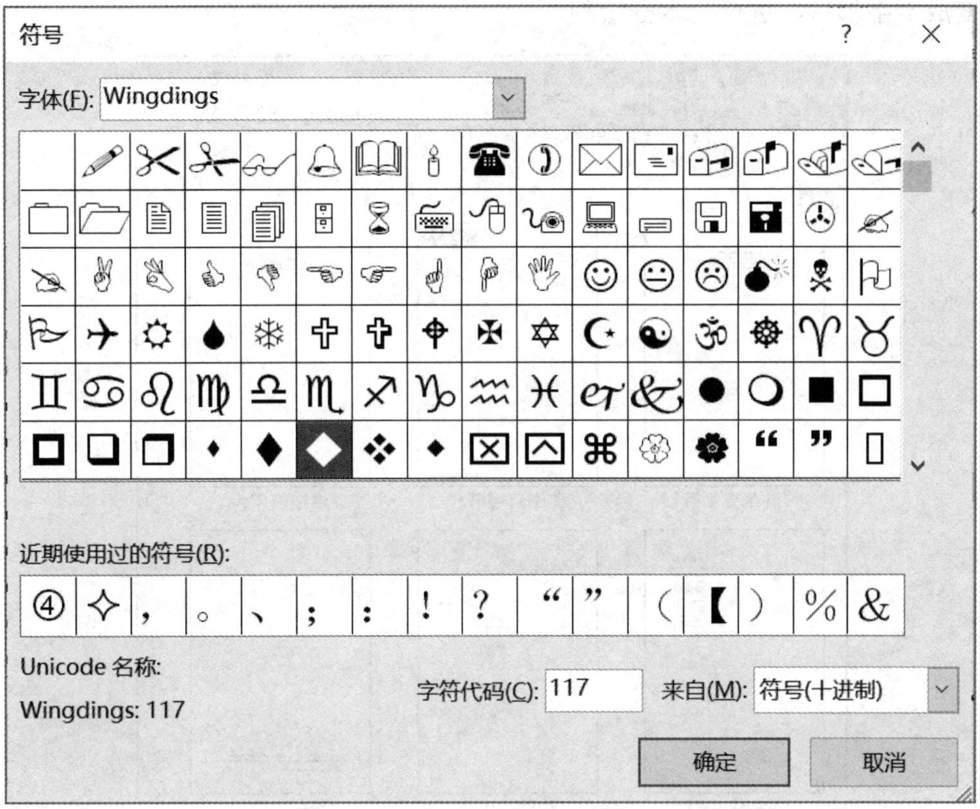

图 3-19　“符号”对话框

(3) 使用同样设置项目符号的方法，对“使用和操作”“维修与保养”标题下面的内容添加项目符号 ✦ 和 ◆。

(4) 选中“故障分析与排除”标题下面的文本，在“开始”选项卡的“段落”组中单击“编号”下拉按钮，选择编号格式为 1)、2)、3) 即可完成设置。

(5) 使用同样设置数字编号的方法，对“注意事项”标题下的内容进行编号，编号格式为 1.、2.、3.。

8. 分栏设置

选中全文内容，在“布局”选项卡的“页面设置”组中单击“分栏”下拉按钮，在下拉列表中选择“两栏”命令，如图 3-20 所示。

图 3-20　分栏设置

9. 插入文本框

在文档的末尾处，单击“插入”选项卡“文本”组中的“文本框”按钮，在“文本框”下拉列表中选择“绘制文本框”命令(如图 3-21 所示)，当鼠标变成十字形后，进行文本框绘制。

图 3-21　插入文本框

10. 插入虚线

(1) 在末尾处输入“LED 充电式手电筒”，选中并在“开始”选项卡中的“字体”组中设置“字体”为宋体，“字号”为小四号，文字为加粗，字体颜色为蓝色。

(2) 单击“插入”选项卡，在“插图”组中单击“形状”下拉按钮，在弹出的下拉列表中选择“线条”中的“虚线”，当鼠标光标变成十字形后，在“LED 充电式手电筒”文本的左边和右边插入直线。

(3) 选中直线，右击选择“设置形状格式”命令，在打开的“设置形状格式”对话框中，单击“线条”选项卡，设置“宽度”为 1 磅，选择“短划线类型”为圆点虚线，选择“颜色”为蓝色，如图 3-22 所示。

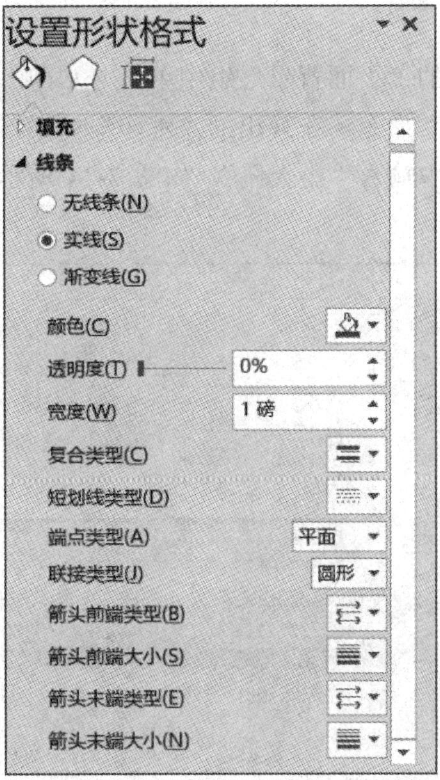

图 3-22　“设置形状格式”对话框

(4) 同时选中两条虚线，在“格式”选项卡的“排列”组中单击“对齐”下拉按钮，在其下拉列表中选择“对齐所选对象”命令，如图 3-23 所示。

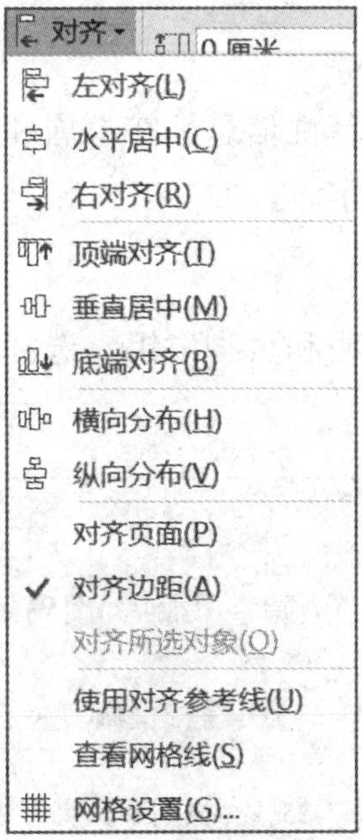

图 3-23　对齐列表

11. 设置水印

在“设计”选项卡中的“页面背景”组中单击“水印”下拉按钮，在弹出的下拉列表中选择“自定义水印”命令，在弹出的“水印”对话框中选中“文字水印”单选按钮，在“文字”文本框中输入“小天鹅”，如图 3-24 所示，单击“确定”按钮完成设置。

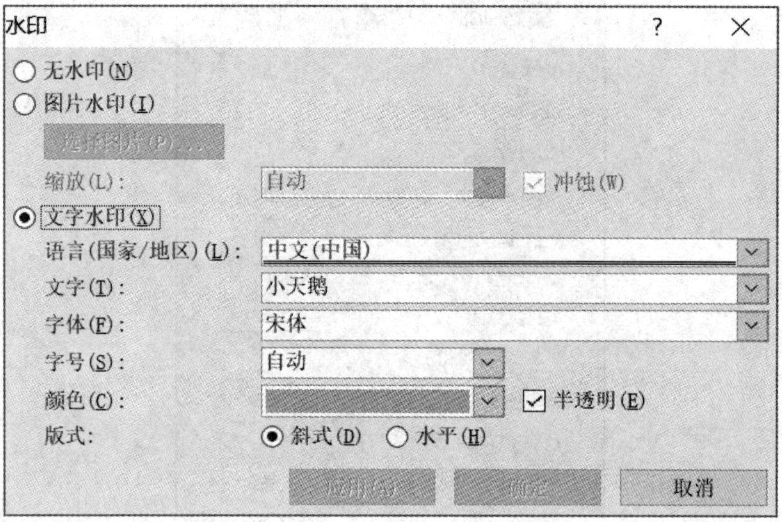

图 3-24　“水印”对话框

必备知识

1. 页眉与页脚、页码的插入

页眉和页脚属于文档中的注释性信息，在页眉和页脚中可以包括页码、日期、文档标题、文件名或作者姓名等文字。

1) 插入页眉与页脚

单击“插入”选项卡的“页眉和页脚”组，选择相应的命令进行样式设置，如图 3-25 所示。

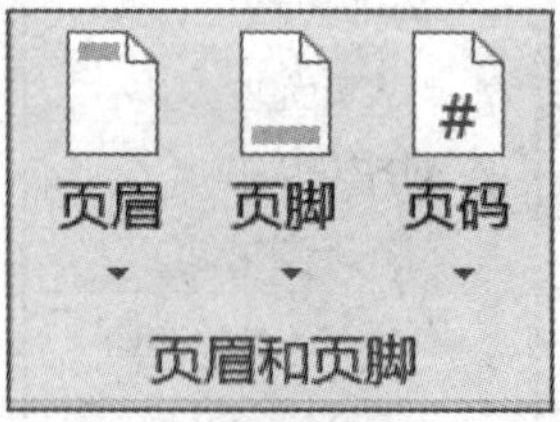

图 3-25　“页眉和页脚”组

(1) 在“页眉和页脚”组中单击“页眉”下拉按钮，在弹出的下拉列表中选择需要的页眉样式。

(2) 在页眉编辑区输入需要显示的文本内容。

(3) 在“设计”选项卡的“导航”组中单击“转至页脚”按钮，如图 3-26 所示。在页面底部会出现页脚编辑区。

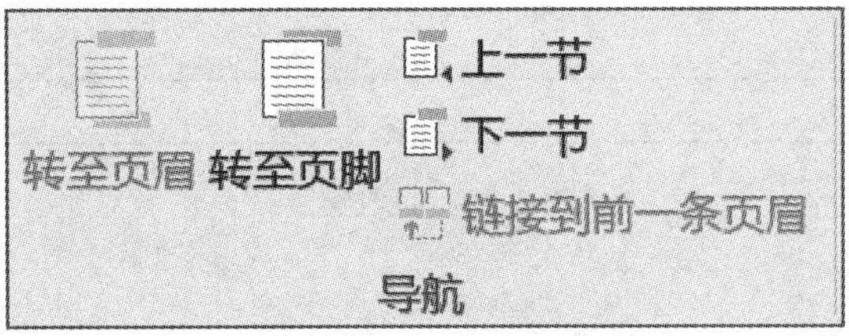

图 3-26　“导航”组

(4) 在页脚编辑区输入需要显示的文本内容。

(5) 输入完成后，单击“设计”选项卡的“关闭”组中的“关闭页眉和页脚”按钮或在文档中的任意位置双击即可完成设置。

2) 插入页码

插入页码时，可选择在页面的不同位置插入，并可设置页码的格式，包括编号格式及起始页码等，如图 3-27 和图 3-28 所示。

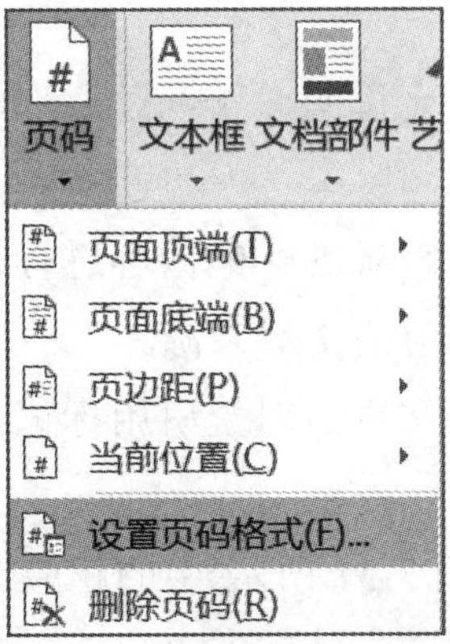

图 3-27　“页码”下拉列表

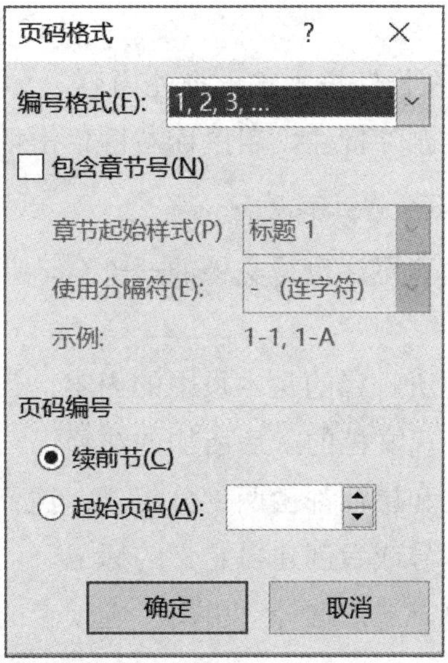

图 3-28　“页码格式”对话框

2. 批注、脚注和尾注的插入

在编辑 Word 文档时，需要对某些文本内容做一些文字说明，这时可以采用批注或脚注、尾注的方式。

1) 插入批注

批注是审阅者添加到独立的批注窗口中的文档注释或者注解。当审阅者只是评论文档，而不直接修改文档时可以插入批注，批注并不影响文档的内容。

批注是隐藏的文字，Word 会为每个批注自动赋予不重复的编号和名称，如图 3-29 所示。

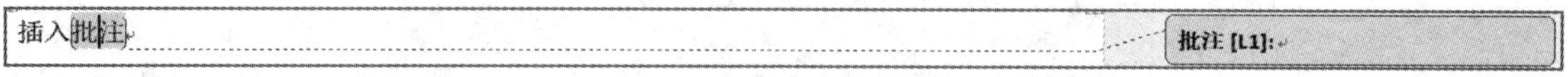

图 3-29　批注效果

具体方法如下：

(1) 选中需要插入批注的文本内容。

(2) 在“审阅”选项卡的“批注”组(如图 3-30 所示)中单击“新建批注”按钮。

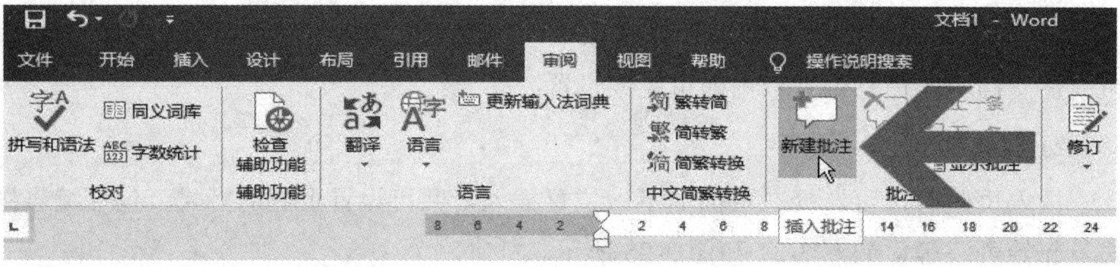

图 3-30　“批注”组

(3) 在批注框内输入批注内容。

若要删除批注，用鼠标右键单击批注框，选择“删除批注”命令即可。

2) 插入脚注和尾注

脚注和尾注也是文档的一部分，是对文档正文的补充说明，帮助读者理解全文的内容。

脚注所解释的是本页中的内容，一般用于对文档中较难理解的内容进行说明；尾注是在一篇文档的最后所加的注释，一般用于表明所引用的文献来源。

脚注和尾注都由两部分组成：注释引用标记和注释文本。对于引用标记，可以自动进行编号或者创建自定义的标记。

具体方法：选择“引用”选项卡的“脚注”组(如图 3-31 所示)中的相应命令。

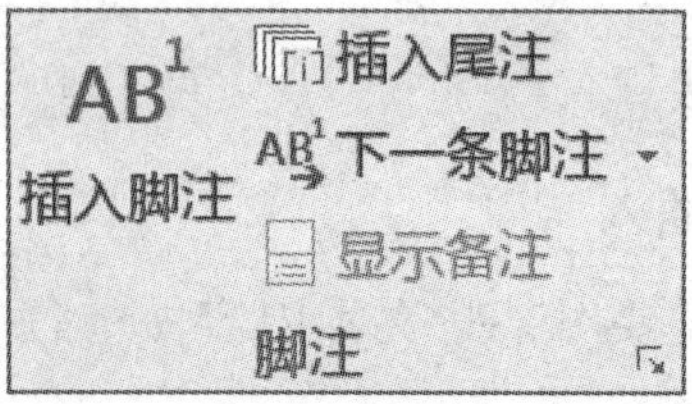

图 3-31　“脚注”组

3. 分栏的设置

分栏是指在文档的编辑中，将文档的版面划分为若干栏。

具体方法：选择要分栏的文字，单击“布局”选项卡的“页面设置”组中的“分栏”下拉按钮，在弹出的下拉列表中选择“更多分栏”命令(如图 3-32 所示)，打开“分栏”对话框，如图 3-33 所示。在该对话框中分别设置分栏的版式、栏数、宽度、间距、分割线等，完成后单击“确定”按钮即可。

图 3-32　选择“更多分栏”命令

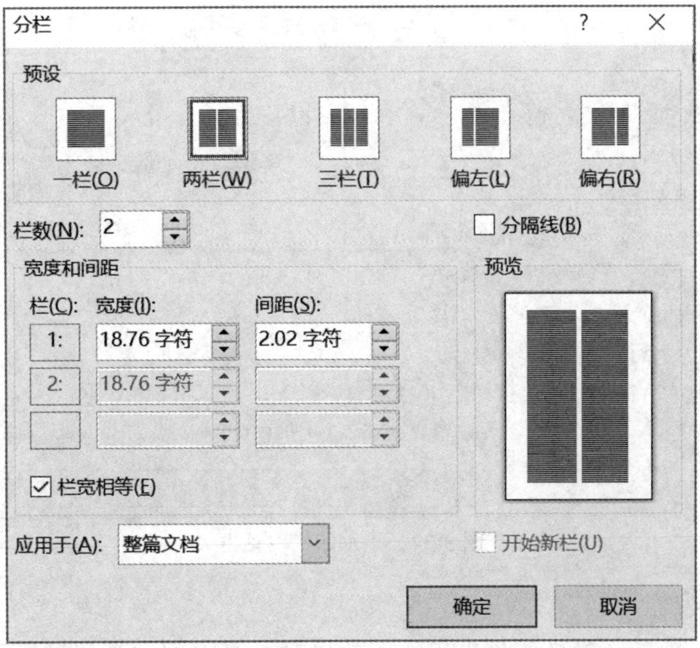

图 3-33　“分栏”对话框

注意：

(1) 设置不等宽的分栏版式时，需先取消“栏宽相等”复选框的选中状态，再在“宽度”和“间距”框中逐栏输入栏宽和间距。

(2) 选中“分隔线”复选框，可以在各栏之间加入分隔线。

(3) 当选取的分栏内容是文档的最后一段时，选择分栏内容时不要将最后一个回车符选中，否则将影响分栏效果。

4. 背景的添加

Word 中可以为文档背景添加水印、渐变、图案、图片、纯色或纹理等效果。

1) 水印背景

水印是显示在文本后面的文字或图片，通常用于增加趣味或标识文档状态。例如，可以注明文档是保密的。

添加水印背景的方法如下：选择“设计”选项卡，在“页面背景”组中单击“水印”下拉按钮，在弹出的下拉列表中直接选择需要的文字及样式；也可在下拉列表中选择“自定义水印”命令，在弹出的“水印”对话框(如图 3-34 所示)中进行设置。

在“水印”对话框中可以选择“图片水印”作为水印背景，此时单击“选择图片”按钮，从计算机中选择需要的图片即可；也可以选择“文字水印”作为水印背景，此时在“文字”文本框中输入需要的文字，并为文字设置字体、字号、颜色和版式等即可。

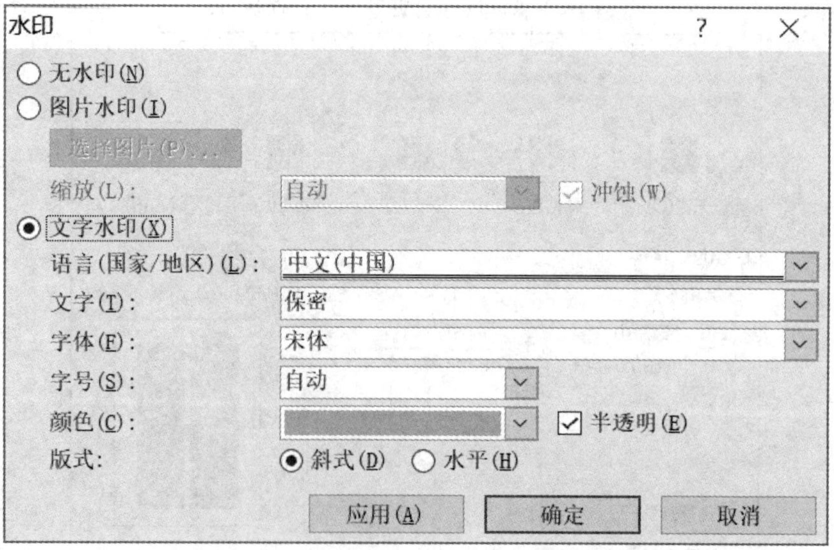

图 3-34　“水印”对话框

2) 颜色背景

为背景设置渐变、图案、图片和纹理效果时，可用同一颜色进行平铺或重复。

设置颜色背景的方法如下：切换到“设计”选项卡，在“页面背景”组中单击“页面颜色”下拉按钮，在其下拉列表中直接选择需要的颜色；也可在下拉列表中选择“填充效果”命令，打开如图 3-35 所示的“填充效果”对话框，在其中进行更多设置。在“填充效果”对话框中可以选择渐变、纹理、图案或图片作为背景。其中，渐变背景的颜色、透明度和底纹样式可以根据需要进行设置。

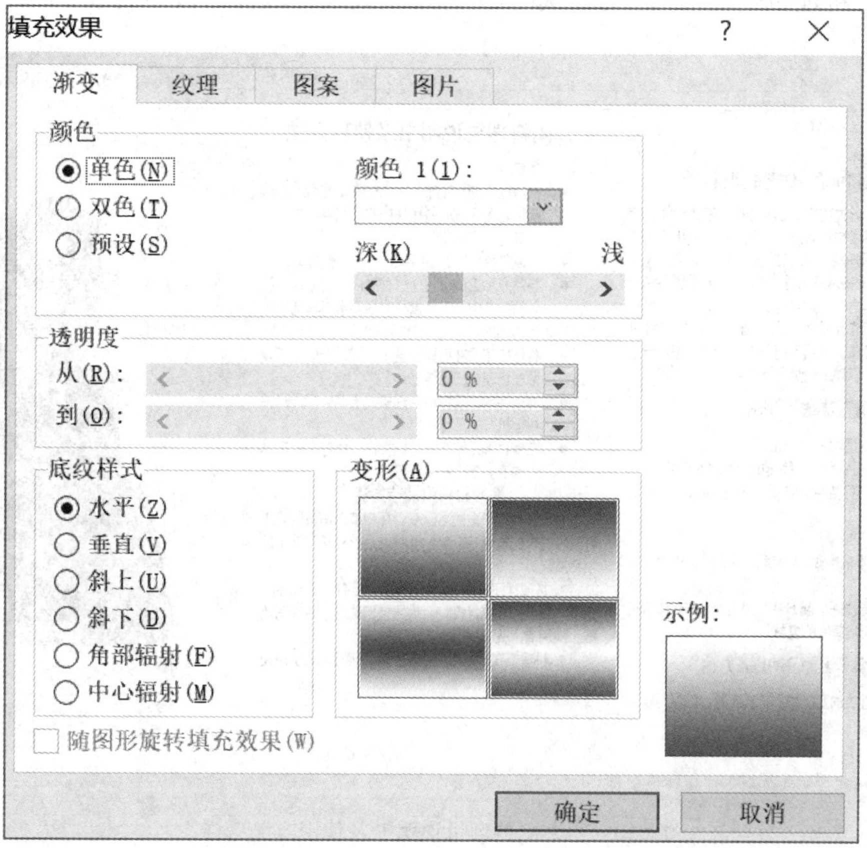

图 3-35　“填充效果”对话框

综合练习

在桌面上新建一个 Word 文档，命名为“九阳料理机说明书及使用方法”，效果如图 3-36 所示。具体要求如下：

(1) 页面设置：页边距为“窄”，纸张大小为 A4，纸张方向为横向，分三栏。

(2) 页眉：内置的“朴素型(奇数页)”页眉，文本为“使用说明书”、加粗，页眉中多余的行和内容删除。

(3) 页脚：内置的“朴素型(奇数页)”页脚，文本加粗，页脚右侧的内容删除。

(4) 标题为三号字、黑体、加粗、居中对齐；正文文本为五号字、宋体，行距为固定值 16 磅，特殊格式为首行缩进 2 字符。二级标题为宋体、小四号字、加粗。三级标题为宋体、五号字、加粗。

(5) 在最后一行末尾处插入图片料理机.jpg，文字环绕方式为“四周型”。

(6) “使用中需要注意的问题”“搅拌不带滤网的操作方法”“搅拌带上滤网的操作方法”“料理机使用清洁方法”添加字符底纹效果，段前、段后为 0.5 行。

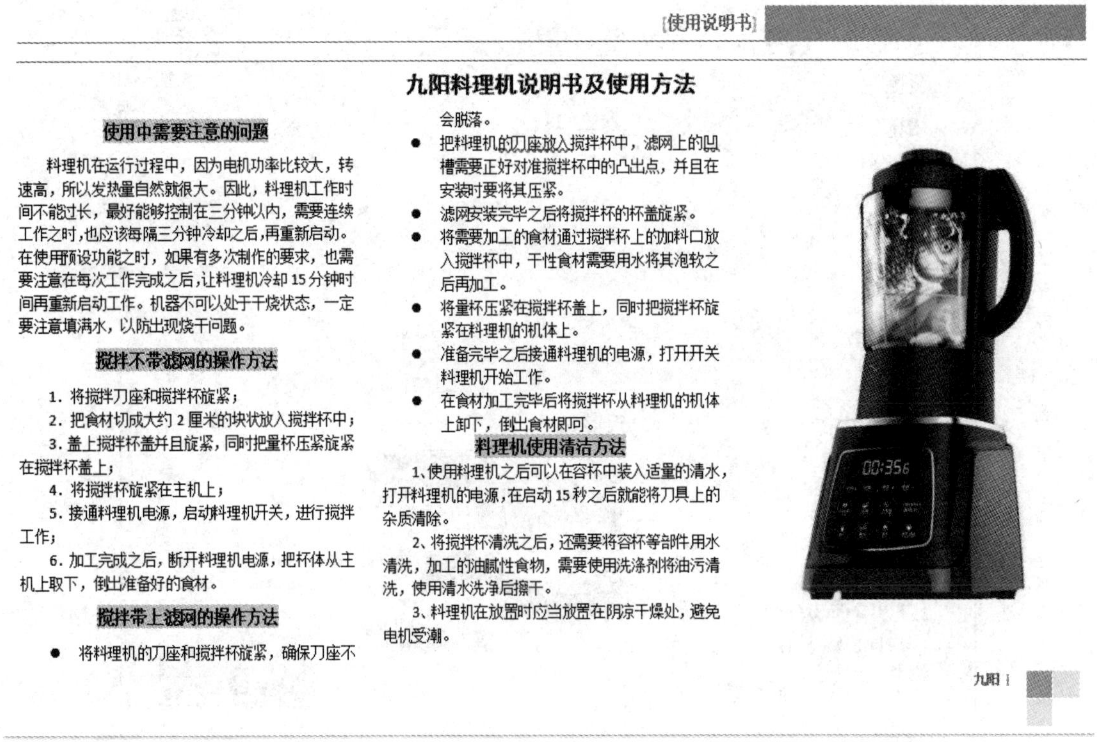
[使用说明书]

九阳料理机说明书及使用方法

使用中需要注意的问题

料理机在运行过程中，因为电机功率比较大，转速高，所以发热量自然就很大。因此，料理机工作时间不能过长，最好能够控制在三分钟以内，需要连续工作之时，也应该每隔三分钟冷却之后，再重新启动。在使用预设功能之时，如果有多次制作的要求，也需要注意在每次工作完成之后，让料理机冷却 15 分钟时间再重新启动工作。机器不可以处于干烧状态，一定要注意填满水，以防出现烧干问题。

搅拌不带滤网的操作方法

1. 将搅拌刀座和搅拌杯旋紧；
2. 把食材切成大约 2 厘米的块状放入搅拌杯中；
3. 盖上搅拌杯盖并且旋紧，同时把量杯压紧旋紧在搅拌杯盖上；
4. 将搅拌杯旋紧在主机上；
5. 接通料理机电源，启动料理机开关，进行搅拌工作；
6. 加工完成之后，断开料理机电源，把杯体从主机上取下，倒出准备好的食材。

搅拌带上滤网的操作方法

- 将料理机的刀座和搅拌杯旋紧，确保刀座不会脱落。
- 把料理机的刀座放入搅拌杯中，滤网上的凹槽需要正好对准搅拌杯中的凸出点，并且在安装时要将其压紧。
- 滤网安装完毕之后将搅拌杯的杯盖旋紧。
- 将需要加工的食材通过搅拌杯上的加料口放入搅拌杯中，干性食材需要用水将其泡软之后再加工。
- 将量杯压紧在搅拌杯盖上，同时把搅拌杯旋紧在料理机的机体上。
- 准备完毕之后接通料理机的电源，打开开关料理机开始工作。
- 在食材加工完毕后将搅拌杯从料理机的机体上卸下，倒出食材即可。

料理机使用清洁方法

1、使用料理机之后可以在容杯中装入适量的清水，打开料理机的电源，在启动 15 秒之后就能将刀具上的杂质清除。

2、将搅拌杯清洗之后，还需要将容杯等部件用水清洗，加工的油腻性食物，需要使用洗涤剂将油污清洗，使用清水洗净后擦干。

3、料理机在放置时应当放置在阴凉干燥处，避免电机受潮。

九阳

图 3-36　“九阳料理机说明书及使用方法”样文

3.3　制作促销方案

为了使文档变得更具艺术性，可以在文档中插入图片、文本框、形状、艺术字等，还可以对这些对象进行编辑操作。

任务描述

每到五一劳动节的时候，超市会通过促销活动来吸引顾客购物。今年，超市市场部的领导安排小李制作促销活动方案，要求效果如图 3-37 所示。

图 3-37　促销宣传页样文

任务简析

要完成本项工作任务，需要进行以下操作：

(1) 新建文档，命名为“超市促销活动方案”。

(2) 设置页面：纸张大小为 A4，纸张方向为纵向，上下边距为 2.45 cm，左右边距为 3.17 cm。

(3) 设置正文格式：字体为宋体，五号字，段落特殊格式为无，行距为固定值 21 磅。

(4) 插入图片：首行首字前面插入超市促销.jfif 图片(见图 3-37)，设置图片的样式为“柔化边缘矩形”，环绕文字方式为“四周型”；在末尾插入会员积分.jfif 图片(见图 3-37)，设置图片的样式为“棱台矩形”， 环绕文字方式为“四周型”。

(5) 插入艺术字：在文档的开头插入艺术字“五一，狂欢大聚惠”，艺术字样式为“轮廓-背景 1，清晰-背景 1”，字体格式为微软雅黑，字体颜色为橙色。

(6) 设置页面颜色：设置页面颜色为“主题颜色”中的蓝色、个性色 5、淡色 80%。

(7) 设置页面边框：如图 4-37 所示，宽度为“22 磅”，应用于整篇文档。

(8) 设置标题字体：黑体、四号、橙色、加粗。

(9) 项目符号：为一等奖、二等奖、三等奖前加入项目符号 ➢。

操作实现

1. 创建文档并保存

启动 Word 2016，新建空白文档，单击“文件”菜单栏中的“另存为”命令，在打开的“另存为”对话框中选择“保存位置”为“桌面”，输入“文件名”为“超市促销活动方案”，最后单击“保存”按钮。

2. 设置页面

单击“布局”选项卡，在“页面设置”组中单击“页边距”下拉按钮，在其下拉列表中选择“自定义边距”命令，在弹出的“页面设置”对话框中，设置上下边距为 2.45 cm，左右边距为 3.17 cm，设置纸张方向为“纵向”，设置纸张大小为“A4”。

3. 设置文本字体和段落格式

选择正文内容，右击，在弹出的菜单中选择“字体”，在打开的“字体”对话框中设置“字体”为宋体，“字号”为五号，右击选择“段落”，在打开的“段落”对话框中设置“特殊格式”为无，设置“行距”为固定值 22 磅。

4. 插入图片

(1) 将鼠标光标移至首行首字后面插入图片文件超市促销.jfif，单击“插入”选项卡，在“插图”组中单击“图片”按钮，在弹出的“插入图片”对话框中选择图片文件超市促销.jfif，单击“插入”按钮完成插入。

(2) 将光标移至末尾插入图片文件会员积分.jfif，再次单击“图片”按钮，重复(1)中的操作，完成会员积分.jfif 图片的插入。

5. 设置图片

(1) 选中超市促销.jfif 图片，单击“格式”选项卡，在“图片样式”组中选择“柔化边缘矩形”，并单击“排列”组中的“环绕文字”按钮，在下拉列表中选择“四周型”方式，参见图 3-38、图 3-39。

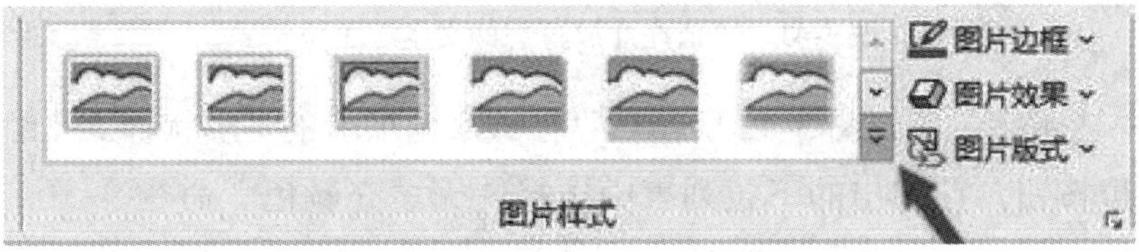

图 3-38　“图片样式”组

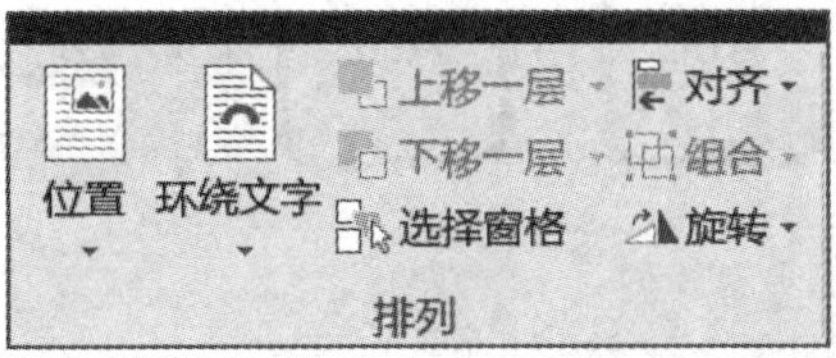

图 3-39　“排列”组

(2) 选中会员积分.jfif 图片，再次单击“格式”选项卡，在“图片样式”组中选择“棱台矩形”，并单击“排列”组中的“环绕文字”按钮，在下拉列表中选择“四周型”方式。

6. 插入艺术字

(1) 切换至“插入”选项卡，在“文本”组中单击“艺术字”下拉按钮，在弹出的如图 3-40 所示的下拉列表中选择“轮廓-背景 1，清晰-背景 1”选项。

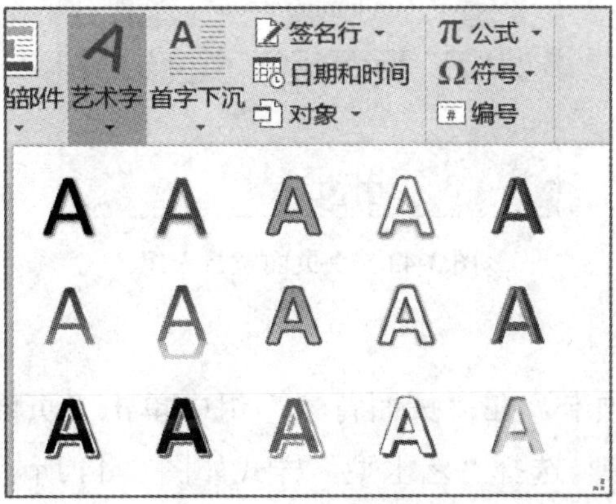

图 3-40　艺术字列表

(2) 在弹出的如图 3-41 所示的“请在此放置您的文字”占位符处输入“五一，狂欢大聚惠!”，完成艺术字的插入。

图 3-41　“请在此放置您的文字”占位符

(3) 选中艺术字，在如图 3-42 所示的“格式”选项卡的“形状样式”组中单击“形状填充”下拉按钮，在弹出的下拉列表中选择“无填充颜色”命令。

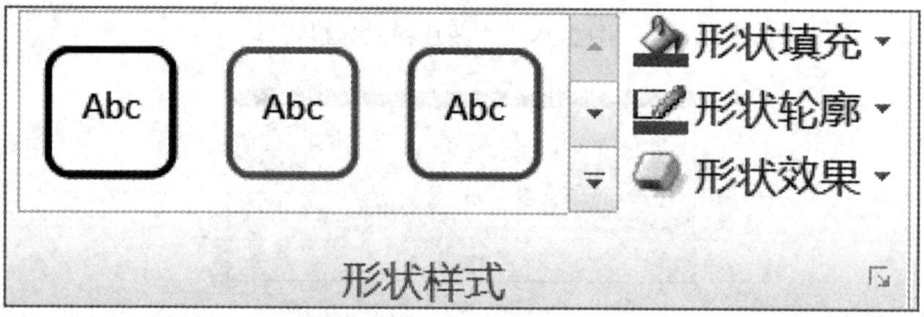

图 3-42　“形状样式”组

7. 设置页面颜色

切换至“设计”选项卡，在如图 3-43 所示的“页面背景”组中单击“页面颜色”按钮，在“页面颜色”下拉列表中选择“主题颜色”中的蓝色，个性色 5，淡色 80%。

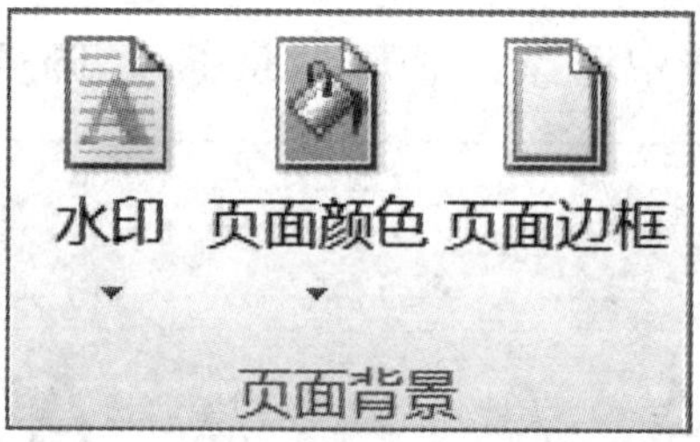

图 3-43　“页面背景”组

8. 设置页面边框

切换至“设计”选项卡，在“页面背景”组中单击“页面边框”按钮，在弹出的“边框和底纹”对话框中，选择“艺术型”样式如图 3-44 所示，“宽度”为 22 磅，“应用于”选整篇文档。

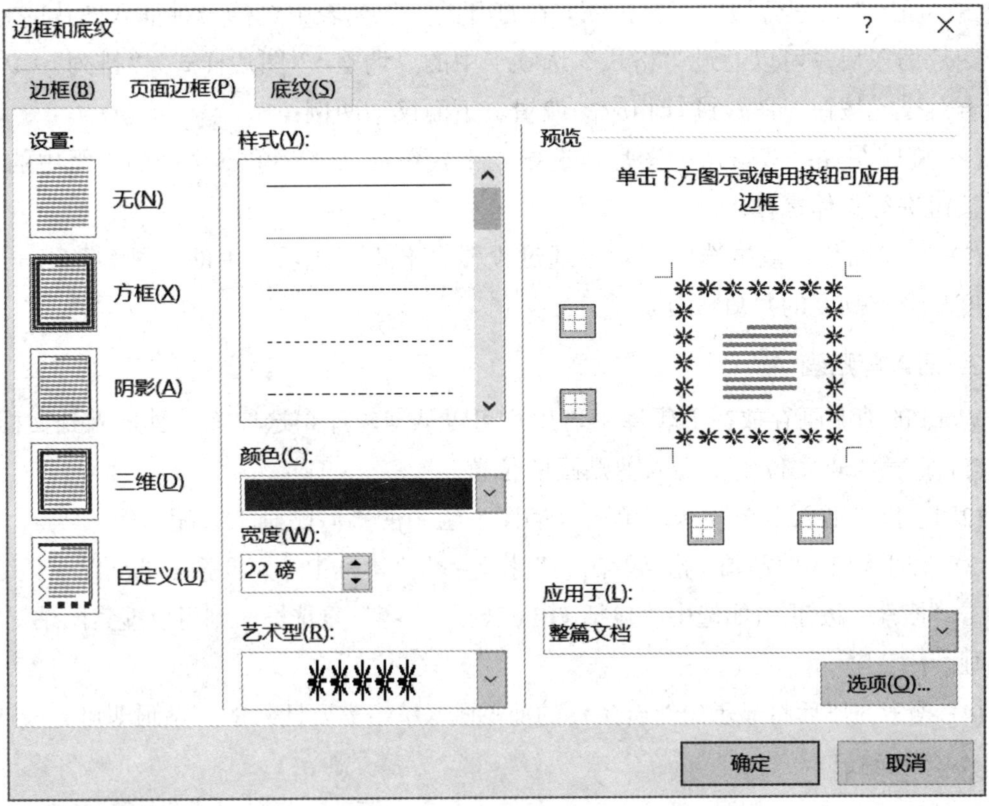

图 3-44　“边框和底纹”对话框

9. 设置标题字体

标题字体按要求设置为：黑体、四号、橙色、加粗。

必备知识

1. 插入和编辑图片

插入图片的步骤如下：

(1) 把插入点定位到要插入图片的位置。

(2) 选择“插入”选项卡，单击如图 3-45 所示的“插图”组中的“图片”按钮。

图 3-45　“插图”组

(3) 在弹出的“插入图片”对话框中，找到需要插入的图片，单击“插入”按钮或单击“插入”按钮旁边的下拉按钮，在打开的下拉列表中选择一种插入图片的方式。

图片插入后，可以通过“格式”选项卡中的“调整”“图片样式”“排列”“大小”等组合命令或按钮对图片进行相应的编辑。下面仅举两例：

(1) 旋转图片：双击选中图片，选中“格式”选项卡，单击“排列”组中的“旋转”按钮进行具体操作。

(2) 裁剪图片：双击选中图片，通过设置“格式”选项卡中的“排列”组下的形状宽度和形状高度的数值进行裁剪。

2. 插入剪贴画

Word 的剪贴画存放在剪辑库中，用户可以从剪辑库中选取剪贴画插入到文档中。

(1) 把插入点定位到要插入剪贴画的位置。

(2) 选择“插入”选项卡，单击“插图”组中的“剪贴画”按钮。

(3) 此时弹出“剪贴画”窗格，在“搜索文字”文本框中输入要搜索的剪贴画关键字，再单击“搜索”按钮。(如选中“包括 Office.com 内容”复选框，则可以搜索网站提供的剪贴画。)

(4) 搜索完毕后将显示出符合条件的剪贴画，单击需要插入的剪贴画即可完成插入。

3. 绘制图形

Word 提供了绘制图形的功能，可以在文档中绘制各种线条、基本图形、箭头、流程图、星、旗帜、标注等。对绘制出来的图形还可以设置线型、线条颜色、文字颜色、图形或文本的填充效果、阴影效果、三维效果、线条端点风格等。

绘制形状：

(1) 将插入点定位到要插入自选图形的位置。

(2) 选择“插入”选项卡，单击“插图”组中的“形状”按钮，再打开“自选图形”对话框，选择某一类型的图形。

(3) 在要插入的位置拖动鼠标，绘制所需大小的图形。

注意：要保持图形的长宽比例，则在拖动鼠标时须按住<Shift>键。

编辑形状：通过“格式”选项卡中的“形状样式”组下的“形状填充”“形状轮廓”“形状效果”命令按钮，可对所绘图形的形状进行设置，如图 3-46 所示。

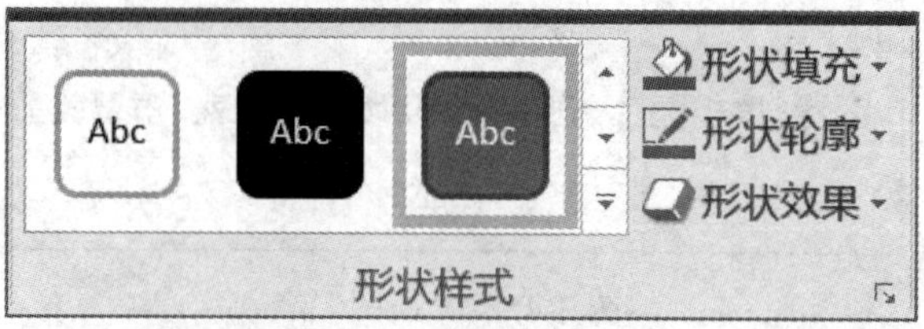

图 3-46 “形状样式”组

添加文字：用户可以为封闭的形状添加文字，并设置文字格式。要添加文字，需要选中相应的形状并右击，在弹出的快捷菜单中选择“添加文字”选项，此时，该形状中出现光标，处于可以输入文本状态。输入文本后，可以对文本格式和文本效果进行设置。

对象层叠次序：在已绘制的图形上再绘制图形，会产生重叠效果，一般先绘制的图形在下面，后绘制的图形在上面。要更改叠放次序，需要先选中要改变叠放次序的对象，再单击“格式”选项卡中的“排列”组的“上移一层”按钮或“下移一层”按钮选择本形状的叠放位置，如图 3-47 所示；或单击快捷菜单中的“上移一层”选项和“下移一层”选项。

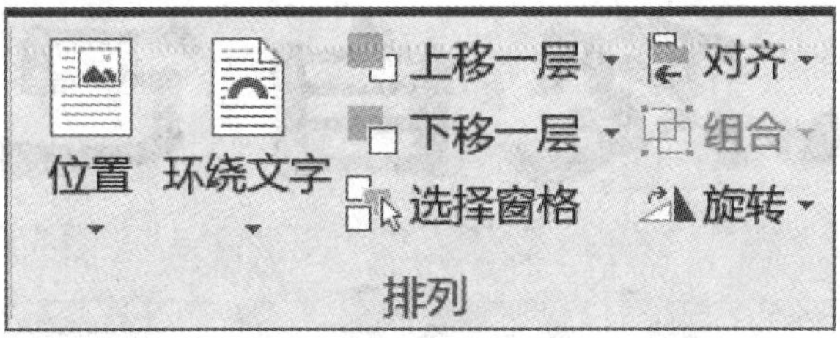

图 3-47　“排列”组

多个形状的组合与分解：

(1) 组合：按住 Shift 键，用鼠标左键依次选中要组合的多个对象，再选择“格式”选项卡，单击“排列”组中的“组合”下拉按钮，在弹出的下拉列表中选择“组合”选项；或单击快捷菜单中的“组合”下的“组合”选项，即可将多个图形组合为一个整体。

(2) 分解：选中需分解的组合对象后，选择“格式”选项卡，单击“排列”组中的“组合”下拉按钮，在弹出的下拉菜单中选择“取消组合”选项；或单击快捷菜单中的“组合”下的“取消组合”选项。

4. 艺术字

艺术字是指将一般文字经过各种特殊的着色、变形处理得到的艺术化的文字。在 Word 中可以创建出漂亮的艺术字，并可将之作为一个对象插入到文档中。Word 2016 将艺术字作为文本处理，用户可以任意编辑文字。

1) 插入艺术字

(1) 单击“插入”选项卡下“文本”组中的“艺术字”下拉按钮，打开艺术字库(见图 3-40)。

(2) 选择一种艺术字样式并单击，将弹出“编辑艺术字文字”对话框，可在其中输入要设置为艺术字的文字，并选择所需的其他选项，如字体为隶书，字号为 80，加粗等，单击“确定”按钮，如图 3-48 所示。

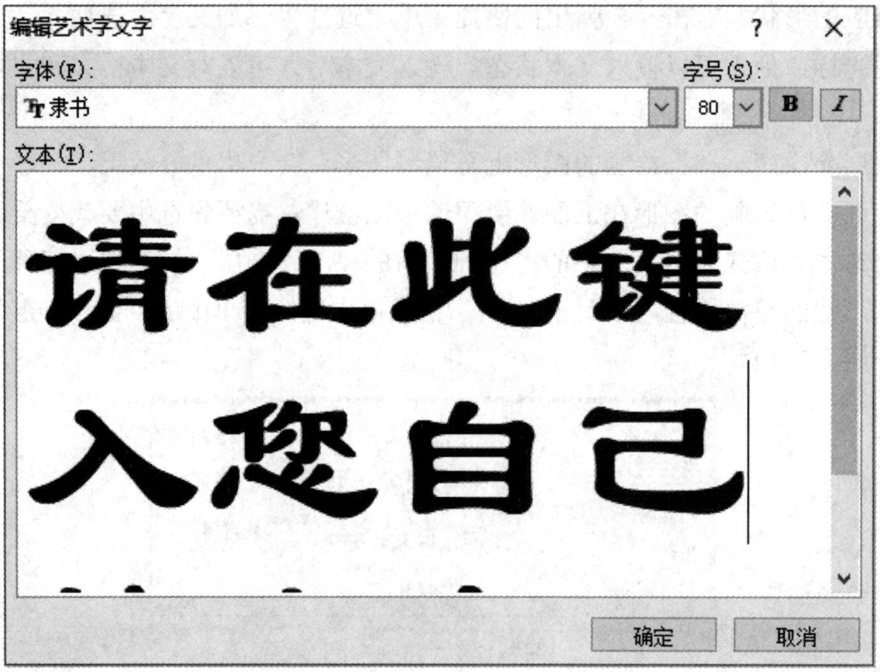

图 3-48　“编辑艺术字文字”对话框

2) 编辑艺术字

通过“格式”选项卡中的“艺术字样式”组下的“文本填充”“文本轮廓”“文本效果”命令按钮，可对艺术字的格式进行设置，如图 3-49 所示。

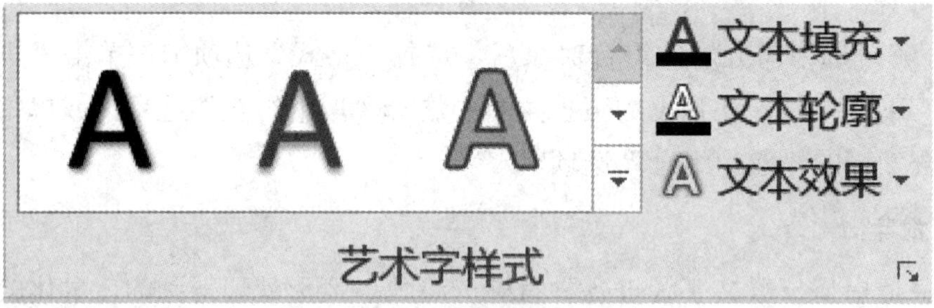

图 3-49　“艺术字样式”组

5. 文本框

文本框是储存文本的图形框，可以对文本框中的文本像对页面文本一样进行各种编辑和格式设置操作，而同时对整个文本框又可以像对图形、图片等对象一样在页面上进行移动、复制、缩放等操作，并可以建立文本框之间的链接关系。

将光标定位到要插入文本框的位置，选择“插入”选项卡，单击“文本”组中的“文本框”下拉按钮，在弹出的下拉列表中选择要插入的文本框样式，如图 3-50

所示。此时，在文档中就会插入该样式的文本框，在文本框中可以输入文本内容并编辑格式。

图 3-50　“文本框”下拉列表

6. 截取屏幕图片

在 Word 中，除了可以插入计算机中的图片或剪贴画外，还可以随时截取屏幕的内容，然后作为图片插入到文档中。

(1) 把插入点定位到要插入屏幕图片的位置。

(2) 选择“插入”选项卡，单击“插图”组中的“屏幕截图”下拉按钮。

(3) 在展开的如图 3-51 所示的下拉列表中选择需要的屏幕窗口，即可将截取的屏幕图片插入文档中。

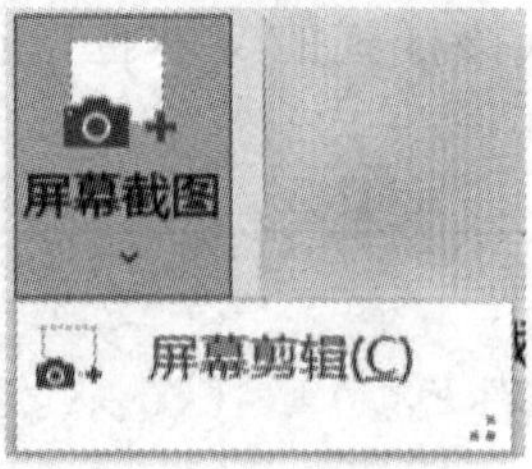

图 3-51　“屏幕截图”下拉列表

(4) 如果想截取计算机屏幕上的部分区域，可以在“屏幕截图”下拉列表中选择“屏幕剪辑”选项，这时当前正在编辑的文档窗口会自行隐藏，进入截屏状态，拖动鼠标，选取需要截取的图片区域，松开鼠标后，系统将自动重返文档编辑窗口，并将截取的图片插入文档中。

7．环绕文字方式

环绕是指图片与文本的关系，图片一共有 7 种环绕文字方式，分别为嵌入型、四周型、紧密型环绕、穿越型环绕、上下型环绕、衬于文字下方和浮于文字上方，如图 3-52 所示。

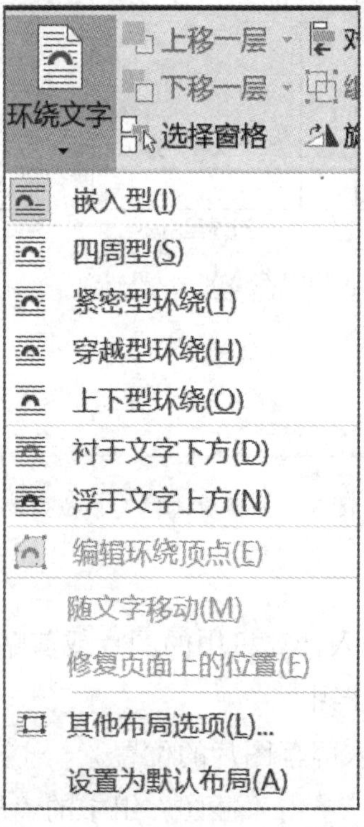

图 3-52　环绕文字方式

设置方法：选中图片，切换至“格式”选项卡，打开 “排列”组中的“位置”下拉列表(见图 3-53)，选择需要的环绕文字方式；或通过在图片上右键单击，选择“环绕文字”命令，在右侧弹出的命令列表中选择需要的环绕文字方式。

图 3-53　“位置”下拉列表

8. 图片大小的设置和移动

(1) 选中图片后，将光标移到所选图片，当光标变成十字形状时，拖动鼠标可以移动所选图片；将光标定位到图片的某个尺寸控点上，当光标变成双向箭头时，拖动鼠标可以改变图片的形状和大小。

(2) 切换至“格式”选项卡，在“大小”，组的“宽度”“高度”文本框中输入相应数值(见图 3-54)；或在图片上右键单击，再选择“大小和位置”命令，可对图片的大小进行设置。

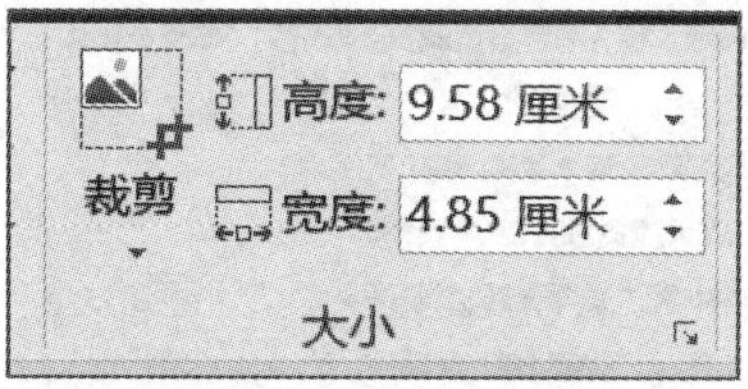

图 3-54　“大小”组

综合练习

在桌面上新建一个 Word 文档，命名为“中秋茶礼，惠喝好茶.docx”，效果如图 3-55 所示。具体排版要求如下：

(1) 纸张大小为 A4，纸张方向为“纵向”，页边距为“适中”。

(2) 艺术字标题：字体为微软雅黑、加粗；艺术样式为“文本 1-阴影”。

(3) 正文内容：字体为宋体、五号、加粗，段落间距为“固定值：22 磅”，设置段落特殊格式为“首行缩进：无”。

(4) 插入图片：在末尾插入茶礼传情.jpg 图片，将图片的环绕文字方式设置为四周型，居中对齐，图片样式为“柔化边缘矩形”。

(5) 子标题格式：微软雅黑、小四、黑色。

(6) 页面颜色：金色、个性色 4、淡色 80%。

(7) 页面边框：宽度为 30 磅，应用于整篇文档。

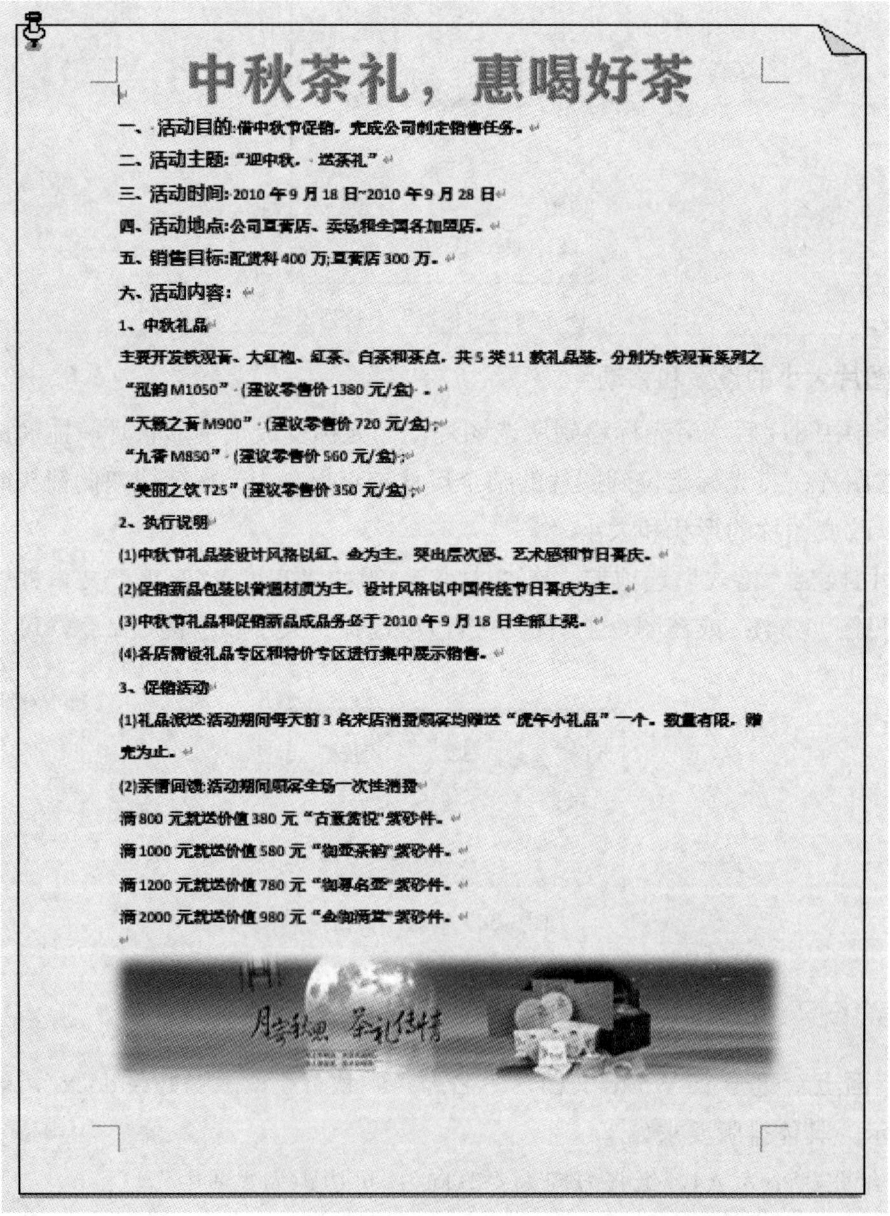

中秋茶礼，惠喝好茶

一、活动目的:借中秋节促销，完成公司制定销售任务。

二、活动主题:“迎中秋，送茶礼”

三、活动时间:2010 年 9 月 18 日~2010 年 9 月 28 日

四、活动地点:公司直营店、卖场和全国各加盟店。

五、销售目标:配货料 400 万;直营店 300 万。

六、活动内容:

1、中秋礼品

主要开发铁观音、大红袍、红茶、白茶和茶点，共 5 类 11 款礼品装，分别为:铁观音系列之

“孤韵 M1050”（建议零售价 1380 元/盒）。

“天籁之音 M900”（建议零售价 720 元/盒）;

“九香 M850”（建议零售价 560 元/盒）;

“美丽之饮 T25”（建议零售价 350 元/盒）;

2、执行说明

(1)中秋节礼品装设计风格以红、金为主，突出层次感、艺术感和节日喜庆。

(2)促销新品包装以普通材质为主，设计风格以中国传统节日喜庆为主。

(3)中秋节礼品和促销新品成品务必于 2010 年 9 月 18 日全部上架。

(4)各店需设礼品专区和特价专区进行集中展示销售。

3、促销活动

(1)礼品派送:活动期间每天前 3 名来店消费顾客均赠送“虎年小礼品”一个。数量有限，赠完为止。

(2)亲情回馈:活动期间顾客全场一次性消费

满 800 元就送价值 380 元“古韵贵悦”紫砂件。

满 1000 元就送价值 580 元“御壶茶韵”紫砂件。

满 1200 元就送价值 780 元“御尊名壶”紫砂件。

满 2000 元就送价值 980 元“金御满堂”紫砂件。

图 3-55 “中秋好礼，惠喝好茶”效果图

3.4　制作出库单

任务描述

企业在销售过程中，要把产品或商品送给客户，就要到成品仓库提货，并开具出库单。某公司出库单的样式如图 3-56 所示。

XX 公司出库单

单位：XX 部门　　日期: 2020 年 6 月 3 日　　类别: 文具　　编号:

货号	名称	规格	单位	数量	单价	金额	备注
3310	A4 纸	5 包/箱	箱	1	140	140	
2715	文件夹	蓝色	件	1	100	100	
1234	回形针	彩色	盒	10	2.5	25	颜色不一致
2365	收据	二联	本	1	88	88	
3880	电话机	红色	部	2	70	140	
3562	美工刀	小号	把	2	5	10	
	合计					503	
合计大写:	佰　拾　万　仟	伍佰	零拾	叁元	零角	零分	

主管：刘文　　仓库：宋轶　　记账：王永辉　　经手人：萧雨

图 3-56　某公司出库单

任务简析

要完成本项工作任务，需要进行以下操作：

(1) 新建文档，命名为“XX 公司出库单”。

(2) 在文档第 1 行输入“XX 公司出库单”作为标题，设置为四号字、黑体、加粗、居中对齐。

(3) 在文档第 2 行分别输入“单位:”“日期:”“类别:”“编号:”等内容，设置为宋体、五号字、加粗。

(4) 在文档的第 3 行插入一个 9 行 8 列的表格。

(5) 将表的第 9 行的第 2～7 列进行单元格合并。

(6) 在单元格内输入相应的内容。

(7) 调整单元格的列宽(根据内容调整)。

(8) 将表格自动套用格式“清单表 4-着色 4”。

(9) 将所有单元格的文字对齐方式设置为水平居中。

操作实现

1. 创建文档并保存

启动 Word 2016，新建一个空白文档，单击“另存为”按钮，在弹出的“另存为”对话框中设置“保存位置”为“桌面”，输入“文件名”为“XX 公司出库单”，最后单击“保存”按钮保存。

2. 输入标题

(1) 将光标移至首行。

(2) 输入文本“XX 公司出库单”。

(3) 选中文本并切换到“开始”选项卡，在“字体”组中设置字号为四号，字形效果为加粗，字体为黑体，在“段落”组中单击“居中”按钮使文本居中对齐。

(4) 将光标放在第 2 行输入“单位:”“日期:”“类别:”“编号:”文本，设置字体为宋体，字号为五号，字形效果为加粗，中间以空格隔开。

3. 插入表格

(1) 将光标移至第 3 行。

(2) 单击“插入”选项卡中的“表格”组，单击“表格”下拉列表，在弹出的如图 3-57 所示的下拉列表中选择“插入表格”命令，打开“插入表格”对话框，如图 3-58 所示。

图 3-57　“表格”下拉列表

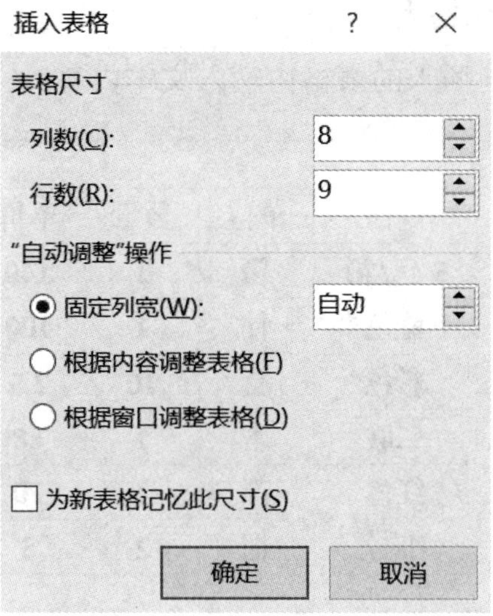

图 3-58　“插入表格”对话框

(3) 在“插入表格”对话框中设置表格的“列数”为 8，表格的“行数”为 9，单击“确定”按钮完成表格的插入。

4. 合并单元格

同时选中第 9 行中第 2～7 列单元格，右击，在弹出的快捷菜单中选择“合并单元格”命令，如图 3-59 所示。此时多个单元格合并成一个单元格。

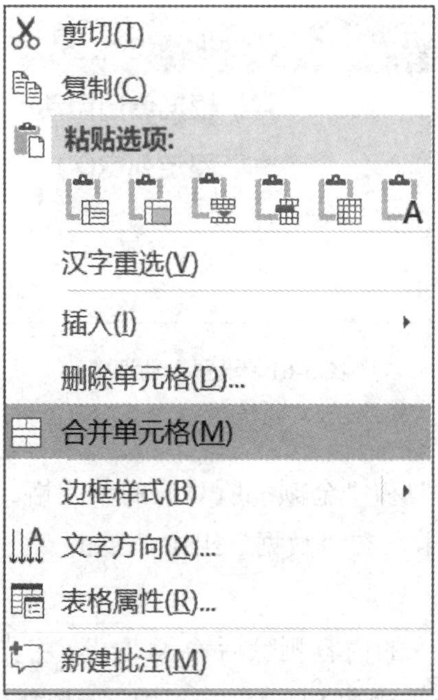

图 3-59　选择“合并单元格”命令

5. 输入文本并调整单元格大小

(1) 如图 3-60 所示，向插入的表格内输入文本内容。

货号	名称	规格	单位	数量	单价	金额	备注
3310	A4 纸	5 包/箱	箱	1	140	140	
2715	文件夹	蓝色	件	1	100	100	
1234	回形针	彩色	盒	10	2.5	25	颜色不一致
2365	收据	二联	本	1	88	88	
3880	电话机	红色	部	2	70	140	
3562	美工刀	小号	把	2	5	10	
	合计					503	
合计大写:	佰　拾　万　仟　伍佰　零拾　叁元　零角　零分						

图 3-60　输入文本后的效果

(2) 选中表格左上角的“⊞”，右击，在弹出的下拉菜单中选择“自动调整”命令，在打开的子列表中选择“根据内容自动调整表格”命令，如图 3-61 所示。

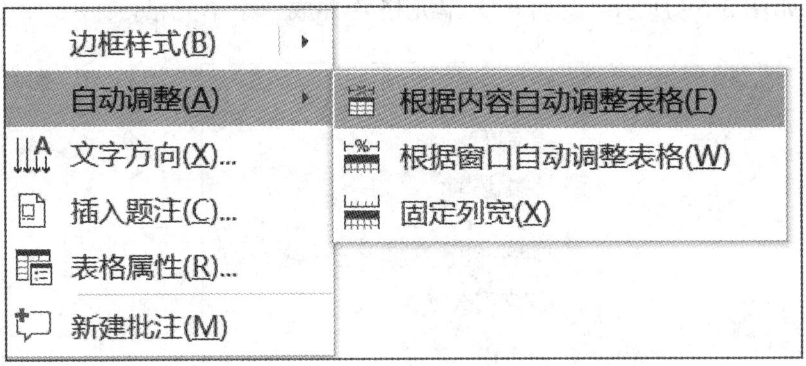

图 3-61　设置自动调整

6. 求和

(1) 将光标移至“合计”和“金额”所对应的单元格。

(2) 单击“布局”选项卡，在“数据”组中，单击“公式”按钮，打开“公式”对话框。

(3) 将“公式”文本框中的内容删除后输入“=”，将光标移至“=”后面，在“粘贴函数”下拉列表中选择求和函数 SUM，并在“( )”内输入 ABOVE，如图 3-62 所示。最后点击“确定”按钮。

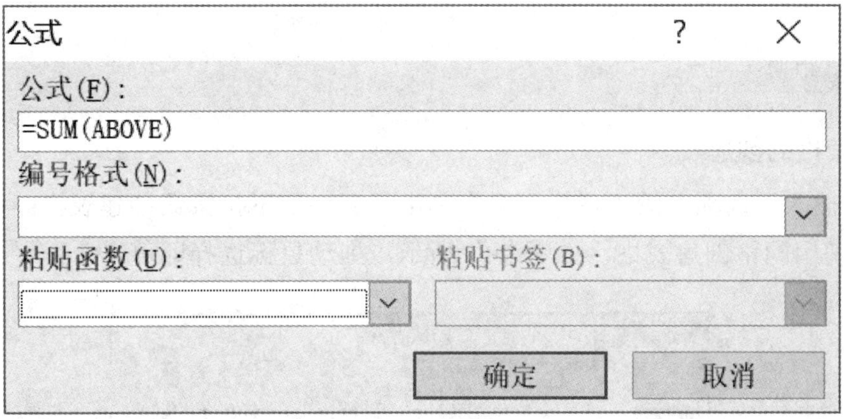

图 3-62　“公式”对话框

7. 自动套用格式

(1) 单击表格左上角的“”符号，此时整个表格将被选中。

(2) 单击“设计”选项卡，在“表样式”组中，单击“其他”下拉按钮，在弹出的下拉列表中选择“清单表 4-着色 4”命令，此时表的效果如图 3-63 所示。

货号	名称	规格	单位	数量	单价	金额	备注
3310	A4 纸	5 包/箱	箱	1	140	140	
2715	文件夹	蓝色	件	1	100	100	
1234	回形针	彩色	盒	10	2.5	25	颜色不一致
2365	收据	二联	本	1	88	88	
3880	电话机	红色	部	2	70	140	
3562	美工刀	小号	把	2	5	10	
	合计					503	
合计大写： 佰 拾 万 仟 伍佰 零拾 叁元 零角 零分							

图 3-63　自动套用格式后的效果

8. 设置表格内文字的对齐方式

单击表格左上角的“”符号，选中整个表格后，切换到“布局”选项卡，在“对齐方式”组中，单击水平居中按钮，完成单元格内文字的对齐方式的设置，如图 3-64 所示。

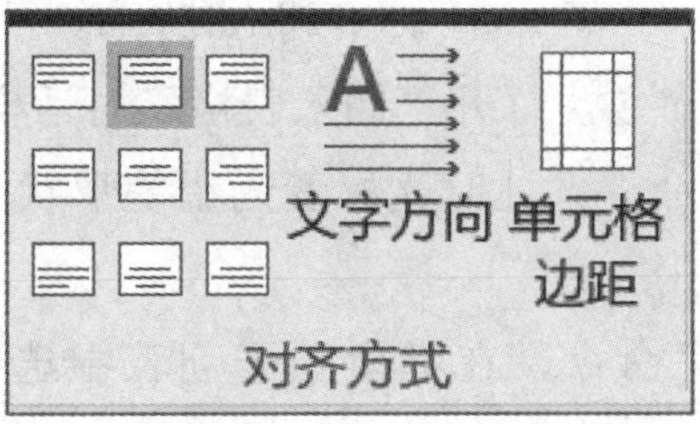

图 3-64　“对齐方式”组

必备知识

1. 表格的创建

在“插入”选项卡的“表格”组中单击“表格”下拉按钮创建表格：

(1) 使用网格创建表格，如图 3-65 所示，拖动鼠标选择即可。

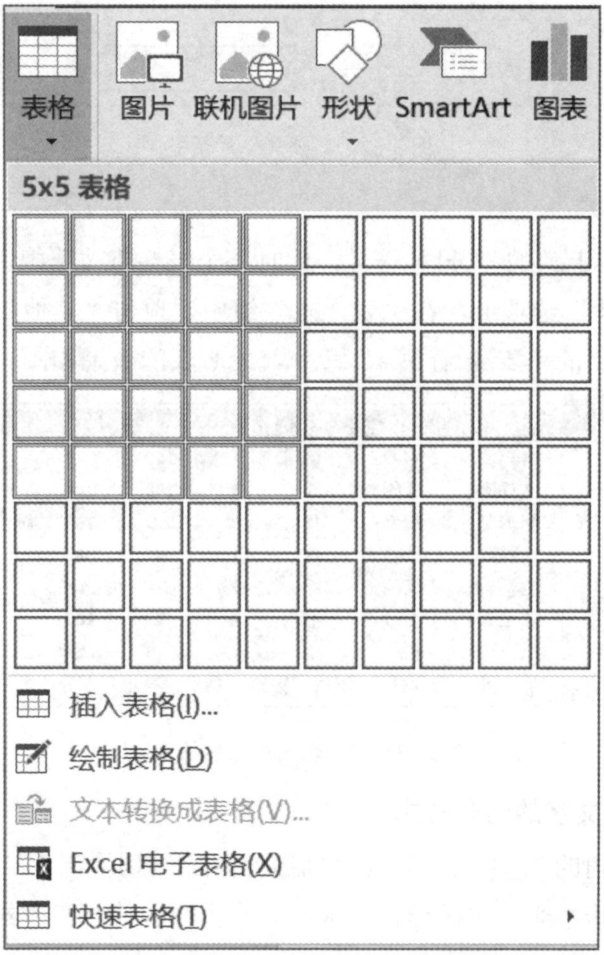

图 3-65　使用网格创建表格

(2) 选择“插入表格”命令，打开“插入表格”对话框创建表格。

(3) 选择“绘制表格”命令，此时光标变为铅笔形状，可以拖动鼠标在文档的任意位置绘制出任意大小的表格。

(4) 选择“快速表格”命令，在弹出的子列表中选择合适的表格，如图 3-66 所示。

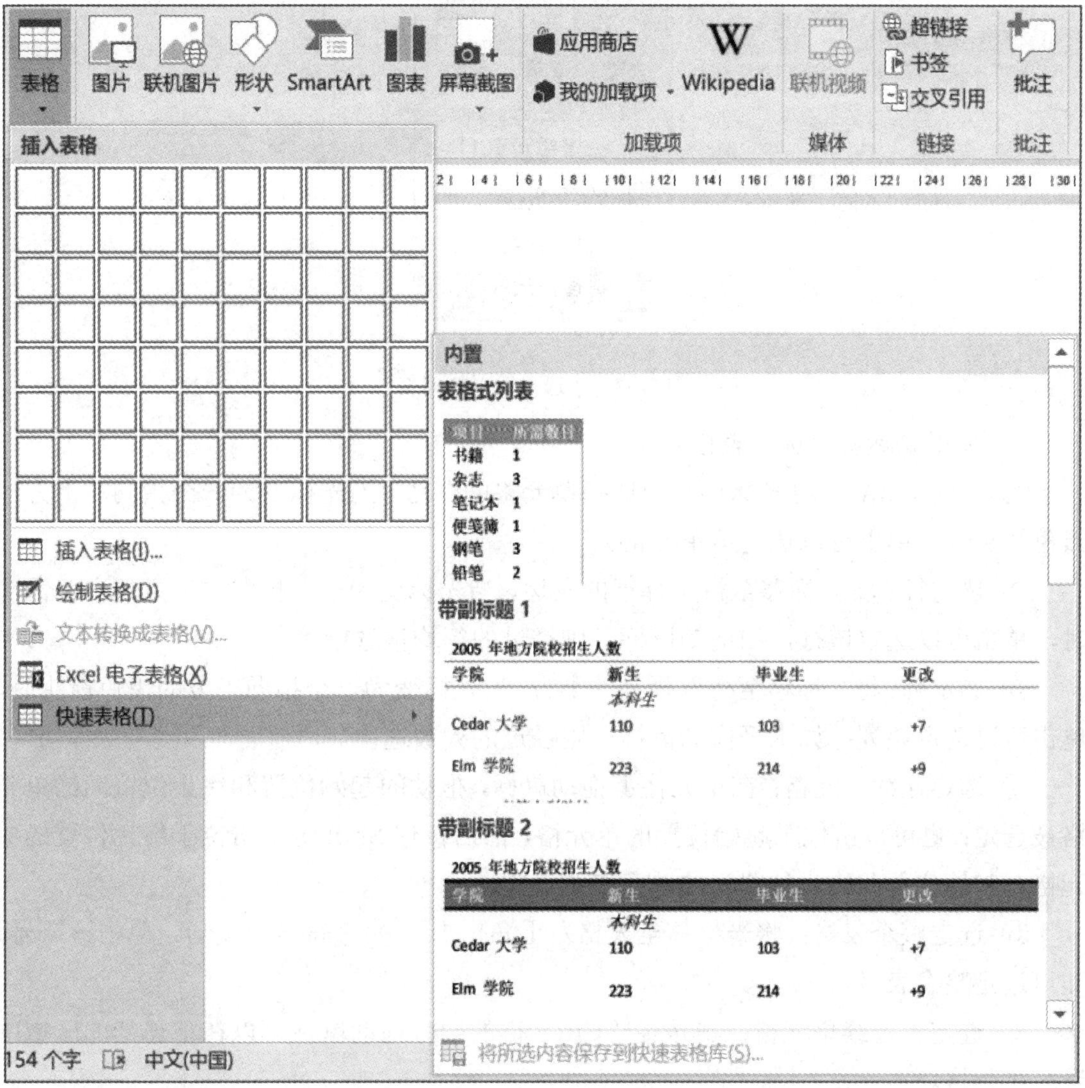

图 3-66　“快速表格”列表

2. 表格的编辑

1) 选择表格

(1) 使用“选择”按钮选定表格对象：将光标移至表格的任意位置，单击“布局”选项卡，在“表”组中单击“选择”下拉按钮，在其下拉列表中选择“选择表格”命令，如图 3-67 所示，此时整个表格被选中。

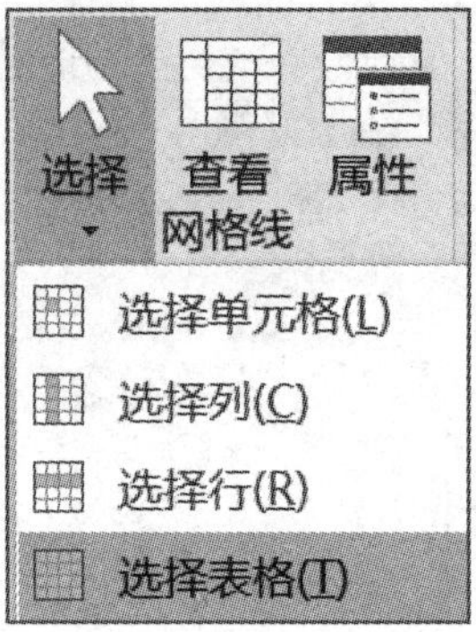

图 3-67　“选择”下拉列表

(2) 使用鼠标快速选定表格对象：

① 选定单元格：将光标移至待选择单元格的左边，当光标变为一个指向右上方的黑色箭头时，单击可以选定该单元格。

② 选定行：将光标移至待选择行的左边，当光标变为一个指向右上方的白色箭头时，单击可以选定该行，如拖动鼠标，则经过的行均被选中。

③ 选定列：将光标移至待选择列的上方，当光标变为一个指向下方的黑色箭头时，单击可以选定该列；如水平拖动鼠标，则经过的列被选中。

④ 选定连续单元格：在单元格上拖动鼠标，拖动的起始位置和终止位置间的单元格被选定；也可单击位于起始位置的单元格，然后按住 Shift 键单击位于终止位置的单元格，起始位置和终止位置间的单元格被选定。

⑤ 选定整个表格：将光标移至表格左上角，当“ ”符号出现后，单击该符号，即可选定整个表格。

⑥ 选定不连续单元格：在按住“Ctrl”键的同时拖动鼠标可以在不连续的区域中选择单元格。

2) 移动/复制单元格

单元格的移动和复制可以通过鼠标拖动或剪贴板来完成：首先选定想要移动和复制的单元格区域，然后将光标移至选定的单元格区域，按下鼠标左键拖动即可；如在拖动过程中按住<Ctrl>键则可以将选定单元格复制到新的位置。

3) 删除单元格、行、列和表格

将光标移至要删除的单元格或行、列、表格的任意单元格中，切换到“布局”选项卡，在“行和列”组中单击“删除”下拉按钮，在其下拉列表中选择删除单元格(或“删除行”“删除列”“删除表格”)命令，如图 3-68 所示，即可完成删除操作。

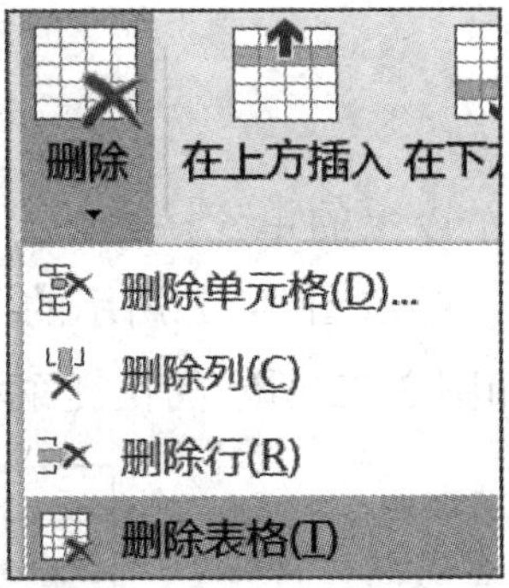

图 3-68　“删除”下拉列表

4) 插入单元格、行和列

(1) 插入单元格：将光标移至要插入单元格的位置上，右击鼠标，在弹出的下拉菜单中选择“插入”子菜单中的“插入单元格”选项，打开“插入单元格”对话框，如图 3-69 所示，再选择相应项即可；也可以通过“布局”选项卡中的“行和列”组的扩展按钮进行相应操作。

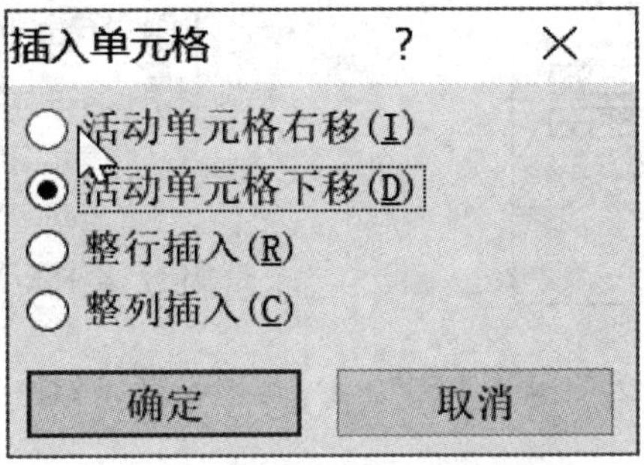

图 3-69　“插入单元格”对话框

(2) 插入行或列：选定待插入位置处的一行或一列后，右击鼠标。在弹出的快捷菜单的“插入”命令的子命令列表中，根据需要选择“在上方插入行”“在下方插入行”“在左侧插入列”“在右侧插入列”；也可根据需要单击“布局”选项卡中的“行和列”组中的“在上方插入”“在下方插入”“在左侧插入”“在右侧插入”按钮，如图 3-70 所示。

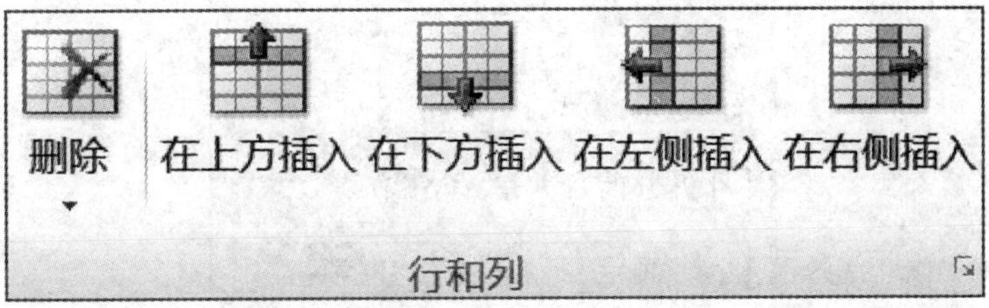

图 3-70　“行和列”组

5) 合并和拆分单元格

(1) 合并单元格。

① 选定要合并的两个或两个以上的单元格。

② 切换到“布局”选项卡，单击图 3-71 所示的“合并”组中的“合并单元格”按钮；或右击鼠标，在弹出的如图 3-72 所示的快捷菜单中选择“合并单元格”命令。

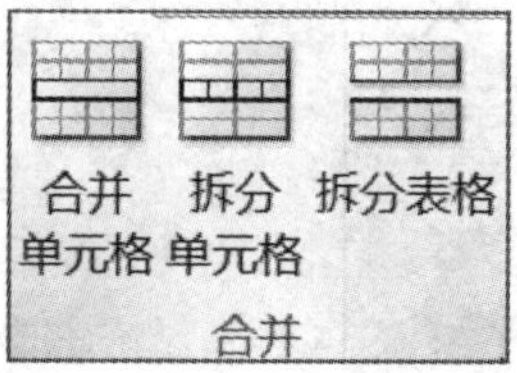

图 3-71　“合并”组

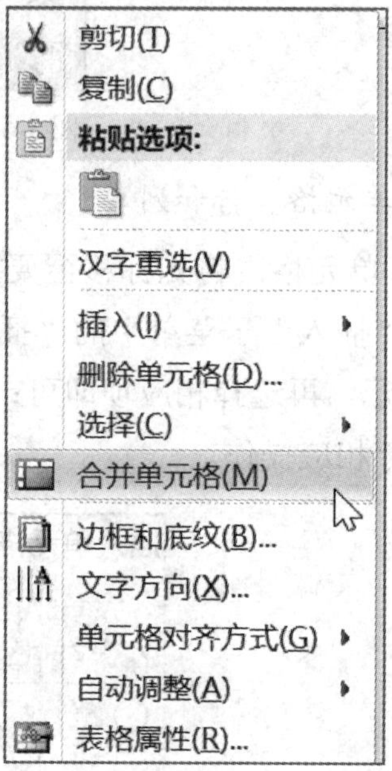

图 3-72　选择“合并单元格”命令

(2) 拆分单元格。

① 选定要拆分的一个单元格。

② 切换到“布局”选项卡，在“合并”组中单击“拆分单元格”按钮，打开如图 3-73 所示的“拆分单元格”对话框，在其中输入拆分的行数、列数；或右击鼠标，在弹出的快捷菜单中选择“拆分单元格”命令，在弹出的“拆分单元格”对话框中输入拆分的行数、列数。

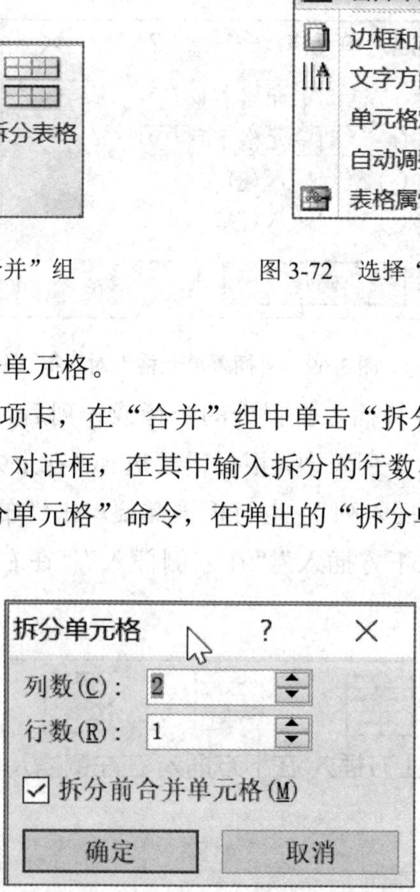

图 3-73　“拆分单元格”对话框

6) 拆分表格

(1) 选定要拆分处的行。

(2) 单击“布局”选项卡的“合并”组中的“拆分表格”按钮，一个表格就从光标处分成两个表格了。

7) 调整表格的行高和列宽

(1) 拖动鼠标调整行高和列宽。将光标移到需要移动的行线上，当光标变为≑状时，按住左键拖动鼠标即可移动行线；将光标移到需要移动的列线上，当光标变为⇹状时，按住左键拖动鼠标即可移动列线。

(2) 准确调整行高和列宽。将光标移至要调整的行或列的任意单元格中，切换到“布局”选项卡，在“单元格大小”组的“高度”和“宽度”文本框中输入确定的数值即可；或者选中单元格，右击鼠标，在出现的快捷菜单中选择“表格属性”命令，在弹出的如图 3-74 所示的对话框中设置行高和列宽。

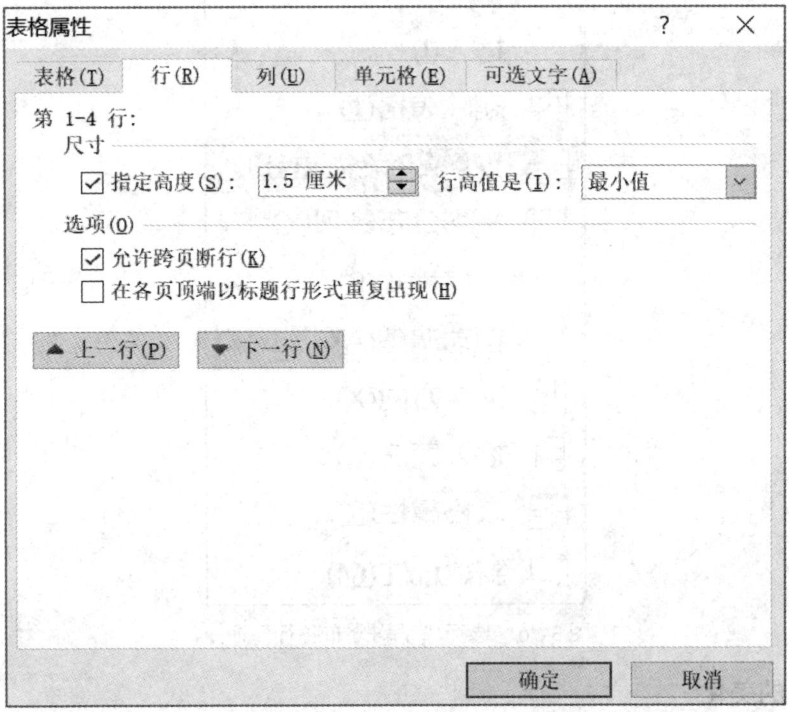

图 3-74　“表格属性”对话框

8) 平均分配行列

要设置表格的大部分行列的行高或列宽相等，可以选择每一行或每一列都使用平均值作为行高值或列宽值。

(1) 选中表格，在“布局”选项卡中的“单元格大小”组中，单击“分布行”和

“分布列”按钮进行设置，如图 3-75 所示。

图 3-75　“分布行”和“分布列”按钮

(2) 选中表格，右击鼠标，在弹出的快捷菜单中选择“平均分布各行”(或“平均分布各列”)命令，如图 3-76 所示。

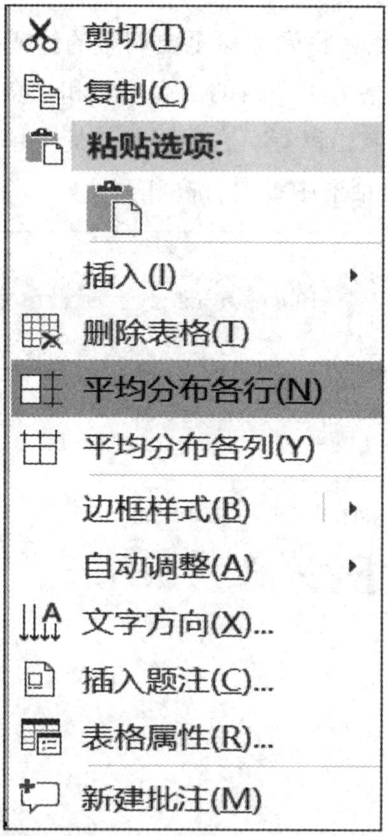

图 3-76　选择“平均分布各行”命令

3. 表格的美化

1) *改变表格的对齐方式、尺寸、环绕文字方式和位置*

(1) 选定整个表格，或者将插入点定位到表格内任意位置。

(2) 切换到“布局”选项卡，单击“表”组中的“属性”按钮，打开“表格属性”对话框。

(3) 在“单元格”“表格”等选项卡中设置表格的宽度、对齐方式、环绕文字方式等，如图 3-77 所示。

图 3-77　“表格属性”对话框

2) 设置单元格对齐方式

单元格的对齐方式是指单元格内的文本相对于单元格的对齐方式。操作步骤如下：

(1) 选定要设置对齐方式的单元格。

(2) 右击，在弹出的快捷菜单中，选择“单元格对齐方式”子菜单下的相应对齐方式；或切换至“布局”选项卡，在“对齐方式”组中单击相应按钮，如图 3-78 所示。

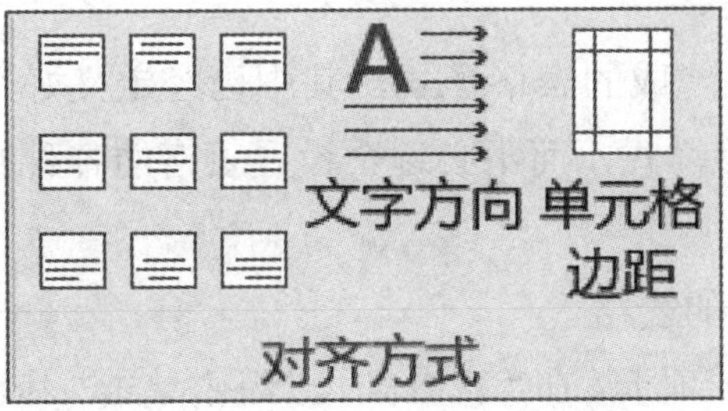

图 3-78　“对齐方式”组

3) 设置表格/单元格的边框和底纹

默认情况下，表格和单元格的所有框线都是 0.5 磅宽，自动(色)的单实线，无底纹。

设置表格/单元格的边框和底纹的操作步骤如下：

(1) 选定整个表格或要改变框线和添加底纹的单元格。

(2) 切换至“格式”选项卡，单击“边框和底纹”按钮，打开“边框和底纹”对话框，如图 3-79 所示。

(3) 进行需要的选择和设置。

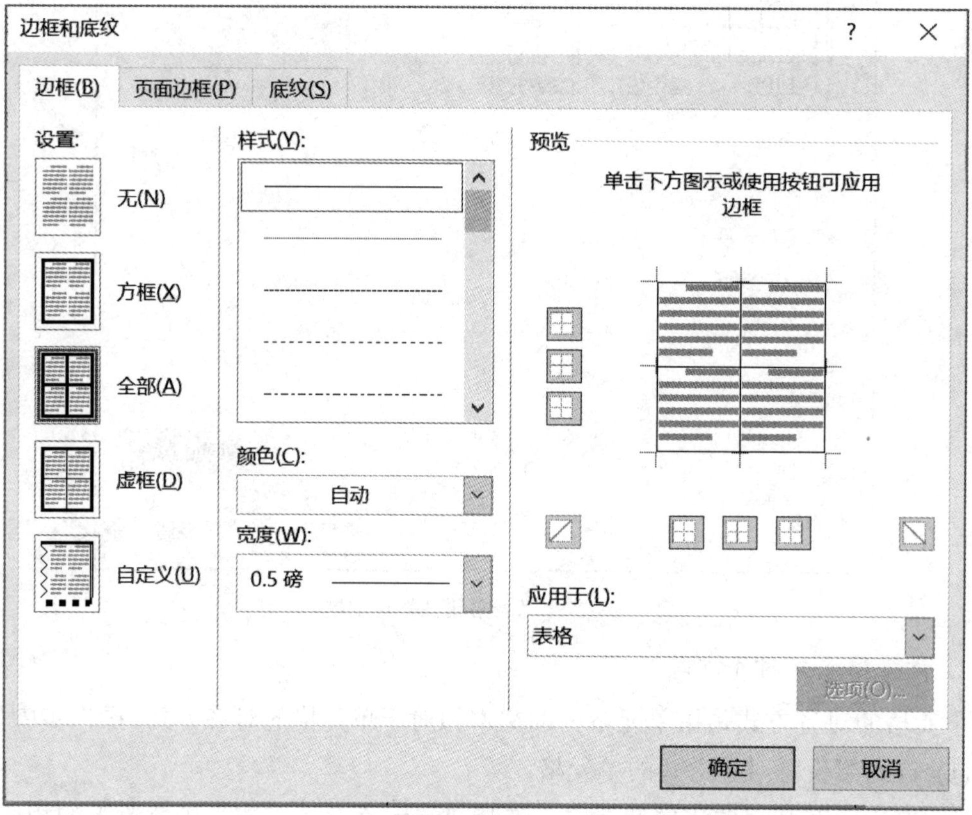

图 3-79　“边框和底纹”对话框

4) 自动套用表格样式

Word 中提供了一些现成的表格样式，其中已经定义好了表格的各种格式，用户可以直接选择需要的表格样式，而不必逐个设置表格的各种格式。

具体操作步骤如下：

(1) 选中要套用格式的表格。

(2) 切换至“设计”选项卡，在“表格样式”组中单击“其他”下拉按钮(见图 3-80)，在其下拉列表中选择要套用的样式，如图 3-81 所示。

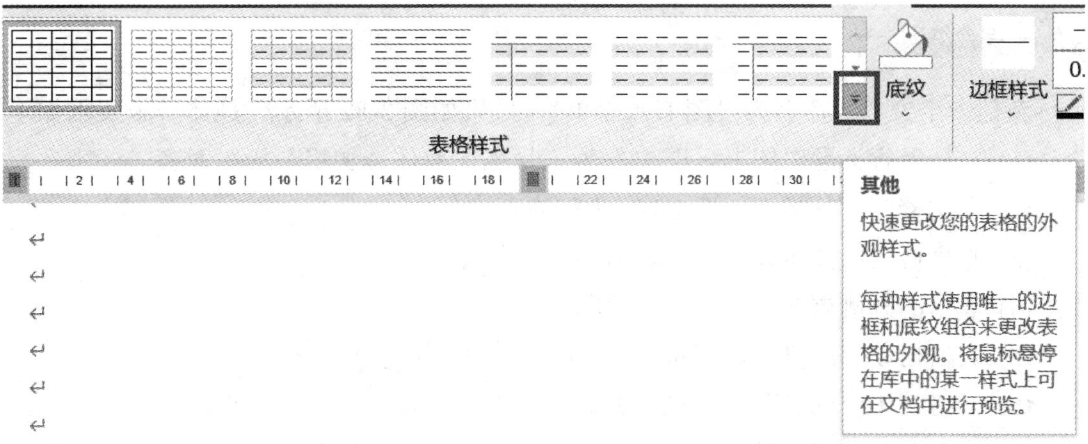

图 3-80　“表格样式”组

图 3-81　Word 中的表格样式

综合练习

新建一个文档，命名为“图书入库单”，效果如图 3-82 所示。具体排版要求如下：

(1) 文档首行标题“图书采购单”为三号字、黑体、加粗、居中对齐。

(2) 在文档第 2 行插入一个 10 行 8 列的表格。

(3) 将表格内的文本设为宋体、五号字、加粗。

(4) 表格的外侧框线为蓝色、0.5 磅、双线。

(5) 表格自动套用格式“清单表 2-着色 3”。

(6) 表格第 10 行的第 2～6 列合并。

(7) 使用公式求出金额总和。

(8) 所有单元格的文本对齐方式为水平居中。

图书入库单

序号	书名	类别	应收数量	实收数量	单价	金额	入库时间
1	父与子全集	少儿	20	20	35	700	2020 年 5 月 23 日
2	古汉语词典	工具	30	30	37	1110	2020 年 5 月 23 日
3	从你的全世界路过	文艺	5	5	68	340	2020 年 5 月 23 日
4	法律常识一本全	法律	10	10	12	120	2020 年 5 月 23 日
5	我并不孤独	文艺	6	6	49.8	298.8	2020 年 5 月 23 日
6	风景名胜趣谈	地理	15	15	47.6	714	2020 年 5 月 23 日
7	数据结构	计算机	10	10	39	390	2020 年 5 月 23 日
8	市场营销学	财经	8	8	49.8	398.4	2020 年 5 月 23 日
9	总和					¥4071.2	

图 3-82　图书入库单效果图

思考与练习

一、判断题

1. 用“插入”选项卡中的“符号”功能组可以插入符号和其他特殊字符。　(　)

2. 用“格式”选项卡中的“字体”功能组可以设置字体颜色、字间距。　(　)

3. 在 Word 中，可同时打开多个 Word 文档。　(　)

4. 剪贴板上的内容可粘贴到文本中多处，甚至可粘贴到其他应用程序。　(　)

5. 在 Word 中制表时，当输入的文字长度超过单元格宽度时，表格会自动扩展列宽。　(　)

6. Word 具有将表格中的数据制作成图表的功能。 ( )

7. 改变表格行高时，只能改变一整行的高度，不能单独改变某个单元格的高度。( )

8. 要改变字符的颜色，只能通过字体对话框来达成。 ( )

9. 如果 Word 文档窗口中不出现标尺，可通过“视图”选项卡显示标尺。 ( )

二、选择题

1. Word 的文档以文件形式存放于磁盘中，其文件默认扩展名为( )。

A. .txt B. .exe C. .doc D. .sys

2. 中文 Word 中每个自然段结束用( )键。

A. Alt B. Ctrl C. Enter D. 都不用

3. 在 Word 中将修改的文档按原文件名保存在原来的位置应单击“文件”菜单下的( )命令。

A. 新建 B. 重命名 C. 保存 D. 另存为

4. 在 Word 中，( )按键与工具栏上的复制按钮功能相同。

A. Ctrl + C B. Ctrl + V C. Ctrl + A D. Ctrl + S

5. 在 Word 中，文档的文字颜色应通过“格式”选项卡中的( )按钮更改。

A. 段落 B. 字体 C. 边框与底纹 D. 样式

三、简答题

1. 怎样将 Word 文档保存为一个纯文本文档?

2. 怎样在图形中输入文本?

3. 保存对文档的修改时，当屏幕显示文档为只读时应如何处理?

项目 4 Excel 2016 电子表格处理软件

Excel 2016 是微软公司办公软件套件 Microsoft Office 2016 的重要组件之一，广泛应用于数据管理、财务、金融等众多领域。利用 Excel 可以进行各种数据的处理、统计、分析和辅助决策等一系列的操作。这里重点介绍 Excel 的三个部分，一是公式与函数；二是 Excel 数据统计与分析的相关知识；三是图表的创建和对图表进行修饰。通过学习，学生可对 Excel 电子表格软件功能有一个全面的认识，并做到学以致用。

学习目标

1. 掌握工作簿和工作表的基本概念；
2. 熟练进行表格数据和单元格的编辑、格式和条件设置；
3. 熟悉窗口的拆分和冻结；
4. 熟练运用公式；
5. 掌握函数的使用；
6. 熟练进行数据管理和分析；
7. 熟练制作图表。

4.1 创建及修饰成绩统计表

各个企业和单位，都有大量的数据信息需要维护。随着企业规模的增大以及运营时间的增长，企业的数据量会越来越多。使用 Excel 来管理这些数据信息是一种很方便的手段，可以减轻统计人员的工作负担，提高工作效率。在 Excel 2016 中，工作表的操作、各种类型数据的输入、自动填充功能的使用是 Excel 的基本操作，也是日常经常使用的操作。下面以一个简单的学生才艺比赛成绩统计任务为例来加以介绍。

任务描述

一年一度的艺术节正在进行，王老师对张峰说：“初赛结束，你查询一下我们专业各班级的比赛情况，然后做个统计报表给我。我要看看同学们的比赛成绩。”张峰从学生处搜集比赛资料，利用 Excel 2016 创建班级比赛统计报表文件，然后输入、编辑、修改比赛报表中的文字和数据，同时自动套用格式操作来修饰比赛统计报表。

任务简析

要创建和修饰班级比赛统计报表，可以按照以下步骤进行操作：

(1) 理解比赛统计报表的意义。

(2) 启动 Excel 2016，熟悉 Excel 2016 的操作界面。

(3) 理解 Excel 2016 的基本概念，创建班级比赛统计报表。

操作实现

要创建和修饰班级比赛统计报表，可以按照以下步骤进行操作：

(1) 启动 Excel 2016。

(2) 根据图 4-1，创建班级比赛统计报表。

	A	B	C	D	E	F	G	H	I	J	K
1	学号	班级	姓名								最后得分
2	120203201		李小龙	80	65	67	69	71	73	75	
3	120203202		张丽娜	85	87	79	91	93	95	97	
4	120203203		闫换	78	81	85	87	90	90	75	
5	120203204		李丽	89	87	85	83	85	79	90	
6	120203205		赵娜	92	89	86	83	82	86	88	
7	120203206		王斌	63	59	58	59	60	61	62	
8	120203207		田鹏	88	85	84	86	88	90	90	
9	120203208		孙丽倩	96	95	94	91	92	91	96	
10	120203209		白汀涯	89	87	88	89	90	90	92	
11	120203210		康忠	76	74	75	72	72	73	75	
12	120203211		周静云	86	87	89	89	90	91	90	
13	120203212		张晓丽	81	81	84	87	90	89	89	
14	120203213		李朝	89	87	86	86	85	85	88	
15	120203214		李秀杰	92	89	86	83	86	89	92	
16	120203215		王海飞	61	65	63	66	60	61	62	
17	120203301		栗少龙	92	90	84	86	88	90	92	
18	120203302		孙瑜	92	90	94	93	92	95	90	
19	120203303		孟梦	86	87	88	89	90	91	92	
20	120203304		刘鑫	78	75	74	73	75	73	75	
21	120203305		吴菲	96	95	94	93	93	95	97	
22	120203306		肖超	87	92	92	94	94	93	96	
23	120203307		赵艳青	89	87	85	83	81	79	77	
24	120203308		李蓓蓓	92	89	86	88	89	92	90	
25	120203309		袁洋	78	77	77	68	69	74	62	
26	120203310		朱丽丽	88	86	84	86	88	90	92	
27	120203311		武彩霞	92	92	92	93	92	91	90	
28	120203312		张素静	89	87	88	89	90	91	92	
29	120203313		马丽娟	63	65	67	69	68	66	65	
30	120203501		王占丽	90	95	94	96	95	95	96	
31	120203502		蒋倩	85	81	84	86	85	85	86	
32	120203503		智越	89	89	88	86	89	88	86	
33	120203504		孙佳	75	74	73	73	76	77	74	
34	120203505		田敬	65	61	62	63	62	61	62	
35	120203506		李康康	80	82	83	82	81	80	79	
36	120203507		刘静坤	96	95	94	93	92	91	90	
37	120203508		费佣项	86	87	88	89	90	91	92	
38	120203509		李茂然	78	81	84	87	90	93	96	
39	120203510		周曙光	89	87	86	86	87	88	88	
40	120203511		秦伟乐	92	89	91	90	92	92	90	
41	120203512		张晓辉	62	62	59	59	60	61	62	
42	120203513		张震	88	87	89	86	88	90	92	
43											

Sheet1　Sheet2　Sheet3

图 4-1　班级比赛统计报表

(3) 选择第一行的任意单元格，插入 2 行，第一行内容编辑为“才艺比赛成绩汇总表”，隶书，20 磅，居中于合并后的 A1:K1 单元格，如图 4-2 所示。

	A	B	C	D	E	F	G	H	I	J	K
1	才艺比赛成绩汇总表										
2											
3	学号	班级	姓名								最后得分
4	120203201		李小龙	80	65	67	69	71	73	75	
5	120203202		张丽娜	85	87	79	91	93	95	97	
6	120203203		闫换	78	81	85	87	90	90	75	
7	120203204		李丽	89	87	85	83	85	79	90	
8	120203205		赵娜	92	89	86	83	82	86	88	
9	120203206		干斌	63	59	58	59	60	61	62	
10	120203207		田鹏	88	85	84	86	88	90	90	
11	120203208		孙丽倩	96	95	94	91	92	91	96	
12	120203209		白汀涯	89	87	88	89	90	90	92	
13	120203210		康忠	76	74	75	72	72	73	75	

图 4-2　插入标题行

(4) 填充数据。

填充 D3:J3 单元格，内容依次为：Round1、Round2……Round7。

填充“班级”列数据：B4:B18 填充“艺术 121”；B19:B31 填充“艺术 122”；B32:B44 填充“艺术 123”。

分别在 Sheet2、Sheet3 工作表中建立 Sheet1 的副本，如图 4-3 所示。

	A	B	C	D	E	F	G	H	I	J	K
1	才艺比赛成绩汇总表										
2											
3	学号	班级	姓名	Round1	Round2	Round3	Round4	Round5	Round6	Round7	最后得分
4	120203201	艺术121	李小龙	80	65	67	69	71	73	75	
5	120203202	艺术121	张丽娜	85	87	79	91	93	95	97	
6	120203203	艺术121	闫换	78	81	85	87	90	90	75	
7	120203204	艺术121	李丽	89	87	85	83	85	79	90	
8	120203205	艺术121	赵娜	92	89	86	83	82	86	88	
9	120203206	艺术121	干斌	63	59	58	59	60	61	62	
10	120203207	艺术121	田鹏	88	85	84	86	88	90	90	
11	120203208	艺术121	孙丽倩	96	95	94	91	92	91	96	
12	120203209	艺术121	白汀涯	89	87	88	89	90	90	92	
13	120203210	艺术121	康忠	76	74	75	72	72	73	75	
14	120203211	艺术121	周静元	86	87	89	89	90	91	90	
15	120203212	艺术121	张晓丽	81	81	84	87	90	89	89	
16	120203213	艺术121	李朝	89	87	86	86	85	85	88	
17	120203214	艺术121	李秀杰	92	89	86	83	86	89	92	
18	120203215	艺术121	干海飞	61	65	63	66	60	61	62	
19	120203301	艺术122	栗少龙	92	90	84	86	88	90	92	
20	120203302	艺术122	孙瑜	92	90	94	93	92	95	90	
21	120203303	艺术122	孟梦	86	87	88	89	90	91	92	
22	120203304	艺术122	刘鑫	78	75	74	73	75	73	75	
23	120203305	艺术122	吴菲	96	95	94	93	93	95	97	
24	120203306	艺术122	肖超	87	92	92	94	94	93	96	
25	120203307	艺术122	赵艳青	89	87	85	83	81	79	77	
26	120203308	艺术122	李蓓蓓	92	89	86	88	89	92	90	
27	120203309	艺术122	袁洋	78	77	77	68	69	74	62	
28	120203310	艺术122	朱丽丽	88	86	84	86	88	90	92	
29	120203311	艺术122	武彩霞	92	92	92	93	92	91	90	
30	120203312	艺术122	张素静	89	87	88	89	90	91	92	
31	120203313	艺术122	马丽娟	63	65	67	69	68	66	65	
32	120203501	艺术123	王占丽	90	95	94	96	95	95	96	
33	120203502	艺术123	蒋倩	85	81	84	86	85	85	86	
34	120203503	艺术123	智越	89	89	88	86	89	88	86	
35	120203504	艺术123	孙佳	75	74	73	73	76	77	74	
36	120203505	艺术123	田敬	65	61	62	63	62	61	62	
37	120203506	艺术123	李康康	80	82	83	82	81	80	79	
38	120203507	艺术123	刘静坤	96	95	94	93	92	91	90	
39	120203508	艺术123	贾佣项	86	87	88	89	90	91	92	
40	120203509	艺术123	李茂然	78	81	84	87	90	93	96	
41	120203510	艺术123	周曙光	89	87	86	86	87	88	88	

Sheet1　Sheet1 (2)　Sheet1 (3)

图 4-3　编辑内容

(5) 右键单击工作表标签名“Sheet1”，在弹出的快捷菜单中选择“重命名”命令，将工作表重命名为“比赛报表”，如图 4-4 所示。

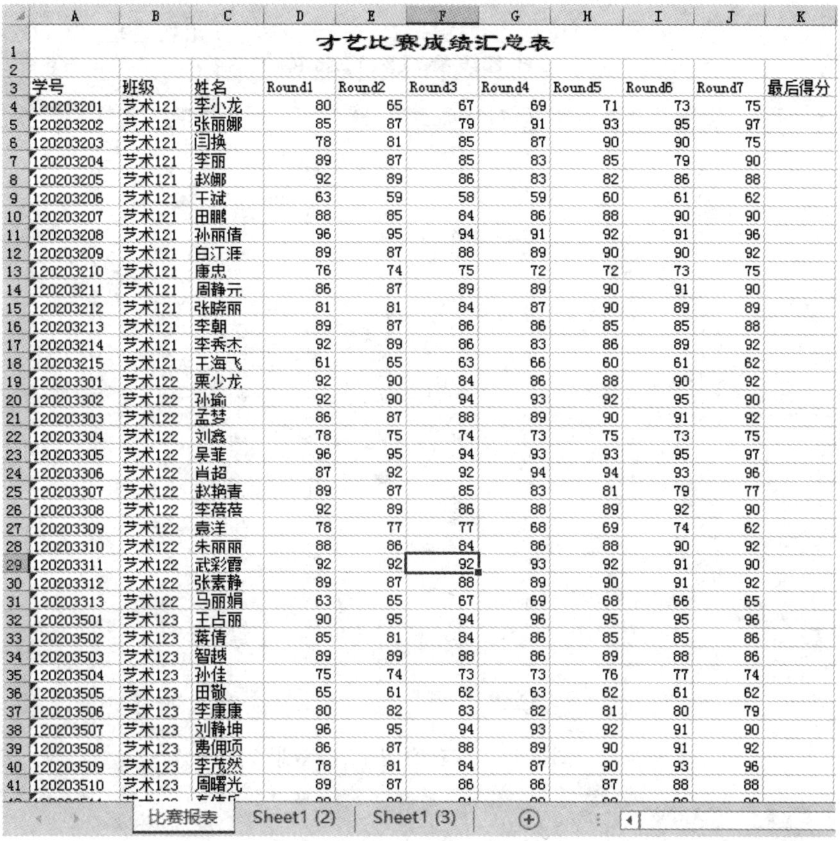

	A	B	C	D	E	F	G	H	I	J	K
1	才艺比赛成绩汇总表										
2											
3	学号	班级	姓名	Round1	Round2	Round3	Round4	Round5	Round6	Round7	最后得分
4	120203201	艺术121	李小龙	80	65	67	69	71	73	75	
5	120203202	艺术121	张丽娜	85	87	79	91	93	95	97	
6	120203203	艺术121	闫换	78	81	85	87	90	90	75	
7	120203204	艺术121	李丽	89	87	85	83	85	79	90	
8	120203205	艺术121	赵娜	92	89	86	83	82	86	88	
9	120203206	艺术121	王斌	63	59	58	59	60	61	62	
10	120203207	艺术121	田鹏	88	85	84	86	88	90	90	
11	120203208	艺术121	孙丽倩	96	95	94	91	92	91	96	
12	120203209	艺术121	白汀涯	89	87	88	89	90	90	92	
13	120203210	艺术121	康忠	76	74	75	72	72	73	75	
14	120203211	艺术121	周静云	86	87	89	89	90	91	90	
15	120203212	艺术121	张晓丽	81	81	84	87	90	89	89	
16	120203213	艺术121	李朝	89	87	86	86	85	85	88	
17	120203214	艺术121	李秀杰	92	89	86	83	86	89	92	
18	120203215	艺术121	王海飞	61	65	63	66	60	61	62	
19	120203301	艺术122	栗少龙	92	90	84	86	88	90	92	
20	120203302	艺术122	孙瑜	92	90	94	93	92	95	90	
21	120203303	艺术122	孟梦	86	87	88	89	90	91	92	
22	120203304	艺术122	刘鑫	78	75	74	73	75	73	75	
23	120203305	艺术122	吴菲	96	95	94	93	93	95	97	
24	120203306	艺术122	肖超	87	92	92	94	94	93	96	
25	120203307	艺术122	赵挽青	89	87	85	83	81	79	77	
26	120203308	艺术122	李蓓蓓	92	89	86	88	89	92	90	
27	120203309	艺术122	袁洋	78	77	77	68	69	74	62	
28	120203310	艺术122	朱丽丽	88	86	84	86	88	90	92	
29	120203311	艺术122	武彩霞	92	92	92	93	92	91	90	
30	120203312	艺术122	张素静	89	87	88	89	90	91	92	
31	120203313	艺术122	马丽娟	63	65	67	69	68	66	65	
32	120203501	艺术123	王占丽	90	95	94	96	95	95	96	
33	120203502	艺术123	蒋倩	85	81	84	86	85	85	86	
34	120203503	艺术123	智越	89	89	88	86	89	88	86	
35	120203504	艺术123	孙佳	75	74	73	73	76	77	74	
36	120203505	艺术123	田敬	65	61	62	63	62	61	62	
37	120203506	艺术123	李康康	80	82	83	82	81	80	79	
38	120203507	艺术123	刘静坤	96	95	94	93	92	91	90	
39	120203508	艺术123	费佣项	86	87	88	89	90	91	92	
40	120203509	艺术123	李茂然	78	81	84	87	90	93	96	
41	120203510	艺术123	周曙光	89	87	86	86	87	88	88	

图 4-4　重命名工作表

(6) 设置表格内容格式。选择单元格区域 A3:J44，鼠标单击“开始”选项卡，再单击“字体”选项组右下角的扩展按钮，弹出“设置单元格格式”对话框。打开“字体”选项卡，将字体设为楷体、10 号。打开“对齐”选项卡，设置水平对齐及垂直对齐方式均为“居中”。

(7) 选择单元格区域 K3，将其设置为黑体，10 号，对齐方式为居中。

(8) 选择区域 D4:J44，鼠标右键单击，选择快捷菜单“设置单元格格式”命令，弹出“设置单元格格式”对话框，在“对齐”选项卡中的“水平对齐”选项下选择“靠右(缩进)”，效果如图 4-5 所示。

(9) 设置行高、列宽。单击“开始”选项卡，再单击“单元格”选项组中的“格式”按钮，选择“单元格大小”区域中的“行高”命令，将除标题行外的其他行的行高设置为 14。

(10) 选择 A～K 列，单击“开始”选项卡，再单击“单元格”选项组中的 “格式”按钮，选择“单元格大小”区域中的“自动调整列宽”命令，自动设置合适的列宽，如图 4-6 所示。

	A	B	C	D	E	F	G	H	I	J	K
1	才艺比赛成绩汇总表										
2											
3	学号	班级	姓名	Round1	Round2	Round3	Round4	Round5	Round6	Round7	最后得分
4	120203201	艺术121	李小龙	80	65	67	69	71	73	75	
5	120203202	艺术121	张丽娜	85	87	79	91	93	95	97	
6	120203203	艺术121	闫换	78	81	85	87	90	90	75	
7	120203204	艺术121	李丽	89	87	85	83	85	79	90	
8	120203205	艺术121	赵娜	92	89	86	83	82	86	88	
9	120203206	艺术121	王斌	63	59	58	59	60	61	62	
10	120203207	艺术121	田鹏	88	85	84	86	88	90	90	
11	120203208	艺术121	孙丽倩	96	95	94	91	92	91	96	
12	120203209	艺术121	白江涯	89	87	88	89	90	90	92	
13	120203210	艺术121	康忠	76	74	75	72	72	73	75	
14	120203211	艺术121	周静元	86	87	89	89	90	91	90	
15	120203212	艺术121	张晓丽	81	81	84	87	90	89	89	
16	120203213	艺术121	李朝	89	87	86	86	85	85	88	
17	120203214	艺术121	李秀杰	92	89	86	83	86	89	92	
18	120203215	艺术121	王海飞	61	65	63	66	60	61	62	
19	120203301	艺术122	桑少龙	92	90	84	86	88	90	92	
20	120203302	艺术122	孙瑜	92	90	94	93	92	95	90	
21	120203303	艺术122	孟梦	86	87	88	89	90	91	92	
22	120203304	艺术122	刘鑫	78	75	74	73	75	73	75	
23	120203305	艺术122	吴菲	96	95	94	93	93	95	97	
24	120203306	艺术122	肖超	87	92	92	94	94	93	96	
25	120203307	艺术122	赵艳青	89	87	85	83	81	79	77	
26	120203308	艺术122	李蓓蓓	92	89	86	88	89	92	90	
27	120203309	艺术122	袁洋	78	77	77	68	69	74	62	
28	120203310	艺术122	朱丽丽	88	86	84	86	88	90	92	
29	120203311	艺术122	武彩霞	92	92	92	93	92	91	90	
30	120203312	艺术122	张素静	89	87	88	89	90	91	92	

Sheet1 (3)　Sheet1 (2)　比赛报表

图 4-5 “靠右(缩进)”的效果

	A	B	C	D	E	F	G	H	I	J	K
1	才艺比赛成绩汇总表										
2											
3	学号	班级	姓名	Round1	Round2	Round3	Round4	Round5	Round6	Round7	最后得分
4	120203201	艺术121	李小龙	80	65	67	69	71	73	75	
5	120203202	艺术121	张丽娜	85	87	79	91	93	95	97	
6	120203203	艺术121	闫换	78	81	85	87	90	90	75	
7	120203204	艺术121	李丽	89	87	85	83	85	79	90	
8	120203205	艺术121	赵娜	92	89	86	83	82	86	88	
9	120203206	艺术121	王斌	63	59	58	59	60	61	62	
10	120203207	艺术121	田鹏	88	85	84	86	88	90	90	
11	120203208	艺术121	孙丽倩	96	95	94	91	92	91	96	
12	120203209	艺术121	白江涯	89	87	88	89	90	90	92	
13	120203210	艺术121	康忠	76	74	75	72	72	73	75	
14	120203211	艺术121	周静元	86	87	89	89	90	91	90	
15	120203212	艺术121	张晓丽	81	81	84	87	90	89	89	
16	120203213	艺术121	李朝	89	87	86	86	85	85	88	
17	120203214	艺术121	李秀杰	92	89	86	83	86	89	92	
18	120203215	艺术121	王海飞	61	65	63	66	60	61	62	
19	120203301	艺术122	桑少龙	92	90	84	86	88	90	92	
20	120203302	艺术122	孙瑜	92	90	94	93	92	95	90	
21	120203303	艺术122	孟梦	86	87	88	89	90	91	92	
22	120203304	艺术122	刘鑫	78	75	74	73	75	73	75	
23	120203305	艺术122	吴菲	96	95	94	93	93	95	97	
24	120203306	艺术122	肖超	87	92	92	94	94	93	96	
25	120203307	艺术122	赵艳青	89	87	85	83	81	79	77	
26	120203308	艺术122	李蓓蓓	92	89	86	88	89	92	90	
27	120203309	艺术122	袁洋	78	77	77	68	69	74	62	
28	120203310	艺术122	朱丽丽	88	86	84	86	88	90	92	
29	120203311	艺术122	武彩霞	92	92	92	93	92	91	90	
30	120203312	艺术122	张素静	89	87	88	89	90	91	92	
31	120203313	艺术122	马丽娟	63	65	67	69	68	66	65	
32	120203501	艺术123	王占丽	90	95	94	96	95	95	96	

Sheet1 (3)　Sheet1 (2)　比赛报表

图 4-6 自动设置合适的列宽

(11) 设置表格边框。选择单元格区域 A3:K44，鼠标右键单击，选择快捷菜单中的“设置单元格格式”命令，弹出“设置单元格格式”对话框，打开“边框”选项卡，鼠标单击“预置”区域的“外边框”和“内部”按钮，即可为制作的表格加上框线，如图 4-7 所示。

才艺比赛成绩汇总表

	A	B	C	D	E	F	G	H	I	J	K
1	才艺比赛成绩汇总表										
2											
3	学号	班级	姓名	Round1	Round2	Round3	Round4	Round5	Round6	Round7	最后得分
4	120203201	艺术121	李小龙	80	65	67	69	71	73	75	
5	120203202	艺术121	张丽娜	85	87	79	91	93	95	97	
6	120203203	艺术121	闫换	78	81	85	87	90	90	75	
7	120203204	艺术121	李丽	89	87	85	83	85	79	90	
8	120203205	艺术121	赵娜	92	89	86	83	82	86	88	
9	120203206	艺术121	王斌	63	59	58	59	60	61	62	
10	120203207	艺术121	田鹏	88	85	84	86	88	90	90	
11	120203208	艺术121	孙丽倩	96	95	94	91	92	91	96	
12	120203209	艺术121	白江涯	89	87	88	89	90	90	92	
13	120203210	艺术121	康忠	76	74	75	72	72	73	75	
14	120203211	艺术121	周静元	86	87	89	89	90	91	90	
15	120203212	艺术121	张晓丽	81	81	84	87	90	89	89	
16	120203213	艺术121	李朝	89	87	86	86	85	85	88	
17	120203214	艺术121	李秀杰	92	89	86	83	86	89	92	
18	120203215	艺术121	王海飞	61	65	63	66	60	61	62	
19	120203301	艺术122	桑少龙	92	90	84	86	88	90	92	
20	120203302	艺术122	孙瑜	92	90	94	93	92	95	90	
21	120203303	艺术122	孟梦	86	87	88	89	90	91	92	
22	120203304	艺术122	刘鑫	78	75	74	73	75	73	75	
23	120203305	艺术122	吴菲	96	95	94	93	93	95	97	
24	120203306	艺术122	肖超	87	92	92	94	94	93	96	
25	120203307	艺术122	赵艳青	89	87	85	83	81	79	77	
26	120203308	艺术122	李蓓蓓	92	89	86	88	89	92	90	
27	120203309	艺术122	袁洋	78	77	77	68	69	74	62	
28	120203310	艺术122	朱丽丽	88	86	84	86	88	90	92	
29	120203311	艺术122	岳彩霞	92	92	92	93	92	91	90	
30	120203312	艺术122	张素静	89	87	88	89	90	91	92	

Sheet1 (3)　Sheet1 (2)　比赛报表

图 4-7　加边框的效果

(12) 设置条件格式。选择区域 D4:K44，单击“开始”选项卡，再单击“样式”选项组中的“条件格式”按钮，在下拉菜单中选择“突出显示单元格规则”，在子菜单中选择“小于”命令，在打开的对话框中设置小于“60”的单元格显示为“浅红填充色深红色文本”，效果如图 4-8 所示。

(13) 合并 A2:K2 单元格，输入“艺术系”，文字对齐方式为靠右对齐。对“比赛报表”工作表进行设置：字体、对齐方式等信息根据自己的审美观点设置，套用表格格式选用适当的格式。效果如图 4-9 所示。

	A	B	C	D	E	F	G	H	I	J	K
1	才艺比赛成绩汇总表										
2											
3	学号	班级	姓名	Round1	Round2	Round3	Round4	Round5	Round6	Round7	最后得分
4	120203201	艺术121	李小龙	80	65	67	69	71	73	75	
5	120203202	艺术121	张丽娜	85	87	79	91	93	95	97	
6	120203203	艺术121	闫换	78	81	85	87	90	90	75	
7	120203204	艺术121	李丽	89	87	85	83	85	79	90	
8	120203205	艺术121	赵娜	92	89	86	83	82	86	88	
9	120203206	艺术121	王斌	63	59	58	59	60	61	62	
10	120203207	艺术121	田鹏	88	85	84	86	88	90	90	
11	120203208	艺术121	孙丽倩	96	95	94	91	92	91	96	
12	120203209	艺术121	白江涯	89	87	88	89	90	90	92	
13	120203210	艺术121	康忠	76	74	75	72	72	73	75	
14	120203211	艺术121	周静元	86	87	89	89	90	91	90	
15	120203212	艺术121	张晓丽	81	81	84	87	90	89	89	
16	120203213	艺术121	李朝	89	87	86	86	85	85	88	
17	120203214	艺术121	李秀杰	92	89	86	83	86	89	92	
18	120203215	艺术121	王海飞	61	65	63	66	60	61	62	
19	120203301	艺术122	栗少龙	92	90	84	86	88	90	92	
20	120203302	艺术122	孙瑜	92	90	94	93	92	95	90	
21	120203303	艺术122	孟梦	86	87	88	89	90	91	92	
22	120203304	艺术122	刘鑫	78	75	74	73	75	73	75	
23	120203305	艺术122	吴菲	96	95	94	93	93	95	97	
24	120203306	艺术122	肖超	87	92	92	94	94	93	96	
25	120203307	艺术122	赵艳青	89	87	85	83	81	79	77	
26	120203308	艺术122	李蓓蓓	92	89	86	88	89	92	90	

图 4-8　添加条件格式后的效果

	A	B	C	D	E	F	G	H	I	J	K
1	才艺比赛成绩汇总表										
2											艺术系
3	学号	班级	姓名	Round1	Round2	Round3	Round4	Round5	Round6	Round7	最后得分
4	120203201	艺术121	李小龙	80	65	67	69	71	73	75	
5	120203202	艺术121	张丽娜	85	87	79	91	93	95	97	
6	120203203	艺术121	闫换	78	81	85	87	90	90	75	
7	120203204	艺术121	李丽	89	87	85	83	85	79	90	
8	120203205	艺术121	赵娜	92	89	86	83	82	86	88	
9	120203206	艺术121	王斌	63	59	58	59	60	61	62	
10	120203207	艺术121	田鹏	88	85	84	86	88	90	90	
11	120203208	艺术121	孙丽倩	96	95	94	91	92	91	96	
12	120203209	艺术121	白江涯	89	87	88	89	90	90	92	
13	120203210	艺术121	康忠	76	74	75	72	72	73	75	
14	120203211	艺术121	周静元	86	87	89	89	90	91	90	
15	120203212	艺术121	张晓丽	81	81	84	87	90	89	89	
16	120203213	艺术121	李朝	89	87	86	86	85	85	88	
17	120203214	艺术121	李秀杰	92	89	86	83	86	89	92	
18	120203215	艺术121	王海飞	61	65	63	66	60	61	62	
19	120203301	艺术122	栗少龙	92	90	84	86	88	90	92	
20	120203302	艺术122	孙瑜	92	90	94	93	92	95	90	
21	120203303	艺术122	孟梦	86	87	88	89	90	91	92	
22	120203304	艺术122	刘鑫	78	75	74	73	75	73	75	
23	120203305	艺术122	吴菲	96	95	94	93	93	95	97	
24	120203306	艺术122	肖超	87	92	92	94	94	93	96	
25	120203307	艺术122	赵艳青	89	87	85	83	81	79	77	
26	120203308	艺术122	李蓓蓓	92	89	86	88	89	92	90	
27	120203309	艺术122	袁洋	78	77	77	68	69	74	62	
28	120203310	艺术122	朱丽丽	88	86	84	86	88	90	92	
29	120203311	艺术122	武彩霞	92	92	92	93	92	91	90	

图 4-9　自动套用格式效果

(14) 完成以上操作后，单击菜单命令“保存”，将文件保存在“我的文档”中，并命名为“专业比赛信息统计报表.xlsx”。

必备知识

1. Excel 2016 的工作界面

Excel 2016 的工作界面如图 4-10 所示。

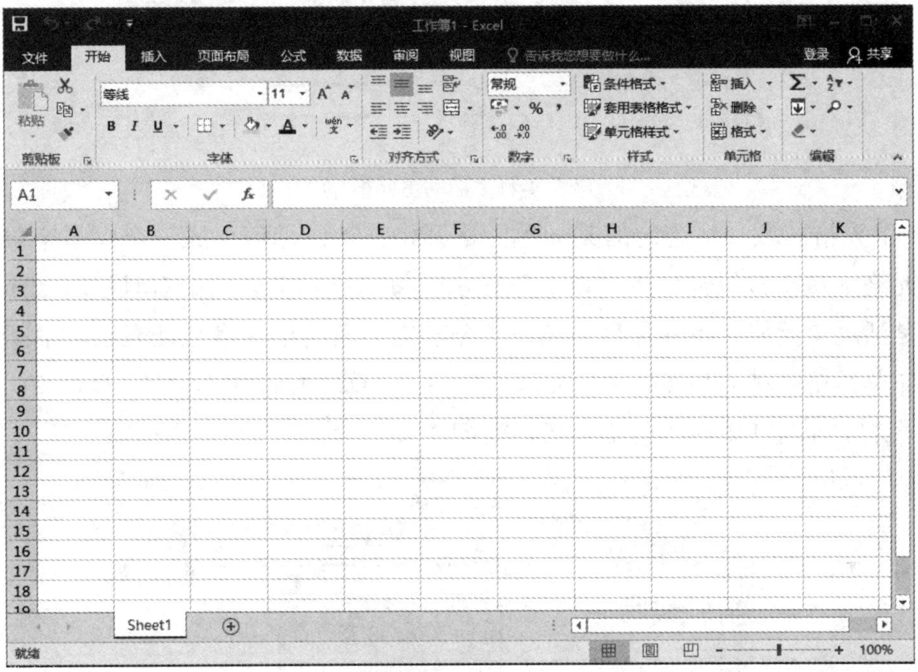

图 4-10 工作界面

2. Excel 2016 的基本概念

(1) 工作簿：即 Excel 文档，是 Excel 存储在磁盘上的最小独立单位(文件扩展名为.xlsx)。每个工作簿默认由 1 个工作表组成。

(2) 工作表：Excel 工作簿中的表格，是 Excel 进行一次完整作业的基本单位，通常称作电子表格。工作表通过工作表标签来标识，默认名称为“Sheet1”“Sheet2”……可以重命名工作表标签。工作表是由 104 576(行) × 16 384(列)个单元格组成的，列标由 A，B，…，Z，AA，…，AZ，BA，BB，…，ZZ，AAA，…，ZZZ 组成，行号由 1，2，…，104 576 组成。

(3) 单元格：由 Excel 里的横线和竖线分隔成的格子，是工作表最基本的存储数据单元，用于存放在 Excel 中要处理的文本、数据或公式。单元格的位置由单元格地址来标识。

(4) 单元格地址：用于标识单元格的位置，通常用“列标+行号”的形式表示。如单元格 A1 为工作表中第一行第一列单元格的地址，C15 为工作表中第 15 行第三列单元格的地址。

(5) 活动单元格：用鼠标单击某一单元格，该单元格即成为活动单元格，由黑边框包围，其行号和列标突出显示。数据输入只能在活动单元格中进行。如图 4-11 中的活动单元格为 D3。

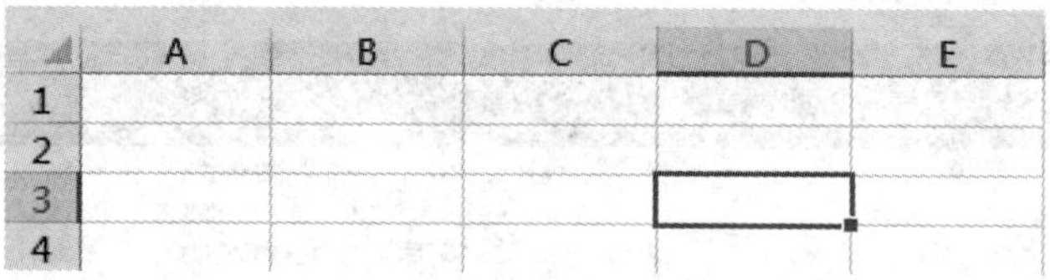

图 4-11　活动单元格

(6) 单元格区域：从选定的某一单元格开始拖动鼠标可形成一个由多个单元格组成的单元格区域，被绿框包围并以灰色显示。每个单元格区域中有且仅有一个反白的单元格是活动单元格。单元格区域用左上角和右下角的单元格地址表示，中间用“:”连接，如单元格区域 C2:D6，包括 C2、D2、C3、D3、C4、D4、C5、D5、C6、D6 共 10 个单元格，其中 C2 为活动单元格，如图 4-12 所示。

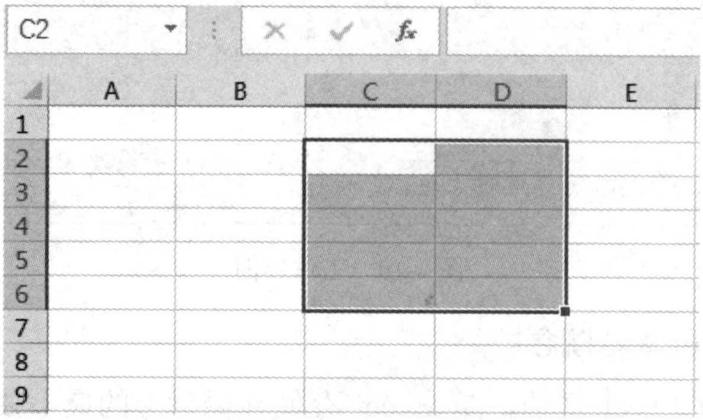

图 4-12　单元格区域

(7) 编辑栏：用于输入或修改工作表单元格中的数据。Excel 提供了两种向单元格中输入内容的方法：直接在单元格中输入或在编辑栏中输入。编辑栏左边是名称框、右边是编辑区，当用户输入或修改活动单元格内容时，在编辑栏中间将出现三个按钮，如图 4-13 所示。

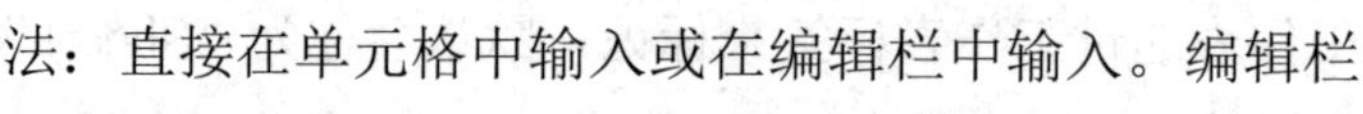

图 4-13　编辑栏

(8) 名称框：用于显示活动单元格的地址或单元格区域名称，也可以给单元格区域命名。

(9) 编辑区：用于显示活动单元格中的内容。向活动单元格输入数据、公式或函数时，输入的内容会在单元格和编辑区中同时出现。

取消按钮 ×：单击该按钮取消此次对单元格的输入或修改操作，相当于按 Esc 键。

输入按钮 ✓：单击该按钮，可确认此次键入或修改的内容，相当于按回车键。

插入函数按钮 fx：调出“插入函数”对话框，以便在单元格中输入或修改函数。

3. Excel 2016 的基本操作

1) 新建工作簿文件

启动 Excel 后，系统自动产生一个名为工作簿 1 的默认工作簿。

选择“文件”菜单中的“新建”命令，再选择“空白工作簿”并单击，就可新建一个工作簿，如图 4-14 所示。

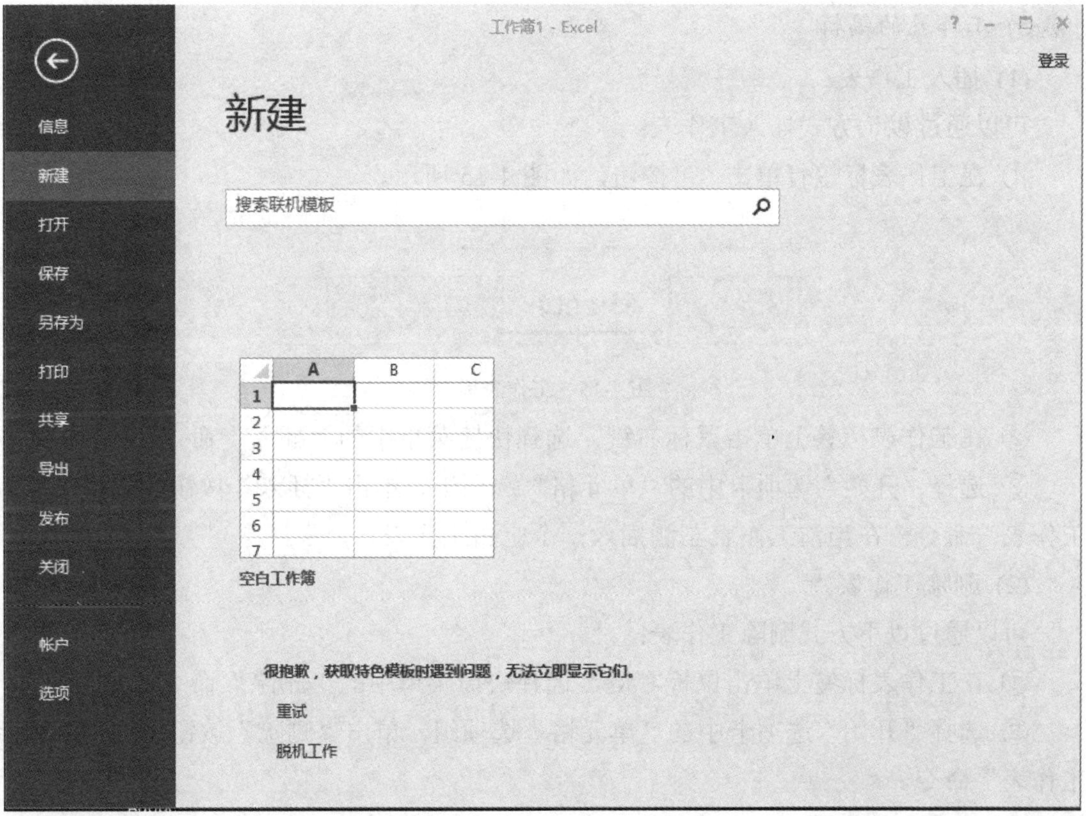

图 4-14　空白工作簿

还可单击快速访问工具栏上的“新建”按钮，或按快捷键“Ctrl + N”来新建工作簿。

2) 保存工作簿文件

选择“文件”菜单中的“保存”命令，可以保存工作簿文件。

单击快速访问工具栏中的“保存”按钮，或按快捷键“Ctrl+S”，也可保存工作簿。

如果要将工作簿以新文件名保存到不同的驱动器或不同的文件夹中，则需选择“文件”菜单中的“另存为”命令。此操作常用于复制或备份工作簿文件。

3) 工作簿的关闭

选择“文件”菜单中的“关闭”命令可关闭工作簿。

单击文档窗口右上角的“关闭”按钮或按快捷键“Alt+F4”也可关闭工作簿。

4) 工作簿的打开

选择“文件”菜单中的“打开”命令可打开工作簿。

单击快速访问工具栏中的“打开”按钮或按快捷键“Ctrl+O”，或以鼠标左键双击已经存在的Excel文档，也可以打开工作簿。

5) 工作表的编辑

(1) 插入工作表。

可以通过以下方式插入工作表：

① 在工作表标签行单击 ⊕ 按钮，如图4-15所示。

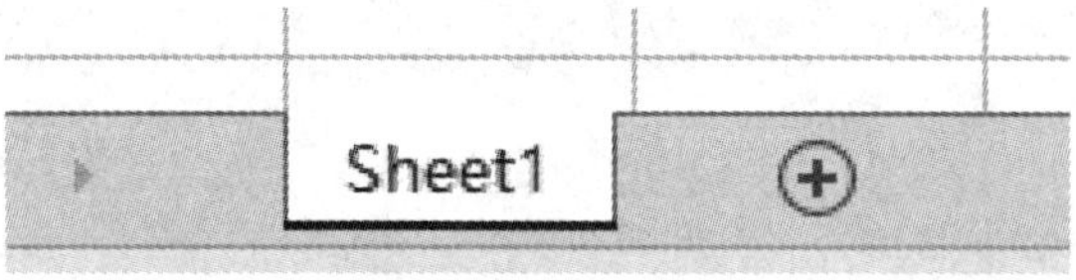

图4-15　工作表标签

② 在工作表标签上单击鼠标右键，选择快捷菜单中的“插入”命令。

③ 选择“开始”选项卡中的“单元格”选项组，单击“插入”按钮，选择“插入工作表”命令，在当前工作表左侧插入一个空白工作表。

(2) 删除工作表。

可以通过以下方式删除工作表：

① 在工作表标签上单击鼠标右键，选择快捷菜单中的“删除”命令。

② 选择“开始”选项卡中的“单元格”选项组，单击“删除”按钮，选择“删除工作表”命令。

(3) 重命名工作表。

可以通过以下方式重命名工作表：

① 在工作表标签上单击鼠标右键，选择快捷菜单中的“重命名”命令。

② 选择“开始”选项卡中的“单元格”选项组，单击“格式”按钮，选择“组织工作表”区域下的“重命名工作表”命令。

③ 双击工作表标签，使工作表名称处于选取状态

，即可输入工作表的新名称。

(4) 移动或复制工作表。

可以通过以下方式移动或复制工作表：

① 在工作表标签上单击鼠标右键，选择快捷菜单中的“移动或复制”命令。

② 选择“开始”选项卡中的“单元格”选项组，单击“格式”按钮，选择“组织工作表”区域下的“移动或复制工作表”命令。

③ 通过鼠标直接拖动，方法为：将光标移至要移动的工作表名称栏上，按住鼠标左键拖动光标到目标位置，松开鼠标即可。如果拖动时按住 Ctrl 键则为复制。

(5) 设置工作表标签颜色。

在工作表标签上单击鼠标右键，选择快捷菜单中的“工作表标签颜色”命令，在弹出的选项卡中选择需要的颜色即可。

6) 选定活动单元格或单元格区域

对工作表进行操作，需先选定单元格或单元格区域。选定方法见表 4-1。

表 4-1　选定单元格及单元格区域的方法

选定内容	操 作 方 法
单个单元格	单击某一单元格或按光标移动键，移动到某一单元格
单元格区域	单击要选定区域的第一个单元格，并拖动鼠标到最后一个单元格
非相邻单元格或单元格区域	先选定第一个单元格或单元格区域，按 Ctrl 键的同时再选择其他单元格或单元格区域
大范围的单元格区域	单击单元格区域的第一个单元格，按 Shift 键的同时再单击区域的最后一个单元格
整行	单击行号
整列	单击列标
相邻的多行或多列	从第一行(列)开始拖动鼠标到最后一行(列)；或先选定第一行(列)，再按 Shift 键选定最后一行(列)
非相邻的多行或多列	选定第一行(列)，按 Ctrl 键的同时再选定其他行(列)
工作表的所有单元格	单击工作表左上角的行号和列标交叉处的按钮
增加或减少当前选定单元格区域	按 Shift 键的同时，单击某一单元格，则原选定区域的活动单元格与该单元格之间的区域将成为新选定区域

7) 行、列、单元格的编辑

(1) 插入一行。

可以通过以下方式插入一行：

① 鼠标右键单击行号，选择快捷菜单中的“插入”命令，即可在相应行上面插入一空白行。

② 选择“开始”选项卡中的“单元格”选项组，单击“插入”按钮，选择“插入工作表行”命令，在相应单元格上方插入一空白行。

③ 选中一行中任意单元格，单击右键，从弹出的快捷菜单中选择“插入”命令，弹出“插入”对话框，选“整行”单选按钮，并单击“确定”按钮。

(2) 插入多行。

与插入一行的方法相同，只是在操作前需选中多行或多个不同行中的单元格。

(3) 插入一列或多列。

一次插入一列、一次插入多列的方法与插入行的方法相同，把上面的行变成列即可。

(4) 插入单元格。

选择“开始”选项卡中的“单元格”选项组，单击“插入”按钮，选择“插入单元格”命令，弹出“插入”对话框，如果选择“活动单元格下移”单选按钮，将在当前单元格上方插入一个空白单元格；如果选择“活动单元格右移”单选按钮，将在当前单元格左侧插入一个空白单元格。

还可以选中一行中的任意单元格，单击鼠标右键，从弹出的快捷菜单中选择“插入”命令，将弹出“插入”对话框，然后再进行同样的选择即可。

(5) 删除行、列、单元格。

删除方法与插入方法基本相同，不同之处在于使用菜单操作时应选择执行“删除”命令。

8) 编辑、移动或复制、清除单元格中数据

(1) 编辑单元格数据。

可以通过以下方式编辑单元格数据：

① 单击要输入数据的单元格后直接输入数据。

② 双击单元格，然后将光标插入点移动到合适的位置后修改编辑数据。

③ 单击单元格，然后再单击编辑栏的编辑区，在编辑区内修改编辑数据，相关内

容会同时出现在活动单元格和编辑区中。

(2) 移动或复制单元格数据。

可以通过以下方式移动或复制单元格数据：

① 选定要被移动的单元格区域，然后将光标移到区域边框线上，光标指针将变成箭头状。按住鼠标左键将光标拖动到需要移动数据的目标位置，松开按键即可完成数据的移动(如果移动时按住 Ctrl 键将完成数据的复制操作)。

② 选中需要移动或复制的单元格，单击鼠标右键，选择“剪切”或“复制”命令。

③ 使用快捷键：Ctrl+C(复制)，Ctrl+X(剪切)，Ctrl+V(粘贴)。

(3) 清除单元格数据。

可以通过以下方式清除单元格数据：

① 鼠标直接单击选定需要清除数据的单元格，然后使用 Delete 键或 Backspace 键(Backspace 键只能删除活动单元格内容)。

② 选择“开始”选项卡中的“编辑”选项组，单击“清除”按钮，选择“清除内容”命令。

(4) 合并与拆分单元格。

① 选定要合并或拆分的单元格，选择“开始”选项卡中的“对齐方式”选项组，单击“合并后居中”按钮，在下拉菜单选择相应的命令即可。

② 选定要合并或拆分的单元格，鼠标右键单击选中快捷菜单中的“设置单元格格式”命令，打开“设置单元格格式”对话框，单击“对齐”选项卡，勾选或取消选中“合并单元格”，则可以合并或拆分单元格。

4. 数据输入

在工作表的单元格中可以输入两种不同类型的数据，即常量和公式。常量包括文本、数字、日期和时间。本节先介绍常量的输入方法。

双击某一单元格或选中该单元格后再单击编辑区，所选单元格进入编辑状态，输入的数据同时出现在单元格和编辑区中。按回车键或单击编辑栏中的输入按钮 ✓，可确认输入的内容并退出编辑状态。

1) 文本数据的输入

(1) 文本数据包括汉字、英文字母、数字、空格及其他能从键盘上输入的符号。

(2) 如将数值作为文本型的数据处理，需在输入的数字前加单引号“'”。例如输入邮政编码“050091”时，应该键入：'050091。

(3) 默认对齐方式：左对齐。

(4) 录入的字符超过列宽时：如果与活动单元格右相邻的单元格没有数据，则文本数据超出的部分会延伸到相邻单元格；如果右邻单元格已有数据，则超出部分不显示，但并没有删除，在改变列宽或以“自动换行”方式格式化该单元格后，可看到输入的全部文本数据。

(5) 单元格内换行按 Alt+Enter 组合键。

2) 数值数据的输入

(1) 数值数据包括 0，1，2，3，4，5，6，7，8，9，+，-，(，)，!，$，%，E，e。

(2) 录入分数：数字 + 空格 + 纯分数。

(3) 录入负数：应先输入减号“-”或将数值用括号括起来，例如输入负数-185，应该键入：-185 或(185)。

(4) 默认对齐方式：右对齐。

(5) 录入的数字超过列宽时：自动采用科学计数法表示，如果单元格中给出“####”标记，说明列宽已不足以显示数据(扩大列宽后数据会重新完整地显示)，但系统“记忆”了该单元格的全部内容，当选中该单元格后，在编辑栏中会显示完整内容。

3) 日期和时间数据的输入

(1) 录入日期，格式：年/月/日或年-月-日。

(2) 录入时间，格式：时:分:秒。

(3) 在同一单元格输入日期和时间，要用空格分离。

(4) 默认对齐方式：Excel 将日期和时间按数字处理，日期和时间的显示取决于单元格的数字格式，默认情况下日期和时间数据沿单元格右对齐。若输入了 Excel 不能识别的日期或时间格式，将被作为文本处理且左对齐。

4) 序列填充

对于有一定规律的数据和公式，Excel 提供快速序列填充，主要包括等比序列、等差序列、日期序列、自定义序列等。对于不同的序列，填充方法稍有不同。

(1) 输入序列。

这种方法可以按照用户的要求输入一个序列，适用于等比序列、等差序列和日期序列的填充。步骤如下：

① 在序列的第一个单元格中输入数据作为初始值。

② 选定序列所填充的单元格区域(此步骤可省略)。

③ 选择“开始”选项卡中的“编辑”选项组，单击“填充”按钮，在下拉菜单中选择“系列”命令，弹出“序列”对话框，如图 4-16 所示，选择填充类型，填入步长值。如果没有选定序列所在的区域，需选择序列产生的方向并填入终止值，用以确定

数据区域的范围。

④ 单击“确定”按钮，即可完成序列的填充。

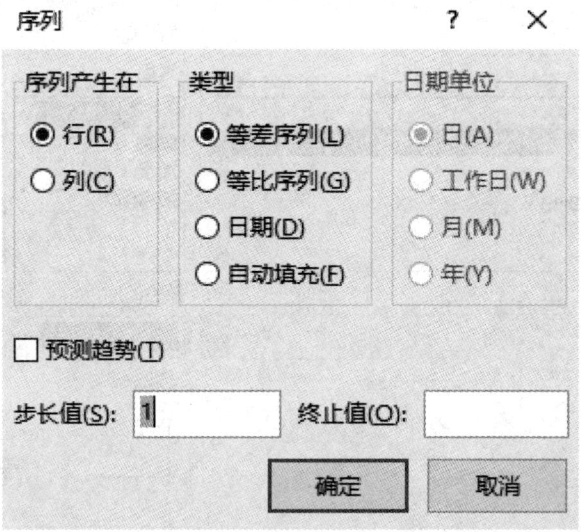

图 4-16　“序列”对话框

(2) 自动填充。

适用于填充相同文本序列、等比序列、等差序列、日期序列甚至是自定义序列。步骤如下：

① 在序列的第一个单元格或单元格区域中输入数据。

② 选择填好数据的单元格或单元格区域，将光标移至所选区域的右下角填充柄处。

③ 按住鼠标左键拖动填充柄直至需填充序列的最后一个单元格。

④ 松开鼠标，即可完成序列的填充。

5) 在不连续的单元格中输入相同的内容

按住 Ctrl 键的同时选定所有需要输入相同数据的单元格，在最后选定的活动单元格中输入数据，按 Ctrl+Enter 组合键即可完成。

5. 格式设置

1) 字符格式化

可以通过以下方式格式化字符：

(1) 选择“开始”选项卡中的“字体”选项组，单击工具按钮进行设置。

(2) 单击鼠标右键，选择快捷菜单中的“设置单元格格式”命令，弹出“设置单元格格式”对话框，选择其中的“字体”选项卡，如图 4-17 所示。

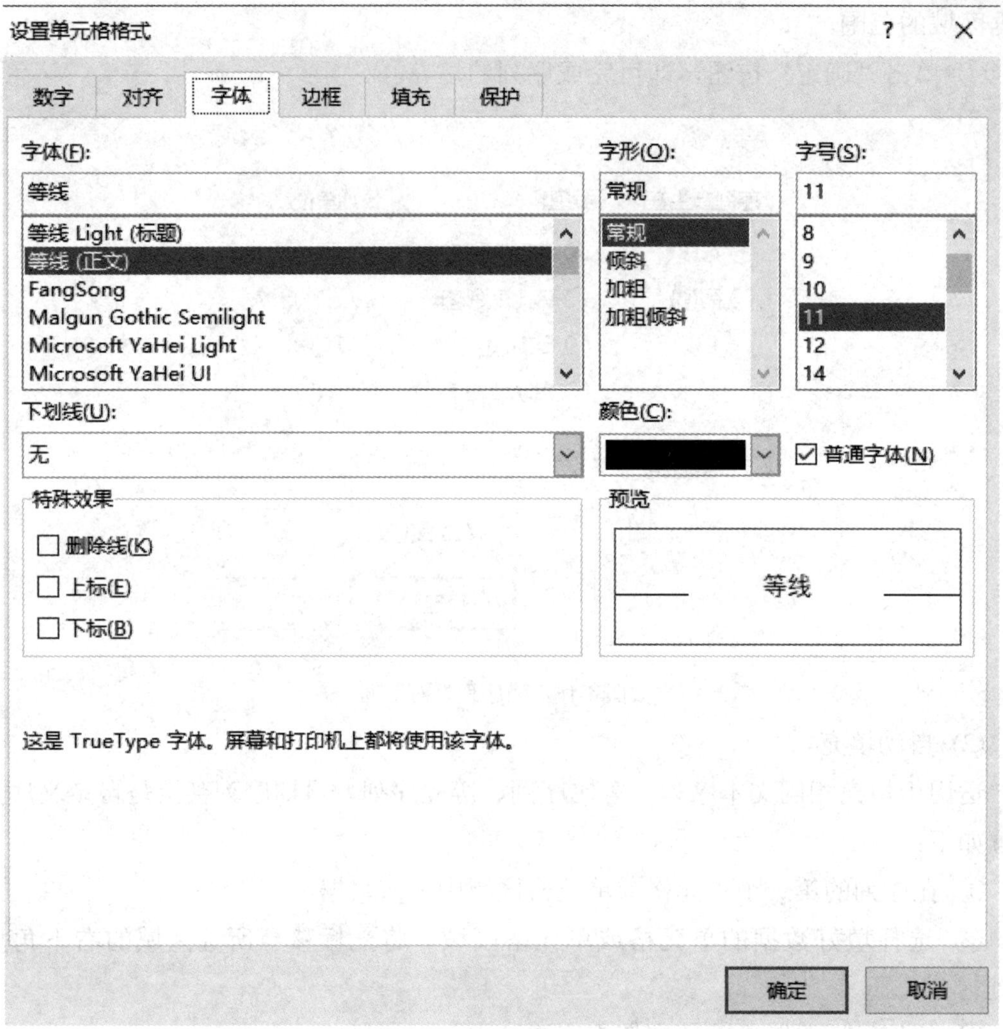

图 4-17 “字体”选项卡

(3) 选择“开始”选项卡中的“字体”选项组右下角的扩展按钮，弹出“设置单元格格式”对话框，选择其中的“字体”选项卡。

2) 数字显示格式的设置

设置数字显示格式的步骤如下：

(1) 单击鼠标右键，选择快捷菜单中的“设置单元格格式”命令，弹出“设置单元格格式”对话框，选择其中的“数字”选项卡。

或者选择“开始”选项卡中的“数字”选项组右下角的扩展按钮，弹出“设置单元格格式”对话框，选择其中的“数字”选项卡。

(2) 在“分类”列表框中单击一种数字类型，如图 4-18 所示(小数位数还可以通过工具按钮来增加或减少)，在“负数”列表框中选择一种格式，单击“确定”按钮，完成数字显示格式的设置。

图 4-18　分类列表框

3) 对齐方式的设置

可以通过以下方式设置对齐方式：

(1) 单击鼠标右键，选择快捷菜单中的“设置单元格格式”命令，弹出“设置单元格格式”对话框，选择其中的“对齐”选项卡。

(2) 单击“开始”选项卡中的“对齐方式”选项组右下角的扩展按钮，弹出“设置单元格格式”对话框，选择其中的“对齐”选项卡。

4) 表格边框的设置

可以通过以下方式设置表格边框：

(1) 单击鼠标右键，选择快捷菜单中的“设置单元格格式”命令，弹出“设置单元格格式”对话框，选择其中的“边框”选项卡。

(2) 单击“开始”选项卡中的“对齐方式”选项组右下角的扩展按钮，弹出“设置单元格格式”对话框，选择其中的“边框”选项卡。此时，左侧的“线条”中的“样式”区提供了 14 种线形样式，供用户选择；“颜色”列表框用于选择边框线的颜色。右侧“预置”区中的 3 个按钮用于确定添加边框线的位置；“边框”栏中提供了 8 种边框形式，用来确定所选区域的左、右、上、下及内部的框线形式。预览区用来显示设置的实际效果。

5) 单元格底纹的设置

可以通过以下方式设置单元格底纹：

(1) 选择“开始”选项卡中的“字体”选项组，单击“填充颜色”下拉按钮，根据需要选择设置底纹的颜色。

(2) 按照上面介绍的方法打开“设置单元格格式”对话框，选择“填充”选项卡，选择需要设置的颜色，单击“确定”按钮。

6) 设置行高和列宽

可以通过以下方式设置行高和列宽：

(1) 用鼠标调整行高和列宽。将光标移至行号区域某行的下边框，当指针变为一条直黑短线和两个反向的垂直箭头时，按住鼠标左键拖动，可以调整行高；将光标移至列标区域某列的右边框，当指针变为一条直黑短线和两个双向水平箭头时，按住鼠标左键拖动，可以调整列宽。

(2) 用菜单调整行高和列宽。选择某一行、多个行，单击“开始”选项卡中的“单元格”选项组，单击“格式”按钮，选择“单元格大小”区域的“行高”命令，在弹出的对话框中直接输入行高值即可；或者选择“自动调整行高”命令，自动调整为合适的行高。同设置行高相类似，单击“开始”选项卡中的“单元格”选项组，单击“格式”按钮，选择“单元格大小”区域的“列宽”命令，在弹出的对话框中直接输入列宽值即可；或者选择“自动调整列宽”命令，自动调整为合适的列宽。

7) 自动套用表格格式

(1) 单击“开始”选项卡中的“样式”选项组，单击“套用表格格式”按钮，选择需要的表格格式即可。

(2) 单击“开始”选项卡中的“样式”选项组，单击“单元格样式”按钮，可以设置单元格的格式。

8) 复制格式

选择“开始”选项卡中的“剪贴板”选项组，单击“格式刷”按钮，可以把工作表中单元格或区域的格式复制到另一单元格或区域，节省大量格式化表格的时间和精力。

使用方法：首先选定要复制的源单元格区域，单击“格式刷”按钮，此时，鼠标指针带有一个刷子，然后选取目标单元格区域即可。双击“格式刷”按钮，可以对多个目标单元格区域进行设置。

9) 设置背景

选择“页面布局”选项卡中的“页面设置”选项组，单击“背景”按钮，打开“工作表背景”对话框，选择图片文件，单击“插入”按钮完成对工作表的图片背景设置。

10) 使用条件格式

条件格式功能可以根据指定的公式或数值来确定搜索条件，然后将格式应用到符合搜索条件的选定单元格中，并突出显示要检查的动态数据。

选择“开始”选项卡中的“样式”选项组，单击“条件格式”按钮，在下拉菜单中选择“突出显示单元格规则”，在子菜单中选择相应命令，在打开的对话框设置即可。

综合练习

在 Excel 2016 中对期中考试成绩单(见图 4-19)进行美化操作。

具体要求如下：

(1) 打开 Excel 应用程序，新建一个工作簿，将此工作簿以“成绩统计”为文件名，保存到 D 盘根目录下。

(2) 将 D 盘中的“成绩单.docx”文件中的数据分别复制到“成绩统计”文件的 sheet1、sheet2 工作表的 A1 单元格开始处，并将工作表 sheet1 重命名为“期末成绩”，sheet2 重命名为“数据统计”。

(3) 在“期末成绩”工作表最左端插入 1 列，并在 A1 单元格输入“学号”。

(4) 在“期末成绩”工作表的第一行前插入 1 行，设置行高为 35；合并后居中 A1:J1 单元格，输入文本“期末考试成绩单”，隶书、24 磅、垂直靠上。

(5) 填充“学号”列，从 120101 开始，差值为 1，递增填充到最后，数字格式设置为“文本”型。

(6) 为数据区数据添加边框，外部框线为粗线，内部框线为细线。

所属小组	姓名	数学	英语	计算机	政治	总分	平均分	奖学金
Group 1	张华为	89	91	95	98			
Group 2	李伟平	93	88	97	95			
Group 2	王建平	82	86	83	96			
Group 1	赵小英	80	88	90	89			
Group 3	林玲如	52	37	45.5	56			
Group 1	顾凌强	87	88	85	84			
Group 2	黄梅英	78	67	94	92			
Group 3	宋毅刚	67	78	69	56			
Group 1	徐丽珍	34	35	45	12			
Group 3	张秀英	67	78	90	86			
Group 3	张委元	45	43	56	48			
Group 2	王伟	34	49	53	32			
Group 3	曹建明	78	81	90	81			
Group 1	凌英	82	81	78	67			
Group 3	孙小玲	67	73	56	61			
Group 3	黄强	45	41	55	51.5			
Group 3	宋国英	78	77	65	72			
Group 2	徐毅	90	88	100	100			
Group 3	吕花国	89	91	78	98			
Group 1	侯思九	93	88	80	69			
Group 3	赵彦利	80	86	83	96			
Group 3	史伟灵	80	88	90	89			
Group 3	赵娜	52	37	89	56			
Group 2	杨洋	87	88	85	84			
Group 3	迟卿尚	78	67	94	92			
Group 1	岳倩	67	78	69	56			
Group 3	李冲	60	45	45	33			
Group 2	刘兴旺	67	78	90	86			
Group 1	张敬娜	25	43	56	48			
Group 3	王保强	34	49	53	98			
Group 3	孙瑜丽	78	81	90	81			
Group 1	李峰	82	81	78	67			
Group 3	王红彦	67	73	56	61			
Group 2	陈健	45	52	55	63			
Group 1	崔海红	78	77	65	72			
Group 3	周晓燕	86	88	96	100			
Group 2	刘宁宁	78	98	87	60			
Group 1	侯俊昌	88	68	80	90			

图 4-19　成绩单

成绩单效果如图 4-20 所示。

	期末考试成绩单									
2	学号	所属小组	姓名	数学	英语	计算机	政治	总分	平均分	奖学金
3	120101	Group 1	张华为	89	91	95	98			
4	120102	Group 2	李伟平	93	88	97	95			
5	120103	Group 2	王建平	82	86	83	96			
6	120104	Group 1	赵小英	80	88	90	89			
7	120105	Group 3	林玲如	52	37	45.5	56			
8	120106	Group 1	顾凌强	87	88	85	84			
9	120107	Group 2	黄梅英	78	67	94	92			
10	120108	Group 3	宋毅刚	67	78	69	56			
11	120109	Group 1	徐丽珍	34	35	45	12			
12	120110	Group 3	张秀英	67	78	90	86			
13	120111	Group 3	张委元	45	43	56	48			
14	120112	Group 2	王伟	34	49	53	32			
15	120113	Group 3	曹建明	78	81	90	81			
16	120114	Group 1	凌英	82	81	78	67			
17	120115	Group 3	孙小玲	67	73	56	61			
18	120116	Group 3	黄强	45	41	55	51.5			
19	120117	Group 3	宋国英	78	77	65	72			
20	120118	Group 2	徐毅	90	88	100	100			
21	120119	Group 3	吕花国	89	91	78	98			
22	120120	Group 1	侯思九	93	88	80	69			
23	120121	Group 3	赵彦利	80	86	83	96			
24	120122	Group 3	史伟灵	80	88	90	89			
25	120123	Group 3	赵娜	52	37	89	56			
26	120124	Group 2	杨洋	87	88	85	84			
27	120125	Group 3	迟卿尚	78	67	94	92			
28	120126	Group 1	岳倩	67	78	69	56			
29	120127	Group 3	李冲	60	45	45	33			

期末成绩　数据统计

图 4-20　期末考试成绩单

4.2　统计学生成绩报表的数据

Excel 电子表格最具有特色的功能是数据计算和统计，这些功能是通过公式和函数来实现的。Excel 允许实时更新数据，以帮助用户分析和处理工作表中的数据。

任务描述

Excel 2016 提供各种统计计算功能，用户根据系统提供的运算符和函数构造计算公式，可自动进行计算。根据 4.1 节中所创建的成绩单文件，利用 Excel 2016 的公式及函数功能，统计学生成绩数据，了解成绩情况。

任务简析

根据 4.1 节所创建的成绩单文件，对相关数据进行函数运算，得出需要的结果：

(1) 利用 SUM 函数求出最后得分。

(2) 利用 AVERAGE 函数统计出平均分。

(3) 利用 MAX 函数统计出最高分。

(4) 利用 MIN 函数统计出最低分。

(5) 利用 IF 函数填充成绩等级。

(6) 对表格进行美化处理。

操作实现

根据前面所创建的成绩单文件，对相关数据进行函数运算，得出需要的结果。具体步骤如下：

(1) 组织学生了解 Excel 的统计功能，掌握公式和函数的使用方法。

(2) 理解单元格的引用方法(绝对引用、相对引用、混合引用)。

(3) 用 SUM 函数统计出单元格区域 K4:K44 内的最后得分。选择单元格 K4，输入函数“=SUM(D4:J4)”，使用自动填充的方法，将 K4 中的函数复制到单元格区域 K5:K44，结果如图 4-21 所示。

才艺比赛成绩汇总表

艺术系

	A	B	C	D	E	F	G	H	I	J	K
3	学号	班级	姓名	Round1	Round2	Round3	Round4	Round5	Round6	Round7	最后得分
4	120203201	艺术121	李小龙	80	65	67	69	71	73	75	500
5	120203202	艺术121	张丽娜	85	87	79	91	93	95	97	627
6	120203203	艺术121	闰换	78	81	85	87	90	90	75	586
7	120203204	艺术121	李丽	89	87	85	83	85	79	90	598
8	120203205	艺术121	赵娜	92	89	86	83	82	86	88	606
9	120203206	艺术121	王斌	63	59	58	59	60	61	62	422
10	120203207	艺术121	田鹏	88	85	84	86	88	90	90	611
11	120203208	艺术121	孙丽倩	96	95	94	91	92	91	96	655
12	120203209	艺术121	白江涯	89	87	88	89	90	90	92	625
13	120203210	艺术121	康忠	76	74	75	72	72	73	75	517
14	120203211	艺术121	周静元	86	87	89	89	90	91	90	622
15	120203212	艺术121	张晓丽	81	81	84	87	90	89	89	601
16	120203213	艺术121	李朝	89	87	86	86	85	85	88	606
17	120203214	艺术121	李秀杰	92	89	86	83	86	89	92	617
18	120203215	艺术121	王海飞	61	65	63	66	60	61	62	438
19	120203301	艺术122	栗少龙	92	90	84	86	88	90	92	622
20	120203302	艺术122	孙瑜	92	90	94	93	92	95	90	646
21	120203303	艺术122	孟梦	86	87	88	89	90	91	92	623
22	120203304	艺术122	刘鑫	78	75	74	73	75	73	75	523
23	120203305	艺术122	吴菲	96	95	94	93	93	95	97	663
24	120203306	艺术122	肖超	87	92	92	94	94	93	96	648
25	120203307	艺术122	赵艳青	89	87	85	83	81	79	77	581
26	120203308	艺术122	李蓓蓓	92	89	86	88	89	92	90	626
27	120203309	艺术122	袁洋	78	77	77	68	69	74	62	505
28	120203310	艺术122	朱丽丽	88	86	84	86	88	90	92	614
29	120203311	艺术122	武彩霞	92	92	92	93	92	91	90	642
30	120203312	艺术122	张素静	89	87	88	89	90	91	92	626

Sheet1 (3)　Sheet1 (2)　比赛报表

图 4-21　统计成绩总和

(4) 用 AVERAGE 函数统计出单元格区域 L4:L44 内的平均成绩。选择单元格 L4，输入函数“=AVERAGE(D4:J4)”，使用自动填充的方法，将 L4 中的函数复制到单元格区域 L5:L44，如图 4-22 所示。

	B	C	D	E	F	G	H	I	J	K	L
1	才艺比赛成绩汇总表										
2										艺术系	
3	班级	姓名	Round1	Round2	Round3	Round4	Round5	Round6	Round7	最后得分	平均成绩
4	艺术121	李小龙	80	65	67	69	71	73	75	500	71.43
5	艺术121	张丽娜	85	87	79	91	93	95	97	627	89.57
6	艺术121	闫焕	78	81	85	87	90	90	75	586	83.71
7	艺术121	李丽	89	87	85	83	85	79	90	598	85.43
8	艺术121	赵娜	92	89	86	83	82	86	88	606	86.57
9	艺术121	王斌	63	59	58	59	60	61	62	422	60.29
10	艺术121	田鹏	88	85	84	86	88	90	90	611	87.29
11	艺术121	孙丽倩	96	95	94	91	92	91	96	655	93.57
12	艺术121	白江涯	89	87	88	89	90	90	92	625	89.29
13	艺术121	康忠	76	74	75	72	72	73	75	517	73.86
14	艺术121	周静元	86	87	89	89	90	91	90	622	88.86
15	艺术121	张晓丽	81	81	84	87	90	89	89	601	85.86
16	艺术121	李朝	89	87	86	86	85	85	88	606	86.57
17	艺术121	李秀杰	92	89	86	83	86	89	92	617	88.14
18	艺术121	王海飞	61	65	63	66	60	61	62	438	62.57
19	艺术122	秦少龙	92	90	84	86	88	90	92	622	88.86
20	艺术122	孙瑜	92	90	94	93	92	95	90	646	92.29
21	艺术122	孟梦	86	87	88	89	90	91	92	623	89.00
22	艺术122	刘鑫	78	75	74	73	75	73	75	523	74.71
23	艺术122	吴菲	96	95	94	93	93	95	97	663	94.71
24	艺术122	肖超	87	92	92	94	94	93	96	648	92.57
25	艺术122	赵艳青	89	87	85	83	81	79	77	581	83.00
26	艺术122	李蓓蓓	92	89	86	88	89	92	90	626	89.43
27	艺术122	袁洋	78	77	77	68	69	74	62	505	72.14
28	艺术122	朱丽丽	88	86	84	86	88	90	92	614	87.71
29	艺术122	武彩霞	92	92	92	93	92	91	90	642	91.71
30	艺术122	张素静	89	87	88	89	90	91	92	626	89.43

Sheet1 (3)　Sheet1 (2)　比赛报表

图 4-22　统计平均成绩

(5) 用 MAX 函数统计出单元格区域 D4:J4 内的最高分。选择单元格 M4，单击编辑栏的插入函数按钮 *fx*，弹出“插入函数”对话框，选中“MAX”，在“Number1”中的折叠按钮中选中 D4:J4 单元格内容，单击“确定”按钮，求出最高分。使用自动填充的方法，将 M4 中的函数复制到单元格区域 M5:M44，如图 4-23 所示。

(6) 用 MIN 函数统计出单元格区域 D4:J4 内的最低分。选择单元格 N4，输入函数“=MIN(D4:J4)”，使用自动填充的方法，将 N4 中的函数复制到单元格区域 N5:N44，如图 4-24 所示。

(7) 用 IF 函数统计出单元格区域 L4:L44 的成绩等级(要求：平均成绩≥85，成绩等级为“A”；否则，成绩等级为“B”)。选择单元格 O4，输入函数“=IF(L4>=85,“A”,“B”)”，使用自动填充的方法，将 O4 中的函数复制到单元格区域 O5:O44，如图 4-25 所示。

才艺比赛成绩汇总表

艺术系

	姓名	Round1	Round2	Round3	Round4	Round5	Round6	Round7	最后得分	平均成绩	最高分
4	李小龙	80	65	67	69	71	73	75	500	71.43	80
5	张丽娜	85	87	79	91	93	95	97	627	89.57	97
6	闫换	78	81	85	87	90	90	75	586	83.71	90
7	李丽	89	87	85	83	85	79	90	598	85.43	90
8	赵娜	92	89	86	83	82	86	88	606	86.57	92
9	王斌	63	59	58	59	60	61	62	422	60.29	63
10	田鹏	88	85	84	86	88	90	90	611	87.29	90
11	孙丽倩	96	95	94	91	92	91	96	655	93.57	96
12	白江涯	89	87	88	89	90	90	92	625	89.29	92
13	康忠	76	74	75	72	72	73	75	517	73.86	76
14	周静元	86	87	89	89	90	91	90	622	88.86	91
15	张晓丽	81	81	84	87	90	89	89	601	85.86	90
16	李朝	89	87	86	86	85	85	88	606	86.57	89
17	李秀杰	92	89	86	83	86	89	92	617	88.14	92
18	王海飞	61	65	63	66	60	61	62	438	62.57	66
19	桑少龙	92	90	84	86	88	90	92	622	88.86	92
20	孙瑜	92	90	94	93	92	95	90	646	92.29	95
21	孟梦	86	87	88	89	90	91	92	623	89.00	92
22	刘鑫	78	75	74	73	75	73	75	523	74.71	78
23	吴菲	96	95	94	93	93	95	97	663	94.71	97
24	肖超	87	92	92	94	94	93	96	648	92.57	96
25	赵艳青	89	87	85	83	81	79	77	581	83.00	89
26	李蓓蓓	92	89	86	88	89	92	90	626	89.43	92
27	袁洋	78	77	77	68	69	74	62	505	72.14	78
28	朱丽丽	88	86	84	86	88	90	92	614	87.71	92
29	武彩霞	92	92	92	93	92	91	90	642	91.71	93
30	张素静	89	87	88	89	90	91	92	626	8[illegible]3	92

Sheet1 (3)　Sheet1 (2)　比赛报表

图 4-23　统计最高分

才艺比赛成绩汇总表

艺术系

	学号	班级	姓名	Round1	Round2	Round3	Round4	Round5	Round6	Round7	最后得分	平均成绩	最高分	最低分
4	120203201	艺术121	李小龙	80	65	67	69	71	73	75	500	71.43	80	65
5	120203202	艺术121	张丽娜	85	87	79	91	93	95	97	627	89.57	97	79
6	120203203	艺术121	闫换	78	81	85	87	90	90	75	586	83.71	90	75
7	120203204	艺术121	李丽	89	87	85	83	85	79	90	598	85.43	90	79
8	120203205	艺术121	赵娜	92	89	86	83	82	86	88	606	86.57	92	82
9	120203206	艺术121	王斌	63	59	58	59	60	61	62	422	60.29	63	58
10	120203207	艺术121	田鹏	88	85	84	86	88	90	90	611	87.29	90	84
11	120203208	艺术121	孙丽倩	96	95	94	91	92	91	96	655	93.57	96	91
12	120203209	艺术121	白江涯	89	87	88	89	90	90	92	625	89.29	92	87
13	120203210	艺术121	康忠	76	74	75	72	72	73	75	517	73.86	76	72
14	120203211	艺术121	周静元	86	87	89	89	90	91	90	622	88.86	91	86
15	120203212	艺术121	张晓丽	81	81	84	87	90	89	89	601	85.86	90	81
16	120203213	艺术121	李朝	89	87	86	86	85	85	88	606	86.57	89	85
17	120203214	艺术121	李秀杰	92	89	86	83	86	89	92	617	88.14	92	83
18	120203215	艺术121	王海飞	61	65	63	66	60	61	62	438	62.57	66	60
19	120203301	艺术122	桑少龙	92	90	84	86	88	90	92	622	88.86	92	84
20	120203302	艺术122	孙瑜	92	90	94	93	92	95	90	646	92.29	95	90
21	120203303	艺术122	孟梦	86	87	88	89	90	91	92	623	89.00	92	86
22	120203304	艺术122	刘鑫	78	75	74	73	75	73	75	523	74.71	78	73
23	120203305	艺术122	吴菲	96	95	94	93	93	95	97	663	94.71	97	93
24	120203306	艺术122	肖超	87	92	92	94	94	93	96	648	92.57	96	87
25	120203307	艺术122	赵艳青	89	87	85	83	81	79	77	581	83.00	89	77
26	120203308	艺术122	李蓓蓓	92	89	86	88	89	92	90	626	89.43	92	86

图 4-24　统计最低分

才艺比赛成绩汇总表

艺术系

	学号	班级	姓名	Round1	Round2	Round3	Round4	Round5	Round6	Round7	最后得分	平均成绩	最高分	最低分	成绩等级
4	120203201	艺术121	李小龙	80	65	67	69	71	73	75	500	71.43	80	65	B
5	120203202	艺术121	张丽娜	85	87	79	91	93	95	97	627	89.57	97	79	A
6	120203203	艺术121	闫换	78	81	85	87	90	90	75	586	83.71	90	75	B
7	120203204	艺术121	李丽	89	87	85	83	85	79	90	598	85.43	90	79	A
8	120203205	艺术121	赵娜	92	89	86	83	82	86	88	606	86.57	92	82	A
9	120203206	艺术121	王斌	63	59	58	59	60	61	62	422	60.29	63	58	B
10	120203207	艺术121	田鹏	88	85	84	86	88	90	90	611	87.29	90	84	A
11	120203208	艺术121	孙丽倩	96	95	94	91	92	91	96	655	93.57	96	91	A
12	120203209	艺术121	白江涯	89	87	88	89	90	90	92	625	89.29	92	87	A
13	120203210	艺术121	康忠	76	74	75	72	72	73	75	517	73.86	76	72	B
14	120203211	艺术121	周静元	86	87	89	89	90	91	90	622	88.86	91	86	A
15	120203212	艺术121	张晓丽	81	81	84	87	90	89	89	601	85.86	90	81	A
16	120203213	艺术121	李朝	89	87	86	86	85	85	88	606	86.57	89	85	A
17	120203214	艺术121	李秀杰	92	89	86	83	86	89	92	617	88.14	92	83	A
18	120203215	艺术121	王海飞	61	65	63	66	60	61	62	438	62.57	66	60	B
19	120203301	艺术122	桑少龙	92	90	84	86	88	90	92	622	88.86	92	84	A
20	120203302	艺术122	孙瑜	92	90	94	93	92	95	90	646	92.29	95	90	A
21	120203303	艺术122	孟梦	86	87	88	89	90	91	92	623	89.00	92	86	A
22	120203304	艺术122	刘鑫	78	75	74	73	75	73	75	523	74.71	70	73	D
23	120203305	艺术122	吴菲	96	95	94	93	93	95	97	663	94.71	97	93	A
24	120203306	艺术122	肖超	87	92	92	94	94	93	96	648	92.57	96	87	A
25	120203307	艺术122	赵艳青	89	87	85	83	81	79	77	581	83.00	89	77	B
26	120203308	艺术122	李蓓蓓	92	89	86	88	89	92	90	626	89.43	92	86	A
27	120203309	艺术122	袁洋	78	77	77	68	69	74	62	505	72.14	78	62	B
28	120203310	艺术122	朱丽丽	88	86	84	86	88	90	92	614	87.71	92	84	A
29	120203311	艺术122	武彩霞	92	92	92	93	92	91	90	642	91.71	93	90	A
30	120203312	艺术122	张素静	89	87	88	89	90	91	92	626	89.43	92	87	A
31	120203313	艺术122	马丽娟	63	65	67	69	68	66	65	463	66.14	69	63	B
32	120203501	艺术123	王占丽	90	95	94	96	95	95	96	661	94.43	96	90	A

Sheet1 (3)　Sheet1 (2)　比赛报表

图 4-25　统计成绩等级

(8) 先选择表格范围 L4:L44。单击鼠标右键选择快捷菜单中的"设置单元格格式"命令，在"数字"选项卡中设置数值为保留 1 位小数，如图 4-26 所示。

才艺比赛成绩汇总表

艺术系

	学号	班级	姓名	Round1	Round2	Round3	Round4	Round5	Round6	Round7	最后得分	平均成绩	最高分	最低分	成绩等级
4	120203201	艺术121	李小龙	80	65	67	69	71	73	75	500	71.4	80	65	B
5	120203202	艺术121	张丽娜	85	87	79	91	93	95	97	627	89.6	97	79	A
6	120203203	艺术121	闫换	78	81	85	87	90	90	75	586	83.7	90	75	B
7	120203204	艺术121	李丽	89	87	85	83	85	79	90	598	85.4	90	79	A
8	120203205	艺术121	赵娜	92	89	86	83	82	86	88	606	86.6	92	82	A
9	120203206	艺术121	王斌	63	59	58	59	60	61	62	422	60.3	63	58	B
10	120203207	艺术121	田鹏	88	85	84	86	88	90	90	611	87.3	90	84	A
11	120203208	艺术121	孙丽倩	96	95	94	91	92	91	96	655	93.6	96	91	A
12	120203209	艺术121	白江涯	89	87	88	89	90	90	92	625	89.3	92	87	A
13	120203210	艺术121	康忠	76	74	75	72	72	73	75	517	73.9	76	72	B
14	120203211	艺术121	周静元	86	87	89	89	90	91	90	622	88.9	91	86	A
15	120203212	艺术121	张晓丽	81	81	84	87	90	89	89	601	85.9	90	81	A
16	120203213	艺术121	李朝	89	87	86	86	85	85	88	606	86.6	89	85	A
17	120203214	艺术121	李秀杰	92	89	86	83	86	89	92	617	88.1	92	83	A
18	120203215	艺术121	王海飞	61	65	63	66	60	61	62	438	62.6	66	60	B
19	120203301	艺术122	桑少龙	92	90	84	86	88	90	92	622	88.9	92	84	A
20	120203302	艺术122	孙瑜	92	90	94	93	92	95	90	646	92.3	95	90	A
21	120203303	艺术122	孟梦	86	87	88	89	90	91	92	623	89.0	92	86	A
22	120203304	艺术122	刘鑫	78	75	74	73	75	73	75	523	74.7	78	73	B
23	120203305	艺术122	吴菲	96	95	94	93	93	95	97	663	94.7	97	93	A
24	120203306	艺术122	肖超	87	92	92	94	94	93	96	648	92.6	96	87	A
25	120203307	艺术122	赵艳青	89	87	85	83	81	79	77	581	83.0	89	77	B
26	120203308	艺术122	李蓓蓓	92	89	86	88	89	92	90	626	89.4	92	86	A
27	120203309	艺术122	袁洋	78	77	77	68	69	74	62	505	72.1	78	62	B
28	120203310	艺术122	朱丽丽	88	86	84	86	88	90	92	614	87.7	92	84	A
29	120203311	艺术122	武彩霞	92	92	92	93	92	91	90	642	91.7	93	90	A
30	120203312	艺术122	张素静	89	87	88	89	90	91	92	626	89.4	92	87	A
31	120203313	艺术122	马丽娟	63	65	67	69	68	66	65	463	66.1	69	63	B
32	120203501	艺术123	王占丽	90	95	94	96	95	95	96	661	94.4	96	90	A

Sheet1 (3)　Sheet1 (2)　比赛报表

图 4-26　设置小数位数

(9) 选择 O4:O44，将此区域内数据居中；设置字体为 Times New Roman，10 号，如图 4-27 所示。

	A	B	C	D	E	F	G	H	I	J	K	L	M	N	O
1					才艺比赛成绩汇总表										
2											艺术系				
3	学号	班级	姓名	Round1	Round2	Round3	Round4	Round5	Round6	Round7	最后得分	平均成绩	最高分	最低分	成绩等级
4	120203201	艺术121	李小龙	80	65	67	69	71	73	75	500	71.4	80	65	B
5	120203202	艺术121	张丽娜	85	87	79	91	93	95	97	627	89.6	97	79	A
6	120203203	艺术121	闰换	78	81	85	87	90	90	75	586	83.7	90	75	B
7	120203204	艺术121	李丽	89	87	85	83	85	79	90	598	85.4	90	79	A
8	120203205	艺术121	赵娜	92	89	86	83	82	86	88	606	86.6	92	82	A
9	120203206	艺术121	王斌	63	59	58	59	60	61	62	422	60.3	63	58	B
10	120203207	艺术121	田鹏	88	85	84	86	88	90	90	611	87.3	90	84	A
11	120203208	艺术121	孙丽倩	96	95	94	91	92	91	96	655	93.6	96	91	A
12	120203209	艺术121	白江涯	89	87	88	89	90	90	92	625	89.3	92	87	A
13	120203210	艺术121	康忠	76	74	75	72	72	73	75	517	73.9	76	72	B
14	120203211	艺术121	周静元	86	87	89	89	90	91	90	622	88.9	91	86	A
15	120203212	艺术121	张晓丽	81	81	84	87	90	89	89	601	85.9	90	81	A
16	120203213	艺术121	李朝	89	87	86	86	85	85	88	606	86.6	89	85	A
17	120203214	艺术121	李秀杰	92	89	86	83	86	89	92	617	88.1	92	83	A
18	120203215	艺术121	王海飞	61	65	63	66	60	61	62	438	62.6	66	60	B
19	120203301	艺术122	秉少龙	92	90	84	86	88	90	92	622	88.9	92	84	A
20	120203302	艺术122	孙瑜	92	90	94	93	92	95	90	646	92.3	95	90	A
21	120203303	艺术122	孟梦	86	87	88	89	90	91	92	623	89.0	92	86	A
22	120203304	艺术122	刘鑫	78	75	74	73	75	73	75	523	74.7	78	73	B
23	120203305	艺术122	吴菲	96	95	94	93	93	95	97	663	94.7	97	93	A
24	120203306	艺术122	肖超	87	92	92	94	94	93	96	648	92.6	96	87	A
25	120203307	艺术122	赵艳青	89	87	85	83	81	79	77	581	83.0	89	77	B
26	120203308	艺术122	李蓓蓓	92	89	86	88	89	92	90	626	89.4	92	86	A
27	120203309	艺术122	袁洋	78	77	77	68	69	74	62	505	72.1	78	62	B
28	120203310	艺术122	朱丽丽	88	86	84	86	88	90	92	614	87.7	92	84	A
29	120203311	艺术122	武彩霞	92	92	92	93	92	91	90	642	91.7	93	90	A
30	120203312	艺术122	张素静	89	87	88	89	90	91	92	626	89.4	92	87	A
31	120203313	艺术122	马丽娟	63	65	67	69	68	66	65	463	66.1	69	63	B
32	120203501	艺术123	王占丽	90	95	94	96	95	95	96	661	94.4	96	90	A

Sheet1 (3)　Sheet1 (2)　比赛报表

图 4-27　设置字体

(10) 设置单元格的合并。选择单元格区域 A2:O2，A1:O1，对数据单元格设置合并，如图 4-28 所示。

	A	B	C	D	E	F	G	H	I	J	K	L	M	N	O
1							才艺比赛成绩汇总表								
2															艺术系
3	学号	班级	姓名	Round1	Round2	Round3	Round4	Round5	Round6	Round7	最后得分	平均成绩	最高分	最低分	成绩等级
4	120203201	艺术121	李小龙	80	65	67	69	71	73	75	500	71.4	80	65	B
5	120203202	艺术121	张丽娜	85	87	79	91	93	95	97	627	89.6	97	79	A
6	120203203	艺术121	闰换	78	81	85	87	90	90	75	586	83.7	90	75	B
7	120203204	艺术121	李丽	89	87	85	83	85	79	90	598	85.4	90	79	A
8	120203205	艺术121	赵娜	92	89	86	83	82	86	88	606	86.6	92	82	A
9	120203206	艺术121	王斌	63	59	58	59	60	61	62	422	60.3	63	58	B
10	120203207	艺术121	田鹏	88	85	84	86	88	90	90	611	87.3	90	84	A
11	120203208	艺术121	孙丽倩	96	95	94	91	92	91	96	655	93.6	96	91	A
12	120203209	艺术121	白江涯	89	87	88	89	90	90	92	625	89.3	92	87	A
13	120203210	艺术121	康忠	76	74	75	72	72	73	75	517	73.9	76	72	B
14	120203211	艺术121	周静元	86	87	89	89	90	91	90	622	88.9	91	86	A
15	120203212	艺术121	张晓丽	81	81	84	87	90	89	89	601	85.9	90	81	A
16	120203213	艺术121	李朝	89	87	86	86	85	85	88	606	86.6	89	85	A
17	120203214	艺术121	李秀杰	92	89	86	83	86	89	92	617	88.1	92	83	A
18	120203215	艺术121	王海飞	61	65	63	66	60	61	62	438	62.6	66	60	B
19	120203301	艺术122	秉少龙	92	90	84	86	88	90	92	622	88.9	92	84	A
20	120203302	艺术122	孙瑜	92	90	94	93	92	95	90	646	92.3	95	90	A
21	120203303	艺术122	孟梦	86	87	88	89	90	91	92	623	89.0	92	86	A
22	120203304	艺术122	刘鑫	78	75	74	73	75	73	75	523	74.7	78	73	B

图 4-28　设置合并的效果

(11) 保存工作簿文件。

必备知识

1. 创建公式

1) 公式形式

输入公式，必须以等号(=)开始，后紧跟表达式，其中表达式由运算符、常量、单元格地址、函数及括号等连接起来构成。

如在 J3 单元格中输入“=D3+E3+F3+G3+H3+I3”，表示将单元格 D3、E3、F3、G3、H3、I3 中的数据相加，结果放在单元格 J3 中。当 J3 为活动单元格时，编辑栏中显示公式“= D3+E3+F3+G3+H3+I3”。

公式输入过程中，需要使用单元格地址时，可以直接通过键盘输入地址值(单元格名称)，也可以直接单击这些单元格，将单元格的地址引用到公式中。

注意：

(1) 任何公式，必须以等号(即“=”)开始，否则 Excel 会把输入的公式作为一般文本处理。

(2) 公式中的运算符号必须是英文半角符号。

2) 运算符

运算符可以对公式中的元素进行特定类型运算。Excel 有四种类型的运算符。

(1) 算术运算符。算数运算符用于进行基本的数学运算，如加法、减法和乘法以及连接数字和产生数字结果等。算术运算符有加“+”、减“－”、乘“*”、除“/”、百分比“%”和乘方“^”等六种。例如：“=2^3”的运算结果为 8(即 2 的 3 次幂)，“=5+2”的运算结果为 7。

(2) 比较运算符。比较运算符用于比较两个值，其比较的结果是一个逻辑值，即比较结果是 TRUE 或 FALSE。比较运算符有等于“=”、大于“>”、小于“<”、大于等于“>=”、小于等于“<=”和不等于“<>”等 6 种。例如：“=2>=3”的运算结果为 FALSE，“=4<>5”的结果为 TRUE。

(3) 文本运算符。文本运算符“&”用于将一个或多个字符串连接成一个长的字符串。如“=‘计算机’&‘应用基础’&‘教程’”的运算结果是“计算机应用基础教程”。

(4) 引用运算符。引用运算符可以将单元格区域合并计算。

① 区域运算符“:”(冒号)：用来指定单元格区域。如 B2:C6 区域是指 B2、B3、B4、B5、B6、C2、C3、C4、C5、C6 共 10 个单元格。

② 联合运算符“,”(逗号)：将多个引用合并为一个引用。如 SUM(B2:C6, D5, E5:F8) 是对 B2、B3、B4、B5、B6、C2、C3、C4、C5、C6、D5、E5、E6、E7、E8、F5、F6、F7、F8 共 19 个单元格进行求和的运算。

③ 共有运算符“ ”(空格)：将多个引用的重叠部分作为函数的运算区域。如 SUM(A3:D5 C1:C6) 是对 C3、C4、C5 共 3 个单元格进行求和的运算。

2. 复制公式

在利用工作表处理数据时，常会遇到在同一行或同一列使用相同的计算公式的情况，此时可以采用复制公式的方法进行计算。

1) 方法一：公式填充

在第一个单元格中输入公式，并将鼠标移动到单元格的右下角小黑点处(填充柄)，当指针变成黑十字时，按住鼠标左键，向下拖拉指针到需要填充相同公式的单元格区域，即可完成操作。

2) 方法二：公式粘贴

选择已经输入公式的单元格，再选择“开始”选项卡中的“剪贴板”选项组，单击“复制”命令，然后选择需要粘贴公式的单元格区域，再选择“开始”选项卡中的“剪贴板”选项组，单击“粘贴”命令里的“公式”按钮，即可实现公式粘贴(也可以单击鼠标右键，通过快捷菜单中的相应命令实现)。

3. 单元格的引用

Excel 提供三种不同的引用类型：相对引用、绝对引用、混合引用。实际工作中应根据数据的关系确定引用类型。

1) 相对引用

相对引用是指公式在复制过程中根据移动的位置自动调整引用单元格的地址。例如：在单元格 J3 中输入公式“=D3+E3+F3+G3+H3+I3”，把此公式复制到 J4 单元格，则 J4 单元格的公式为“=D4+E4+F4+G4+H4+I4”。

2) 绝对引用

输入公式时，在列标和行号前都加上“$”符号，就称为绝对引用。以这种方式标识的单元格地址叫作绝对地址。使用绝对引用时，不管公式被复制到哪个单元格，其所引用的单元格地址都不会发生变化。例如：在单元格 J3 中输入公式“=$D$3+$E$3+$F$3+$G$3+$H$3+$I$3”，把此公式复制到 J4 单元格，则 J4 单元格的公式仍为“=$D$3+$E$3+$F$3+$G$3+$H$3+$I$3”。

3) 混合引用

混合引用是指相对地址和绝对地址的混合使用。若列标(字母)前有“$”符号而行号(数字)前没有“$”符号，则被引用的单元格其列位置是绝对的，而行位置是相对的；反之，列位置是相对的，行位置是绝对的。例如：在单元格 J3 中输入公式“=D$3+E$3+F$3+G$3+H3+I3”，把此公式复制到 J4 单元格，则 J4 单元格的公式为“=D$3+E$3+F$3+G$3+H4+I4”。

4) 单元格的引用格式

单元格或单元格区域的引用格式为：

[工作簿名]工作表名！单元格引用

在引用同一工作簿单元格时，工作簿名可以省略；在引用同一工作表时，工作表名可以省略。

4. “自动求和”按钮

用户可以使用“自动求和”按钮快速输入求和公式。操作步骤如下：

(1) 选定存放求和结果的单元格。

(2) 选择“开始”选项卡中的“编辑”选项组，单击“自动求和”按钮。

(3) 选择参加运算的单元格或单元格区域，按回车键。

5. 函数

Excel 提供了大量的函数，函数是一个预先定义好的内置公式。合理使用函数将大大提高数据计算的效率。

1) 函数的格式

函数是 Excel 预定义的公式，由等号(=)、函数名和参数组成。函数的形式是：

函数名([参数 1][，参数 2][，……])

函数名通常以大写字母出现，用以描述函数的功能。参数可以是数字、单元格引用或函数计算所需要的其他信息。参数用圆括号“()”括起来。如：

AVERAGE(26, C2, A1:C1)

有 3 个参数，表示求 26、C2 中的数据、A1:C1 区域中的数据(3 个参数共 5 个数据)的平均值。

2) 函数的输入

按照输入公式的方法输入函数，但要注意正确使用函数名和参数。可以通过以下方式输入函数：

(1) 单击编辑栏中的“插入函数”按钮 fx，打开“插入函数”对话框，选择相应的函数及参数。

(2) 选择“公式”选项卡中的“插入函数”按钮，打开“插入函数”对话框，选择相应的函数及参数。

(3) 选择“公式”选项卡中的“函数库”选项组，单击相应函数按钮，在打开的对话框中输入正确的参数。

3) *常用函数介绍*

Excel 提供的函数包括财务函数、日期与时间函数、数学与三角函数、统计函数、查找与引用函数、数据库函数、文本函数、逻辑函数和信息函数等。下面介绍主要函数。

• SUM(参数 1，参数 2，……)

功能：求各参数的和。参数 1、参数 2 等参数可以是数值或含有数值的单元格引用。最多包含 30 个参数。

如：“=SUM(A2:A4)”表示求 A2、A3、A4 三个单元格数据之和。

• AVERAGE(参数 1、参数 2，……)

功能：求各参数的平均值。参数 1，参数 2 等参数可以是数值或含有数值的单元格引用。

如：“=AVERAGE(A2:A4)”表示求 A2、A3、A4 三个单元格数据的平均值。

• MAX(参数 1，参数 2，……)

功能：求各参数中的最大值。

如：“=MAX(A2:A4)”表示求 A2、A3、A4 三个单元格数据中的最大值。

• MIN(参数 1，参数 2，……)

功能：求各参数中的最小值。

如：“=MIN(A2:A4)”表示求 A2、A3、A4 三个单元格数据中的最小值。

• IF(参数 1，参数 2，参数 3)

说明：参数 1 是能产生逻辑值(TRUE 或 FALSE)的表达式，参数 2 和参数 3 是数据表达式。

功能：若参数 1 的结果为真(TRUE)，则取参数 2 的值；否则，取参数 3 的值。

如：“IF(6>5, 10, -10)”的结果取 10，“IF(5>6, 10, -10)”的结果取 –10。

IF 函数可以嵌套使用，最多可嵌套 7 层。例如，若 E2 中存放某学生的某科考试成绩，则其成绩的等级(A、B、C、D、F)可表示为：

=IF(E2>89, "A", IF(E2>79, "B", IF(E2>69, "C", IF(E2>59, "D","F"))))

- DATE(参数 1，参数 2，参数 3)

功能：根据给定的参数返回一个日期型数据。参数 1 为指定的年份数值(小于 9999)，参数 2 为指定的月份数值(可以大于 12)，参数 3 为指定的天数。

如：“=DATE(2003, 10, 5)”的结果显示出 2003-10-5。

- RANK(参数 1，参数 2，参数 3)

功能：返回某一数值在一列数值中相对于其他数值的排位。

说明：参数 1 代表需要排序的数值，参数 2 代表排序数值所处的单元格区域，参数 3 代表排序方式参数(如果为“0”或者忽略，则按降序排位；如果为非“0”值，则按升序排位)。参数 2 一般采用绝对引用形式，以正确复制函数。

如：“=RANK(J3, $J$3:$J$14, 0)”表示 J3 单元格中的数据在$J$3:$J$14 数据区域中的降序排位结果。

- TODAY()

功能：获取当前日期。

说明：本函数不需要参数。

- YEAR(参数)

功能：获取给定日期数据的年份值。

- DAY(参数)

功能：获取日期的天数。

- MONTH(参数)

功能：获取日期的月份。

- COUNTIF (参数 1，参数 2，……)

功能：计算某个区域中满足给定条件的单元格数目。

说明：参数 1 表示要计算其中非空单元格数目的区域，参数 2 表示以数字、表达式或文本形式定义的条件。

如：“=COUNTIF(I3:I14, <60)”表示求 I3:I14 数据区域中小于 60 的单元格个数。

- SUMIF (参数 1，参数 2，参数 3)

功能：对满足条件的单元格求和。

说明：参数 1 表示要进行计算的单元格区域，参数 2 表示以数字、表达式或文本形式定义的条件，参数 3 表示用于求和计算的实际单元格，如果省略，将使用参数 1

的单元格区域。

如：“=SUMIF(I3:I14, >=60)” 表示求 I3:I14 数据区域中大于等于 60 的数据的和。

综合练习

(1) 在桌面上创建一个名为 Excel 的文件夹，然后在 Excel 文件夹中创建“Excel 实验”工作簿。

(2) 在“Excel 实验”工作簿中新建一个新的工作表，在新建的工作表中录入图 4-29 所示数据。

	A	B	C	D	E	F	G
1	班级	学号	姓名	性别	平时成绩	考试成绩	总成绩
2	9101	91000013	黄小非	女	86	82	
3	9101	91000024	李欣	男	85	90	
4	9102	91000046	张光远	男	70	75	
5	9102	91000050	宋蔷	女	73	80	
6	9101	91000008	康敏	女	92	96	
7	9101	91000011	李小军	男	60	62	
8	9102	91000058	成坚	男	89	94	
9	9102	91000063	刘灵	女	79	81	
10	9103	91000087	王梦	女	65	70	
11	9103	91000090	许坚强	男	90	95	

图 4-29　数据录入

(3) 按公式“总成绩 = 平时成绩 × 15% + 考试成绩 × 85%”计算出每个学生的总成绩。

(4) 在第一行上方插入一行，合并单元格 A1～G1，输入标题“学生成绩表”，黑体，倾斜，字号为 20 磅，双下画线。

(5) 将所有字段名的字体设为楷体，12 磅，加粗，其余文字设为宋体，12 磅。数据全部为水平和垂直均居中对齐。

(6) 将 A～G 列均设为“最适合列宽”。

(7) 在 A13 单元格输入“统计”两字；在 B13 单元格利用 COUNT 函数，根据 B3:B12 中的学号统计人数；在 E13:G13 利用 AVERAGE 函数计算“平时成绩”“考试成绩”“总成绩”的平均分。

(8) 将第 13 行文字设为仿宋，12 磅，粗体，居中对齐(水平、垂直方向均居中)。

(9) 利用条件格式将总成绩列中的成绩小于 70 分的单元格设置为黑色底纹白色字体，大于 85 分的单元格设置为蓝色底纹白色字体。

(10) 在表格中最后一列的右边插入一列，输入字段名为“评定”。

(11) 利用 IF 函数将总成绩大于 85 分的设置为优秀，总成绩小于等于 85 分的设置为良好，将所得结果填充在“评定”列。

(12) 给表格加边框和底纹：外边框为粗线，内框线为细线，第一行的下边框和最后一行的上边框线为双线，最后一行添加底纹图案为 6.25%灰色。

(13) 将工作表名称改为“成绩登记”，然后将该工作表复制 3 份，分别改名为“图表操作”“分类汇总”“数据透视”。

(14) 按原文件名进行保存。

4.3　分析管理学生成绩报表

本部分内容按照前面任务给出的表格和数据进行案例分析和学习。

任务描述

根据前面任务所给出的表格，编辑每个学生的成绩。通过对成绩报表进行排序、筛选、分类汇总、数据透视表等操作，总结学生的成绩情况。

任务简析

使用 Excel 2016 中提供的数据排序功能、数据筛选功能、数据的分类汇总功能和合并计算功能，来实现任务要求的各项数据分析和统计要求。

通过“排序”对话框实现按关键字进行排序。

利用“自动筛选”筛选出前 5 名学生的记录。

利用“分类汇总”求出每个班级各自的最后得分的平均值。

利用“数据透视表”显示每个班级的成绩最后得分。

操作实现

为了体现出学生的成绩情况，需将表格进一步编辑，按照收集来的资料，进行如下工作：

(1) 打开 4.1 节完成的“专业比赛信息统计报表.xlsx”文件，选择 Sheet1(2)，如图 4-30 所示，建立工作表。

	A	B	C	D	E	F	G	H	I	J	K
1	才艺比赛成绩汇总表										
2											
3	学号	班级	姓名	Round1	Round2	Round3	Round4	Round5	Round6	Round7	最后得分
4	120203201	艺术121	李小龙	80	65	67	69	71	73	75	
5	120203202	艺术121	张丽娜	85	87	79	91	93	95	97	
6	120203203	艺术121	闫换	78	81	85	87	90	90	75	
7	120203204	艺术121	李丽	89	87	85	83	85	79	90	
8	120203205	艺术121	赵娜	92	89	86	83	82	86	88	
9	120203206	艺术121	王斌	63	59	58	59	60	61	62	
10	120203207	艺术121	田鹏	88	85	84	86	88	90	90	
11	120203208	艺术121	孙丽倩	96	95	94	91	92	91	96	
12	120203209	艺术121	白江涯	89	87	88	89	90	90	92	
13	120203210	艺术121	康忠	76	74	75	72	72	73	75	
14	120203211	艺术121	周静元	86	87	89	89	90	91	90	
15	120203212	艺术121	张晓丽	81	81	84	87	90	89	89	
16	120203213	艺术121	李朝	89	87	86	86	85	85	88	
17	120203214	艺术121	李秀杰	92	89	86	83	86	89	92	
18	120203215	艺术121	王海飞	61	65	63	66	60	61	62	
19	120203301	艺术122	栗少龙	92	90	84	86	88	90	92	
20	120203302	艺术122	孙瑜	92	90	94	93	92	95	90	
21	120203303	艺术122	孟梦	86	87	88	89	90	91	92	
22	120203304	艺术122	刘鑫	78	75	74	73	75	73	75	
23	120203305	艺术122	吴菲	96	95	94	93	93	95	97	
24	120203306	艺术122	肖超	87	92	92	94	94	93	96	
25	120203307	艺术122	赵艳青	89	87	85	83	81	79	77	
26	120203308	艺术122	李蓓蓓	92	89	86	88	89	92	90	
27	120203309	艺术122	袁洋	78	77	77	68	69	74	62	
28	120203310	艺术122	朱丽丽	88	86	84	86	88	90	92	
29	120203311	艺术122	武彩霞	92	92	92	93	92	91	90	
30	120203312	艺术122	张素静	89	87	88	89	90	91	92	

Sheet1 (3)　Sheet1 (2)　比赛报表

图 4-30　建立工作表

(2) 在 K3 单元格中输入“最后得分”，利用求和函数，计算每位同学的最后得分，如图 4-31 所示。

1	才艺比赛成绩汇总表										
2											
3	学号	班级	姓名	Round1	Round2	Round3	Round4	Round5	Round6	Round7	最后得分
4	120203201	艺术121	李小龙	80	65	67	69	71	73	75	500
5	120203202	艺术121	张丽娜	85	87	79	91	93	95	97	627
6	120203203	艺术121	闫换	78	81	85	87	90	90	75	586
7	120203204	艺术121	李丽	89	87	85	83	85	79	90	598
8	120203205	艺术121	赵娜	92	89	86	83	82	86	88	606
9	120203206	艺术121	王斌	63	59	58	59	60	61	62	422
10	120203207	艺术121	田鹏	88	85	84	86	88	90	90	611
11	120203208	艺术121	孙丽倩	96	95	94	91	92	91	96	655
12	120203209	艺术121	白江涯	89	87	88	89	90	90	92	625
13	120203210	艺术121	康忠	76	74	75	72	72	73	75	517
14	120203211	艺术121	周静元	86	87	89	89	90	91	90	622
15	120203212	艺术121	张晓丽	81	81	84	87	90	89	89	601
16	120203213	艺术121	李朝	89	87	86	86	85	85	88	606
17	120203214	艺术121	李秀杰	92	89	86	83	86	89	92	617
18	120203215	艺术121	王海飞	61	65	63	66	60	61	62	438
19	120203301	艺术122	栗少龙	92	90	84	86	88	90	92	622
20	120203302	艺术122	孙瑜	92	90	94	93	92	95	90	646
21	120203303	艺术122	孟梦	86	87	88	89	90	91	92	623
22	120203304	艺术122	刘鑫	78	75	74	73	75	73	75	523
23	120203305	艺术122	吴菲	96	95	94	93	93	95	97	663
24	120203306	艺术122	肖超	87	92	92	94	94	93	96	648
25	120203307	艺术122	赵艳青	89	87	85	83	81	79	77	581
26	120203308	艺术122	李蓓蓓	92	89	86	88	89	92	90	626
27	120203309	艺术122	袁洋	78	77	77	68	69	74	62	505
28	120203310	艺术122	朱丽丽	88	86	84	86	88	90	92	614
29	120203311	艺术122	武彩霞	92	92	92	93	92	91	90	642
30	120203312	艺术122	张素静	89	87	88	89	90	91	92	626
31	120203313	艺术122	马丽娟	63	65	67	69	68	66	65	463
32	120203501	艺术123	王占丽	90	95	94	96	95	95	96	661
33	120203502	艺术123	蒋倩	85	81	84	86	85	85	86	592
34	120203503	艺术123	智越	89	89	88	86	89	88	86	615
35	120203504	艺术123	孙佳	75	74	73	73	76	77	74	522
36	120203505	艺术123	田敬	65	61	62	63	62	61	62	436
37	120203506	艺术123	李康康	80	82	83	82	81	80	79	567
38	120203507	艺术123	刘静坤	96	95	94	93	92	91	90	651
39	120203508	艺术123	费佣项	86	87	88	89	90	91	92	623
40	120203509	艺术123	李茂然	78	81	84	87	90	93	96	609
41	120203510	艺术123	周曙光	89	87	86	86	87	88	88	611

比赛报表　Sheet1 (2)　Sheet1 (3)

图 4-31　统计年销售总额

(3) 完成数据的排序，主要关键字设置为“班级”，升序排序，次要关键字设置为“最后得分”，降序排序。选择“数据”选项卡中的“排序和筛选”选项组，单击“排序”命令，打开“排序”对话框，在对话框中的“主要关键字”中选定“班级”，并选中“次序”列的“升序”选项；单击“添加条件”按钮，在“次要关键字”中选定“最后得分”，并选中“次序”列的“降序”选项，如图 4-32 所示，单击“确定”按钮。

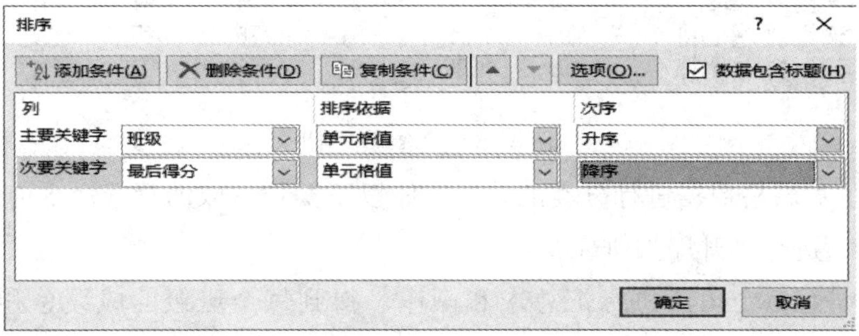

图 4-32　排序条件

(4) 对表格数据进行自动筛选操作。选择表格数据区域 A3:K44，单击“数据”选项卡中的“筛选”按钮，各字段名右侧出现下拉按钮，如图 4-33 所示。单击“班级”单元格的箭头，选择“艺术 122”，则数据表表示如图 4-34 所示。

1	才艺比赛成绩汇总表										
2											
3	学号	班级	姓名	Round1	Round2	Round3	Round4	Round5	Round6	Round7	最后得
4	120203201	艺术121	李小龙	80	65	67	69	71	73	75	500
5	120203202	艺术121	张丽娜	85	87	79	91	93	95	97	627
6	120203203	艺术121	闫换	78	81	85	87	90	90	75	586
7	120203204	艺术121	李丽	89	87	85	83	85	79	90	598
8	120203205	艺术121	赵娜	92	89	86	83	82	86	88	606
9	120203206	艺术121	王斌	63	59	58	59	60	61	62	422
10	120203207	艺术121	田鹏	88	85	84	86	88	90	90	611
11	120203208	艺术121	孙丽倩	96	95	94	91	92	91	96	655
12	120203209	艺术121	白汀涯	89	87	88	89	90	90	92	625
13	120203210	艺术121	康忠	76	74	75	72	72	73	75	517

图 4-33　单击筛选按钮后效果

1	才艺比赛成绩汇总表										
2											
3	学号	班级	姓名	Round1	Round2	Round3	Round4	Round5	Round6	Round7	最后得
19	120203301	艺术122	栗少龙	92	90	84	86	88	90	92	622
20	120203302	艺术122	孙瑜	92	90	94	93	92	95	90	646
21	120203303	艺术122	孟梦	86	87	88	89	90	91	92	623
22	120203304	艺术122	刘鑫	78	75	74	73	75	73	75	523
23	120203305	艺术122	吴菲	96	95	94	93	93	95	97	663
24	120203306	艺术122	肖超	87	92	92	94	94	93	96	648
25	120203307	艺术122	赵艳青	89	87	85	83	81	79	77	581
26	120203308	艺术122	李蓓蓓	92	89	86	88	89	92	90	626
27	120203309	艺术122	袁洋	78	77	77	68	69	74	62	505
28	120203310	艺术122	朱丽丽	88	86	84	86	88	90	92	614
29	120203311	艺术122	武彩霞	92	92	92	93	92	91	90	642
30	120203312	艺术122	张素静	89	87	88	89	90	91	92	626
31	120203313	艺术122	马丽娟	63	65	67	69	68	66	65	463

图 4-34　自动筛选“艺术 122”

(5) 进一步进行筛选。筛选出前 5 名学生的“最后得分”，如图 4-35 所示。

1	才艺比赛成绩汇总表										
2											
3	学号	班级	姓名	Round1	Round2	Round3	Round4	Round5	Round6	Round7	最后得
11	120203208	艺术121	孙丽倩	96	95	94	91	92	91	96	655
23	120203305	艺术122	吴菲	96	95	94	93	93	95	97	663
24	120203306	艺术122	肖超	87	92	92	94	94	93	96	648
32	120203501	艺术123	王占丽	90	95	94	96	95	95	96	661
38	120203507	艺术123	刘静坤	96	95	94	93	92	91	90	651

图 4-35 筛选选项结果

(6) 为了对表格数据进行分类汇总，需做以下操作：取消筛选命令前的勾选状态，然后对班级列进行“升序”排序。

(7) 分别对每个班级进行汇总求和操作，得到每个班级的成绩总和。选择“数据”选项卡中的“分类汇总”，将“分类字段”设置为“班级”，“汇总方式”设置为“求和”，“选定汇总项”设置为“合计”，完成后单击“确定”按钮，汇总结果如图 4-36 所示。

1	才艺比赛成绩汇总表										
2											
3	学号	班级	姓名	Round1	Round2	Round3	Round4	Round5	Round6	Round7	最后得分
4	120203201	艺术121	李小龙	80	65	67	69	71	73	75	500
5	120203202	艺术121	张丽娜	85	87	79	91	93	95	97	627
6	120203203	艺术121	闫换	78	81	85	87	90	90	75	586
7	120203204	艺术121	李丽	89	87	85	83	85	79	90	598
8	120203205	艺术121	赵娜	92	89	86	83	82	86	88	606
9	120203206	艺术121	王斌	63	59	58	59	60	61	62	422
10	120203207	艺术121	田鹏	88	85	84	86	88	90	90	611
11	120203208	艺术121	孙丽倩	96	95	94	91	92	91	96	655
12	120203209	艺术121	白江涯	89	87	88	89	90	90	92	625
13	120203210	艺术121	康忠	76	74	75	72	72	73	75	517
14	120203211	艺术121	周静云	86	87	89	89	90	91	90	622
15	120203212	艺术121	张晓丽	81	81	84	87	90	89	89	601
16	120203213	艺术121	李朝	89	87	86	86	85	85	88	606
17	120203214	艺术121	李秀杰	92	89	86	83	86	89	92	617
18	120203215	艺术121	王海飞	61	65	63	66	60	61	62	438
19		**艺术121**	**汇总**								8631
20	120203301	艺术122	栗少龙	92	90	84	86	88	90	92	622
21	120203302	艺术122	孙瑜	92	90	94	93	92	95	90	646
22	120203303	艺术122	孟梦	86	87	88	89	90	91	92	623
23	120203304	艺术122	刘鑫	78	75	74	73	75	73	75	523
24	120203305	艺术122	吴菲	96	95	94	93	93	95	97	663
25	120203306	艺术122	肖超	87	92	92	94	94	93	96	648
26	120203307	艺术122	赵艳青	89	87	85	83	81	79	77	581
27	120203308	艺术122	李蓓蓓	92	89	86	88	89	92	90	626
28	120203309	艺术122	袁洋	78	77	77	68	69	74	62	505
29	120203310	艺术122	朱丽丽	88	86	84	86	88	90	92	614
30	120203311	艺术122	武彩霞	92	92	92	93	92	91	90	642
31	120203312	艺术122	张素静	89	87	88	89	90	91	92	626
32	120203313	艺术122	马丽娟	63	65	67	69	68	66	65	463
33		**艺术122**	**汇总**								7782

图 4-36 汇总结果

(8) 用数据透视表显示每个班级的最后得分情况。选择“插入”选项卡中的“数据透视表”，选择相应的数据区域以及创建数据透视表的区域，如图 4-37 所示。通过添加数据透视表字段列表创建相应的数据透视表，如图 4-38 所示。

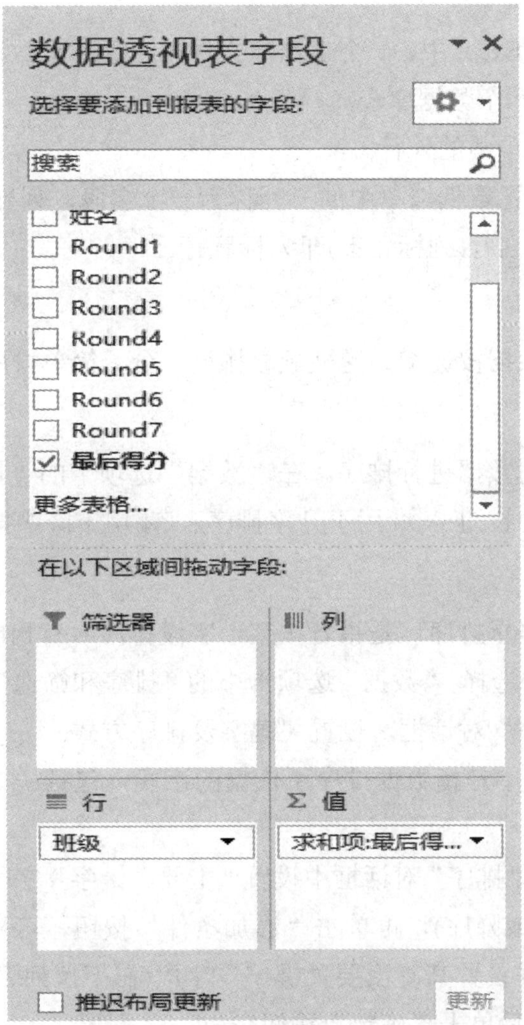

图 4-37　数据透视表字段列表

行标签	求和项:最后得分
艺术121	8631
艺术122	7782
艺术123	7568
总计	**23981**

图 4-38　数据透视表

(9) 保存工作簿文件。

必备知识

1. 基本概念

(1) 数据清单：在 Excel 中，一个工作簿文件相当于一个数据库，一张数据清单(存放在工作表中)相当于一个数据库表。

(2) 记录：数据清单中的一行。

(3) 字段与字段名：数据清单中的一列称为一个字段，列标题即为字段名。

(4) 标题行：字段名行(列标题行)即为标题行。

2. 数据的排序

数据的排序指将数据按递增或递减顺序排列，分为简单排序和复杂排序两种。

1) 简单排序

根据指定的字段对数据进行排序。在“数据”选项卡的“排序和筛选”选项组中有两个用于简单排序的按钮：A↓Z 用于升序排序，Z↓A 用于降序排序。

2) 复杂排序

复杂排序也称为多重排序，是指若按某一字段排序时有相同的记录值，则应当依据其他字段进行排序。选择 “数据”选项卡中的“排序和筛选”选项组，单击“排序”命令，即可弹出“排序”对话框，设置关键字及排序方式。

(1) 关键字。关键字是指数据排序所依据的字段，包括一个主要关键字和多个次要关键字。

(2) 设置方法。在“排序”对话框中设置“主要关键字”字段(在下拉列表中选取)、排序依据和次序(升序或降序)，再单击“添加条件”按钮，可根据需要增加一个或多个次要关键字条件，并设置其“次要关键字”字段(在下拉列表中选取)、排序依据和次序(升序或降序)，最后单击“确定”按钮完成。

3. 数据的筛选

Excel 2016 的筛选功能是指设置一个或几个条件，只显示出符合筛选条件的记录，隐藏不符合筛选条件的记录。Excel 有两种筛选方法，即自动筛选和高级筛选。

1) 自动筛选

功能：对数据清单中的数据实现按单列(字段)的各种条件筛选，也可以实现多列(字段)间的“与”条件筛选。

方法：将活动单元格定位到数据清单任意处，单击“数据”选项卡中的“排序和筛选”选项组，单击“筛选”按钮 筛选，各字段名右侧将出现下拉按钮，单击相应字段

(列)的下拉按钮，选择并设置筛选条件(设置某些条件时会出现对话框，需要在对话框中进行设置)，最后单击“确定”按钮完成。

注意：

① 自动筛选的结果只能在原数据清单的数据区域显示，不符合筛选条件的记录(行)会被隐藏。

② 在同一字段内部，可以使用按值或其他条件筛选，但对于不同类型的数据(如文本型、数值型、日期型等)，系统提供的条件类型也不一样。

③ 对于多个字段的筛选，系统完成的只能是“逻辑与”关系的筛选结果，即在前一个字段筛选结果的基础上，再按照第二个(或者更多)字段的条件进行筛选。

④ 进入自动筛选状态后，再一次单击“筛选”按钮，可以取消自动筛选状态，恢复为平时状态。

⑤ 完成自动筛选操作并出现筛选结果后，可以单击“清除”按钮，清除筛选结果，恢复到所有原始数据状态，但仍然会保持自动筛选状态。

2) 高级筛选

功能：完成按指定条件的筛选。其中条件可以是一个字段的“与”或“或”条件，也可以是多个字段间的“与”或“或”条件。

方法：将活动单元格定位到数据清单任意处，单击“数据”选项卡中的“排序和筛选”选项组，单击“高级”按钮，打开“高级筛选”对话框，设置“列表区域”(即筛选范围)、“条件区域”和“复制到”(根据需要)选项，最后单击“确定”按钮完成。

注意：

① 高级筛选可以将筛选结果复制到其他位置显示，在“复制到”选项处设置目标位置的单元格引用。

② 可以选择不输出重复记录。

③ 要有独立的条件区域，该区域一般要与数据清单隔开一行或一列，且条件区域的标题行中的字段名必须与数据清单中的字段名相同，否则筛选结果将会出错(与实际不符，或无结果)。

④ 对于条件值，同一行的多个条件值是“与”的关系，不同行的条件值是“或”的关系。

⑤ 要实现对同一个字段(列)的与条件，必须将该字段名在条件区域的标题行中写两次。

高级筛选的条件是在工作表的某区域中给定的，因此在使用高级筛选之前必须建立一个条件区域。条件区域至少包括两行：第一行指定字段名称，称为条件标志行；其余行设置对于该字段的筛选条件。

3) 条件设置方法范例如下：

(1) 表示“不等”的情况。

① 数值型。

英语>80，或者总分>300：

大学英语	总分
>80	
	>300

总分在 360～420 分之间。

总分	总分
>=360	<=420

② 字符型。

姓名不为秦华：

姓名
<>秦华

加引号不正确：

姓名
<>“秦华”

(2) 表示“相等”的情况。

姓名为秦华：

姓名
秦华

英语为 80 分：

英语
80

(3) 表示“包含”的情况。

姓秦的所有记录：

姓名
秦*

(4) 表示复合条件的情况。

软 1 班的男生或软 2 班的女生：

班级	性别
软 1	男
软 2	女

完成条件编写后，选择“数据”选项卡中的“排序和筛选”选项组，单击“高级”命令，弹出“高级筛选”对话框，选择筛选方式或其他选项后，按“确定”按钮进行筛选，如图 4-39 所示。

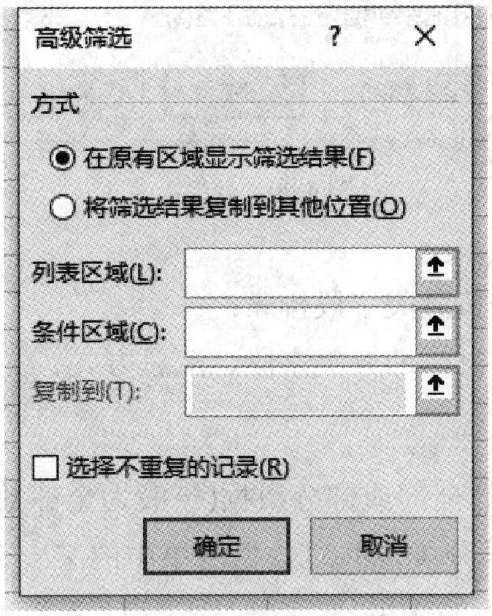

图 4-39　高级筛选

4. 数据的分类汇总

功能：对数据清单中的全部或部分数据(一般为全部数据)，根据一个字段(分类关键字)进行分类，并对数据清单中的某一个或多个字段进行相应的统计，起到数据分析的作用。

方法：按分类字段对数据清单进行排序，将活动单元格定位在数据清单任意处(如果是部分数据，则直接选中需要的数据，但必须包含标题行，且必须连续)，单击“数据”选项卡“分级显示”选项组中的“分类汇总”按钮，打开“分类汇总”对话框，如图 4-40 所示。设置“分类字段”(下拉列表中选择)、“汇总方式”(下拉列表中选择)

和“选定汇总项”(列表框中选择)，单击“确定”按钮完成。

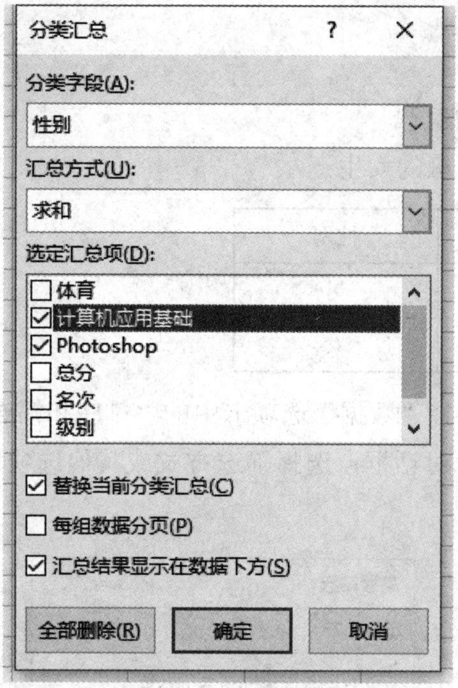

图 4-40　分类汇总

注意：

① 在做汇总前必须先按分类字段排序；

② 一定要分清三个信息，即分类字段、汇总方式、汇总项。

5. 数据透视表

功能：对数据清单中的全部或部分数据(一般为全部数据)，根据两个或两个以上字段(分类关键字)进行多维分类，并对数据清单中的某一个或多个字段进行相应的统计，起到多维度的数据分析的作用。

方法：将活动单元格定位到数据清单中(如果是部分数据，则需选中)，单击“插入”选项卡“表”选项组中的“数据透视表”按钮(也可单击该按钮的下拉菜单中的“数据透视表”命令项)，打开“创建数据透视表”对话框，设置“表/区域”(即数据源)并选择放置数据透视表的位置，单击“确定”按钮，生成空透视表并同时打开“数据透视表字段列表”对话框，设置“报表筛选”“行标签”“列标签”和“数值”四项信息(可直接拖取字段)，完成透视表。

注意：

① 对于“数值”项，文本型字段自动为计数方式，数值型字段自动为求和方式。

② 改变汇总方式，可直接双击透视表中的“数值”字段(也可先选中“数值”字

段，然后单击“数据透视表”的“选项”选项卡中的“活动字段”选项组中的“字段设置”按钮 (字段设置)，从而打开“值字段设置”对话框，从中选择相应的汇总方式。同时，在该对话框中还可以设置“值显示方式”和“数字格式”。

综合练习

创建一个新的工作簿，并在 Sheet1 工作表中建立如图 4-41 所示的成绩数据表，并对 Sheet1 重命名为“成绩表”。

	A	B	C	D	E	F	G	H	I	J
1	班级编号	学号	姓名	性别	语文	数学	英语	物理	化学	总分
2	01	100011	鄢小武	男	583	543	664	618	569	2977
3	01	100012	江旧强	男	466	591	511	671	569	2808
4	01	100013	廖大标	男	591	559	581	635	563	2929
5	01	100014	黄成	男	534	564	625	548	541	2812
6	01	100015	程新	女	591	485	476	633	575	2760
7	01	100016	叶武良	男	632	485	548	566	569	2800
8	01	100017	林文建	男	649	499	523	579	541	2791
9	01	200025	艾日文	男	496	538	553	528	652	2767
10	01	200026	张小杰	男	457	567	678	445	555	2702
11	01	200027	张大华	男	519	596	480	596	625	2816
12	01	200028	韩文渊	男	575	596	585	580	541	2877
13	01	200029	赵完晨	女	551	523	625	569	541	2809
14	01	200030	林明旺	男	527	559	532	538	662	2818
15	01	300043	张文琰	女	599	618	562	477	531	2787
16	01	300044	张清清	女	466	570	595	566	546	2743
17	01	300045	邱伟文	男	608	467	585	566	494	2720
18	01	300046	陈飞红	女	551	533	677	593	531	2885
19	01	300047	黄娜	女	496	570	620	538	582	2806
20	01	300048	王许延	男	527	559	562	593	588	2829
21	01	300049	陈芹	女	644	570	515	535	588	2852

图 4-41　成绩表

具体操作如下：

(1) 将学号中以“2”开头的所有学生的班级编号改为“02”，学号中以“3”开头的所有学生的班级编号改为“03”。

(2) 在学号为“200028”的记录之前插入一条新记录，内容如下：

班级编号	学号	姓名	性别	语文	数学	英语	物理	化学	总分
02	200024	吴生明	男	551	514	562	604	575	2806

(3) 在数据表的最后面追加一条新记录，内容如下：

班级编号	学号	姓名	性别	语文	数学	英语	物理	化学	总分
03	300050	陈明明	男	534	575	571	579	536	2795

(4) 将学号为“200027”，姓名为“张大华”的记录删除。

(5) 对该成绩数据表按“语文成绩”从高到低排列，若语文相同，则按“数学成绩”从高到低排列。

(6) 将该“成绩表”复制到 Sheet2 中，将 Sheet2 重命名为“排序”，然后撤销“成绩表”中的排序操作。

(7) 在本工作簿的最后面插入 4 张新工作表。

(8) 在“成绩表”中，筛选出性别为“女”的记录，并将筛选结果复制到 Sheet3 中，“成绩表”取消筛选操作。

(9) 在“成绩表”中筛选出语文成绩为 591 或 551 的记录，并将筛选后的结果复制到 Sheet4 中，“成绩表”取消筛选操作。

(10) 在“成绩表”中筛选出性别为“女”且语文成绩大于 591 的记录，并将筛选结果复制到 Sheet5 中，“成绩表”取消筛选操作。

(11) 在“成绩表”中，按班级汇总各班级各门功课的平均成绩，并将汇总后的内容复制到 Sheet6 中，“成绩表”取消分类汇总操作。

(12) 在“成绩表”中建立一张数据透视表，要求按班级编号分类，统计各科成绩男女生的平均分。

4.4　制作与打印成绩图表

Excel 2016 中的图表可以生动地说明数据报表中数据的内涵，形象地展示数据间的关系，直观清晰地表达数据的处理分析情况。

任务描述

张峰利用 Excel 提供的图表功能制作成绩图，可以更加生动、直观地显示成绩数据间的差异，从而能更快速、简洁地说明成绩问题。当然，图表生成后还要经过编辑和修饰，才能使整个图表的内容更加丰富，画面更加漂亮。另外，张峰要给老师汇报成绩情况，还少不了最后一道工序——图表的打印输出。

任务简析

要想完成本工作任务，需要进行以下操作：

(1) 创建图表。Excel 2016 内置了大量图表类型，所以要根据需要选择不同类型的图表。

(2) 设计和编辑图表。为了使图表更加立体、直观，一般都要对图表进行二次修改和美化。

操作实现

要完成成绩图表的制作、编辑、格式化与打印输出，可参照下列方法和步骤进行操作：

(1) 了解所制作成绩图的目的与制图所需的数据及图表所包含的元素构成。

(2) 在成绩报表中选择制表所需的数据源 A3:K44。

(3) 创建图表。选择“插入”选项卡中的“图表”选项组，单击“三维簇状柱形图”按钮。

(4) 设置在右侧显示图例。选择“图表布局”选项卡，单击“布局 9”按钮。

(5) 设置图表标题。双击 “图表标题”按钮，在生成的文本框中输入图表标题“学生成绩图”。

(6) 设置坐标轴标题。在生成的文本框中输入横坐标轴标题“班级”，纵坐标轴标题 “成绩”，设置坐标轴标题格式，文字方向为竖排。效果如图 4-42 所示。

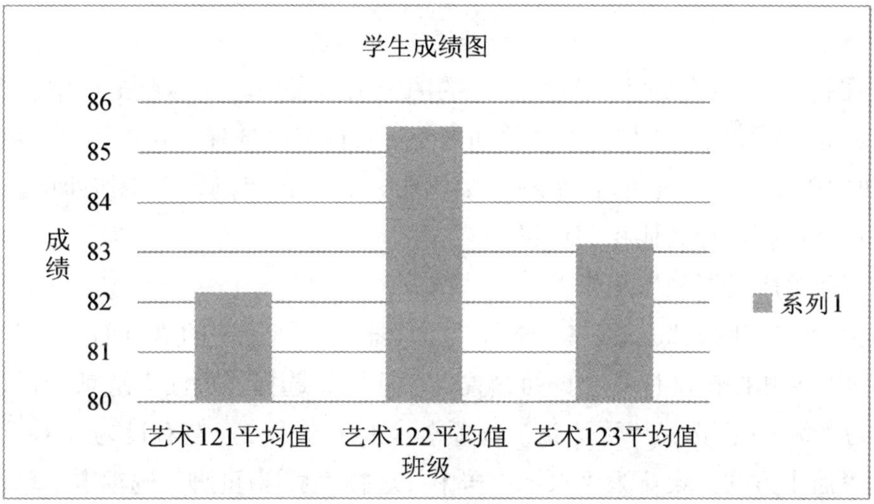

图 4-42 设置后的效果

(7) 设置绘图区的填充效果。右键单击绘图区，在快捷列表中选择“设置图表区域格式”命令，在打开的“设置图表区格式”对话框中，设置“填充”“边框”等选项，设置窗口如图 4-43 所示。

(8) 文字格式化设置。首先用鼠标选择相应的对象，然后选择“开始”选项卡中的“字体”选项组中的相应命令设置即可。

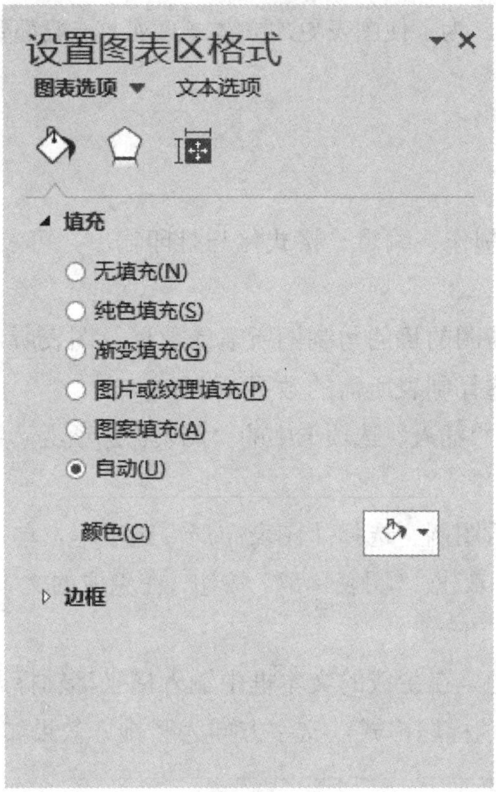

图 4-43 设置图表区格式

(9) 将图表移动到名为“成绩图表”的图表工作表中。鼠标单击选中图表，然后选择“移动图表”按钮，在打开的“移动图表”对话框中选择“新工作表”单选按钮，并在文本框中输入新工作表的名称为“成绩图表”，单击“确定”按钮即可。

(10) 根据需要进行其他相关设置。

(11) 打印“成绩图表”工作表。

① 选中“成绩图表”工作表，选择“页面布局”菜单下的“页面设置”选项组，单击右下角的展开按钮，打开“页面设置”对话框。选择“页面”选项卡，设置打印“方向”为“纵向”；选择“页边距”选项卡，上下设为 2，左右设为 1.8，页眉、页脚设为 1，“居中方式”设置为“水平”居中；选择“页眉/页脚”选项卡，单击“自定义页眉”按钮，设置页眉为“成绩报表”居中显示，单击“页脚”下拉列表框，设置页脚为系统默认的当前页号，页号样式为“第 1 页，共？页”。设置完毕后单击“确定”按钮，再单击“打印”按钮即可。

② 选中“成绩图表”工作表，选择“页面布局”菜单下的“页面设置”选项组，单击右下角的展开按钮，打开“页面设置”对话框。选择“页面”选项卡，设置打印方向为“横向”，其他选项都选用默认值。设置完毕后单击“确定”按钮，再单击“打印”按钮即可。

必备知识

1. 基本概念

1) 图表

图表将数据用图形表示出来，即将数据可视化。图表方式直观、简洁，便于进行数据分析以及比较数据之间的差异。图表一般包括图表区、绘图区、图例、垂直(值)轴、垂直(值)轴标题、水平(类别)轴、水平(类别)轴标题、图表标题、系列(数据系统)等。

2) 数据系列

数据系列又称分类，是一系列相关数据的集合，用于指定数据的组织方式。数据系列是工作表中的一行或一列数据。

(1) 在图表上数据系列以不同的颜色和图案来区别，相同颜色的数据属于同一系列。

(2) 在同一工作表上可以绘制一个及一个以上的数据系列，但饼图只能有一种数据系列。

(3) 选中“行”选项，表示数据按行组织，每行是一个序列，在图中以不同的颜色表示；数据区域最左列(也可指定多列)的每一项作为图表序列标志放在图例中。

(4) 选中“列”选项，表示数据按列组织，每列是一个序列，在图中以不同的颜色表示；数据区域最上面一行(也可指定多行)的每一项作为图表序列标志放在图例中。

3) 坐标轴

(1) 在二维图表中，X 为水平轴，Y 为垂直轴。

(2) 在三维图表中，X 轴为图表底面的长，Y 轴为图表底面的宽，Z 轴为垂直面。

(3) 对大多数图表来说，数值沿 Y 轴绘制，而数据分类点沿 X 轴绘制。

4) 图例

图例包括图例项和图例项标识。

(1) “图例项”是对数据系列的说明。

(2) “图表项标识”显示出图表中相应数据系列的图案和颜色。

2. 常见图表的类型、使用方法以及分类

1) 常见图表的类型

Excel 2016 系统提供了大量的图表类型，每种类型又提供了若干子类型。这些图

表类型可分为二维图表和三维图表两大类。其中，二维图表包括柱形图、条形图、面积图、折线图、饼图、圆环图、雷达图和 X-Y 散点图；三维图表包括曲面图、气泡图、股价图、圆柱图、圆锥图和棱锥图等。

2) 常用图表的使用方法

(1) 柱形图通常用来比较数据之间的差异情形。

(2) 条形图和柱形图作用相似，只是状态是横向的，可表示在给定的时间点的值。

(3) 折线图可显示数据系列之间的连续关系，可直观地反映数值随时间的变化趋势。

(4) 饼图以在圆形图中所占面积的方式来分析每个数据点所占数据系列总和的比例，可用于反映具有比重关系的数据。

3) 图表的分类

按照图表与相关数据之间的关系可将图表分为嵌入式图表和图表工作表两种，可在图表向导的最后一步选择确定。

(1) 嵌入式图表。嵌入式图表指在为图表提供数据的同一个工作表中建立的图表。

(2) 图表工作表。图表工作表指图表没有保存在提供数据的工作表中，而是保存在专门的一张图表工作表中，默认为 Chart 1，主要用于图表和数据需要分开显示和打印的场合。

3. 创建图表

创建图表有以下两种方式：

(1) 先选数据，直接创建。

选择用于创建图表的数据区域(按住 Ctrl 键可选择不连续的数据区域)，再选择“插入”选项卡的“图表”选项组中相应的图表按钮，单击“确定”按钮完成。

(2) 先插入空图表，再进行数据系统和分类数据的添加。

在“插入”选项卡的“图表”选项组中选择合适的图表类型并确定插入(此时为空图表，仅有图表区)，然后右击空图表区，在快捷菜单中选择“选择数据”项，打开对话框(或者从“图表工具”的“设计”选项卡中的“数据”选项组中单击“选择数据”按钮 选择数据)，在左侧单击“添加”按钮，并设置系列的标题和数据，单击右侧的“编辑”按钮，设置分类数据(X 轴的值)，最后单击“确定”按钮完成。

注意：

生成图表必须有数据源，这些数据要求以列或行的方式存放在工作表的一个区域中。若以列的方式排列，通常要以区域的第一列数据作为 X 轴的数据(分类轴数据)；若以行的方式排列，则要求区域的第一行数据作为 X 轴的数据。

4. 编辑图表

编辑图表包括图表的移动、复制、缩放和删除，改变图表类型等。单击图表，菜单栏中自动添加了“设计”和“格式”两个选项卡。

1) 图表的复制、缩放和删除

单击图表区中的任何位置，图表处于选中状态，若在按下 Ctrl 键时拖动图表，可复制图表；拖动图表边框可对图表进行缩放；按 Del 键可删除该图表。

2) 更改图表的类型

选中图表，右击空白处，在快捷菜单中选择“更改图表类型”选项(也可以在功能区单击“图表工具”的“设计”选项卡中的“类型”选项组的“更改图表类型”按钮)，打开“更改图表类型”对话框，在此选择合适的类型，最后单击“确定”按钮完成。

3) 更改数据源

选中图表，右击空白处，在快捷菜单中选择“选择数据”选项(也可以在功能区单击“图表工具”的“设计”选项卡中的“数据”选项组的“选择数据”按钮)，打开“选择数据”对话框，在此设置数据系列和分类，最后单击“确定”按钮完成。

4) 更改图表的位置

选中图表，右击空白处，在快捷菜单中选择“移动图表”选项(也可以在功能区单击“图表工具”的“设计”选项卡中的“位置”选项组的“移动图表”按钮)，打开“移动图表”对话框，在此设置新的位置，最后单击“确定”按钮完成。

5) 图表标题和坐标轴标题

选中图表，右键单击“图表标题”，在菜单中选择相应的命令项即可。

6) 图例

选中图表，右键单击“图例项”，在菜单中选择相应的命令项即可。

7) 数据标签

选中图表，单击“添加图表元素”中的 “数据标签”按钮，再选择相应的命令项即可。

8) 坐标轴与网格线

选中图表，单击“添加图表元素”中的“坐标轴”选项组的“坐标轴”/“网格线”按钮，再选择相应的命令项即可。

9) 图表格式的设置

选中图表，选择“图表工具”的“格式”选项卡，单击“设置所选内容格式”按钮

，打开“设置格式”对话框，进行各种格式的设置。

注意：

① 右击图表元素或双击，也会打开“设置格式”对话框；

② 若只是对字体、字形、字号及颜色等进行设置，可选中图表后，在“开始”选项卡中的“字体”选项组进行设置。

5. 工作表及图表的打印输出

建立工作表和图表后，可以将其打印出来。一般的操作方法与步骤是先要进行页面设置，然后是打印预览，最后才打印输出。

1) 工作表的打印输出

(1) 工作表的页面设置。打印工作表前，需要对工作表进行页面设置。选择 “页面布局”选项卡中的“页面设置”选项组中的相关命令；也可以单击“页面布局”选项卡中“页面设置”选项组右下角的“扩展”按钮，弹出“页面设置”对话框，如图4-44 所示。“页面设置”对话框包括“页面”“页边距”“页眉/页脚”和“工作表”选项卡，可以对页面、页边距、页眉/页脚和工作表进行设置。

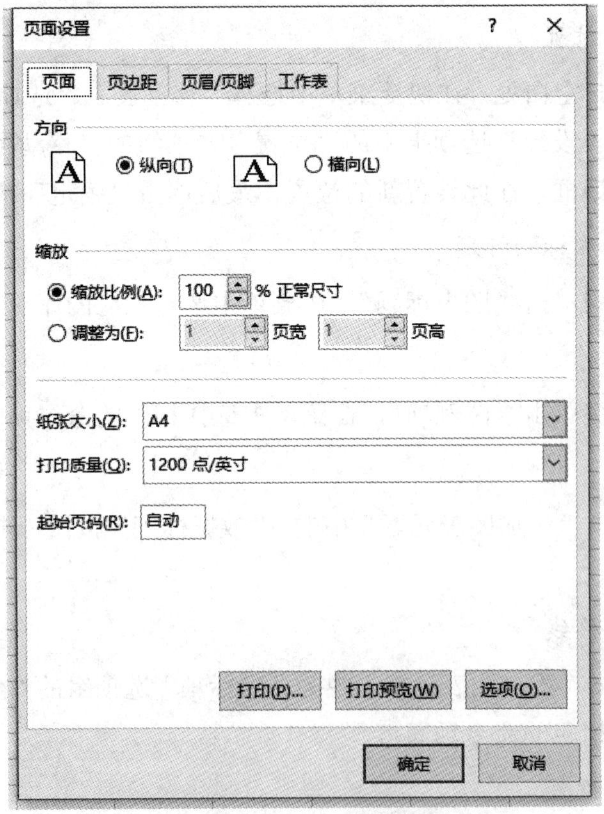

图 4-44 “页面设置”对话框

(2) 工作表的打印预览。页面设置完毕后，可在“页面设置”对话框的任意选项卡中单击“打印预览”按钮(也可以单击“文件”菜单→“打印”命令)，可在显示器右侧预览工作表将来打印出来的大致样子，如发现不合适，在预览模式下可进行调整，重新进行页面设置，直到满意后再打印。

(3) 设置打印机和打印。选择菜单“文件”中的“打印”命令，可在显示器左侧进行打印机设置，包括添加打印机、属性设置、选择打印范围(全部或指定页数)、选择打印内容(选定区域、选定工作表或整个工作簿)、打印份数等，如图 4-45 所示。单击“打印”按钮开始打印。

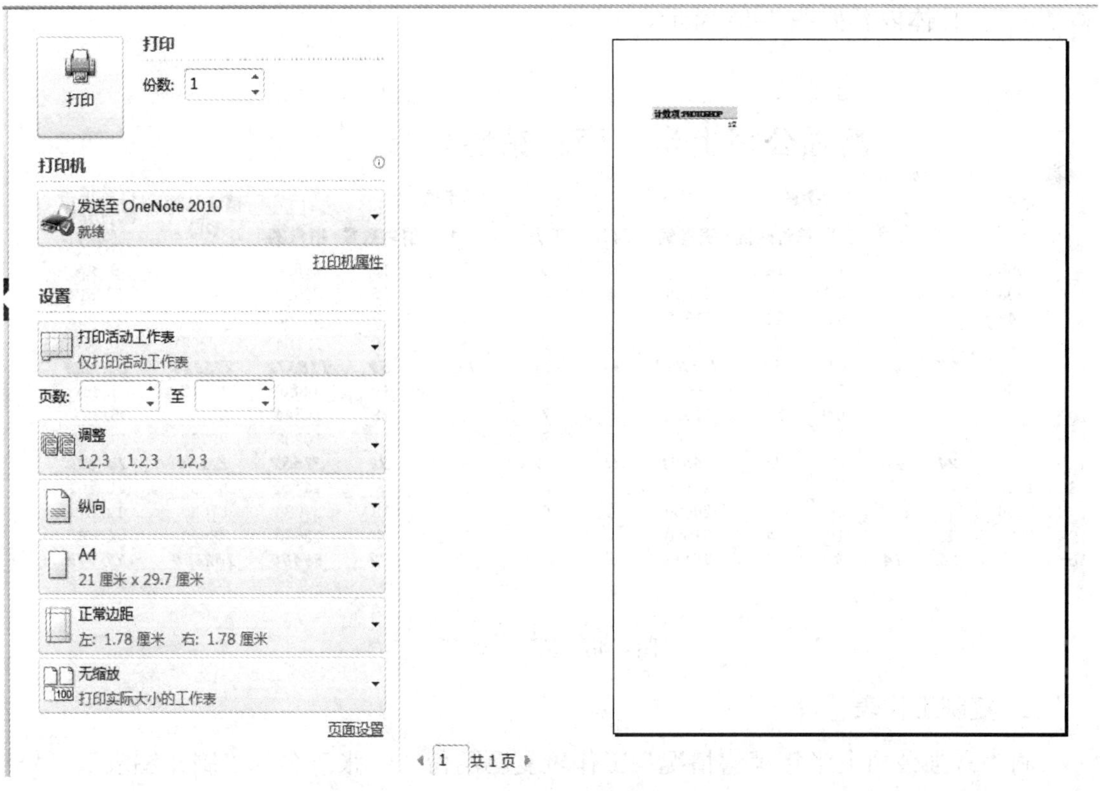

图 4-45　打印设置

2) 图表的打印输出

图表的打印输出与工作表的打印输出相似。

(1) 内嵌式图表的打印输出有两种情况：一种情况是同时打印工作表及内嵌的图表；另一种情况是只打印图表而不打印工作表，这种情况需要先选中图表再进行预览操作。

注意：

若选中除图表外的其他任意单元格或单元格区域再进行预览操作，则可同时预览工作表及其内嵌图表。

(2) 图表工作表的打印输出。图表工作表即独立式图表，由于其建立在单独的工作表中，图表与数据工作表是分开预览和打印的。

综合练习

1. 实验准备

在桌面创建“Excel 图表实验”工作簿，并将 Sheet1 命名为“富强公司上半年销售情况”，具体内容如图 4-46 所示。

	D	E	F	G	H	I	J	K	L	M	N	O	P
1	富强公司上半年商品销售表												
2	单价（元）	一季度					二季度					销售总额（元）	占总销售额百分比（%）
3		正月	二月	三月	销售数量	销售额	四月	五月	六月	销售数量	销售额		
4	1668	9	4	1	14	23352	4	6	3	13	21684	45036	9.38%
5	1908	8	7	3	18	34344	4	8	4	16	30528	64872	13.51%
6	2148	10	10	4	24	51552	7	9	6	22	47256	98808	20.58%
7	2388	0	6	2	8	19104	2	2	4	8	19104	38208	7.96%
8		***27***	***27***	***10***	***64***	***128352***	***17***	***25***	***17***	***59***	***118572***	***246924***	***51.42%***
9	688	8	5	1	14	9632	6	2	2	10	6880	16512	3.44%
10	808	6	8	0	14	11312	5	7	6	18	14544	25856	5.38%
11	928	10	9	1	20	18560	5	6	0	11	10208	28768	5.99%
12		***24***	***22***	***2***	***48***	***39504***	***16***	***15***	***8***	***39***	***31632***	***71136***	***14.81%***
13	1840	10	7	7	24	44160	2	3	3	8	14720	58880	12.26%
14	2060	8	2	0	10	20600	4	6	8	18	37080	57680	12.01%
15	2280	8	5	1	14	31920	1	4	1	6	13680	45600	9.50%
16		***26***	***14***	***8***	***48***	***96680***	***7***	***13***	***12***	***32***	***65480***	***162160***	***33.77%***
17													

图 4-46　新建工作簿

2. 复制工作表

将“富强公司上半年销售情况”工作表复制两份，一张改名为“制作图表”，另一张改名为“圆环与饼图”。

3. 制作柱形图表

在“制作图表”工作表中，根据富强公司一季度和二季度彩电、洗衣机的销售数量，创建如图 4-47 所示的柱形图表。

创建图表的具体要求是：

(1) 图表标题为“富强公司上半年彩电、洗衣机销售图表”；X 轴标题为“家电类型”，Y 轴标题为“数量”。

(2) 图例位于图表底部。

(3) 数据标志显示值。

(4) 显示带图例项标识的数据表。

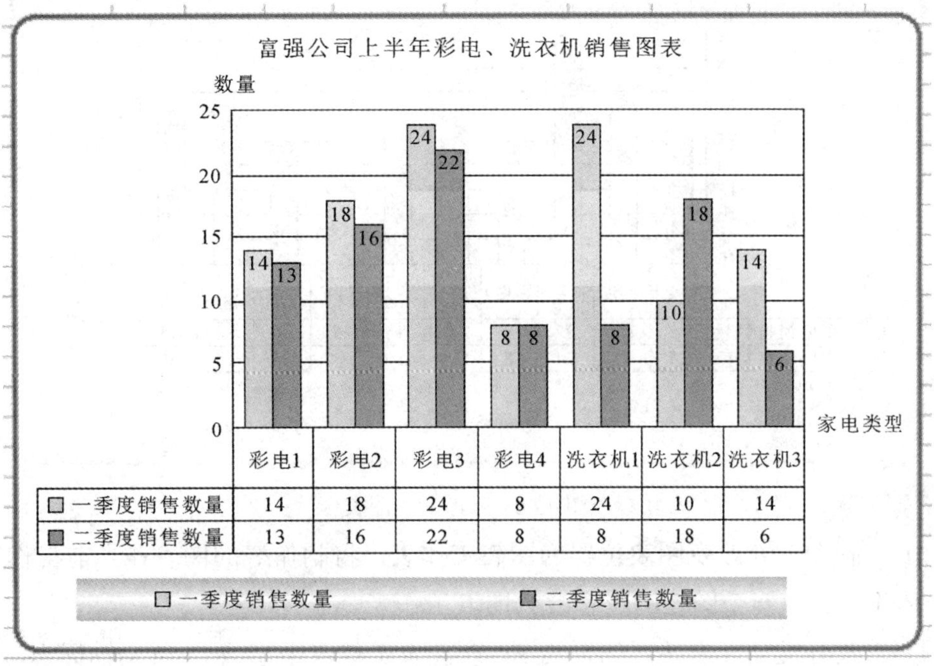

图 4-47　柱形图表

4. 编辑图表

对创建的“富强公司上半年彩电、洗衣机销售图表”进行编辑，具体要求如下：

(1) 设置图表标题的字体：隶书，18 磅。

(2) 将 X 轴、Y 轴标题放在图 4-47 所示位置，并将字体、字号设置为宋体、10 磅，Y 轴标题文本水平放置。

(3) 定义 Y 坐标轴刻度最大值为 25。

(4) 设置数据表的字体、字号为宋体，10 磅。

(5) 设置“一季度销售数量”数据柱的数据标志位置在“数据标记内”，“二季度销售数量”数据柱的数据标志位置“居中”。

(6) 设置图例格式：无边框，填充预设颜色“雨后初晴”，底纹样式为横向。

(7) 设置图表的边框为橙黄色、粗、圆角边框。

(8) 在图表中添加数据系列，将加湿器一、二季度销售数量添加到图表中。

(9) 改变图表类型和数据系列次序，将图表类型改为“堆积柱形图”，并修改图表标题为“富强公司上半年家电销售数量图表”，修改数据系列次序及 Y 轴刻度最大值为 50，修改后的图表如图 4-48 所示。

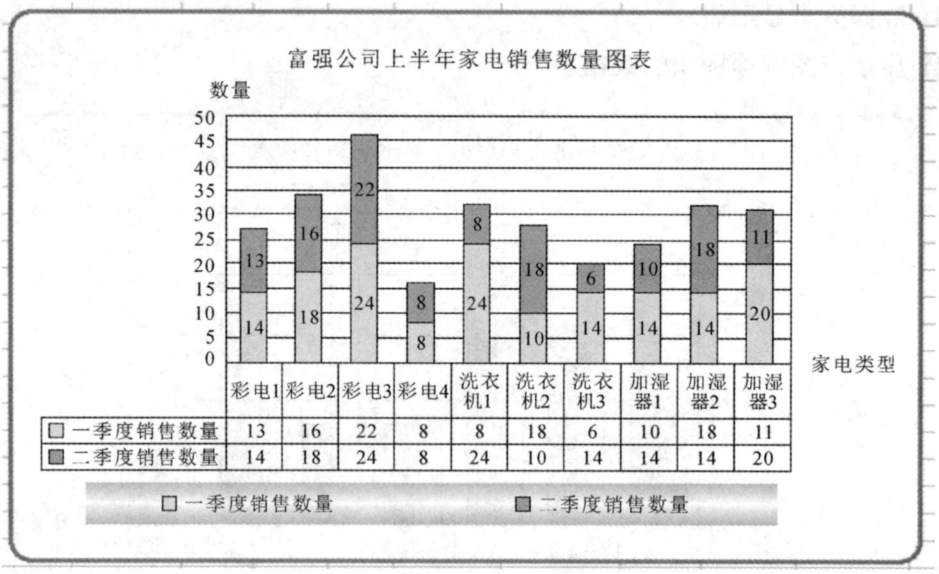

图 4-48　修改后的图表

(10) 复制图表并改变图表位置为图表工作表，将制作好的图表在当前工作表中复制一份，并将其中一个图表的位置改为图表工作表。

(11) 修改分类轴标志并添加折线图。在图表工作表中修改分类(X)轴标志，并添加“占总销售额百分比(%)”数据系列，将该数据系列用折线图、次坐标轴标识在当前图表中，参看图 4-49。

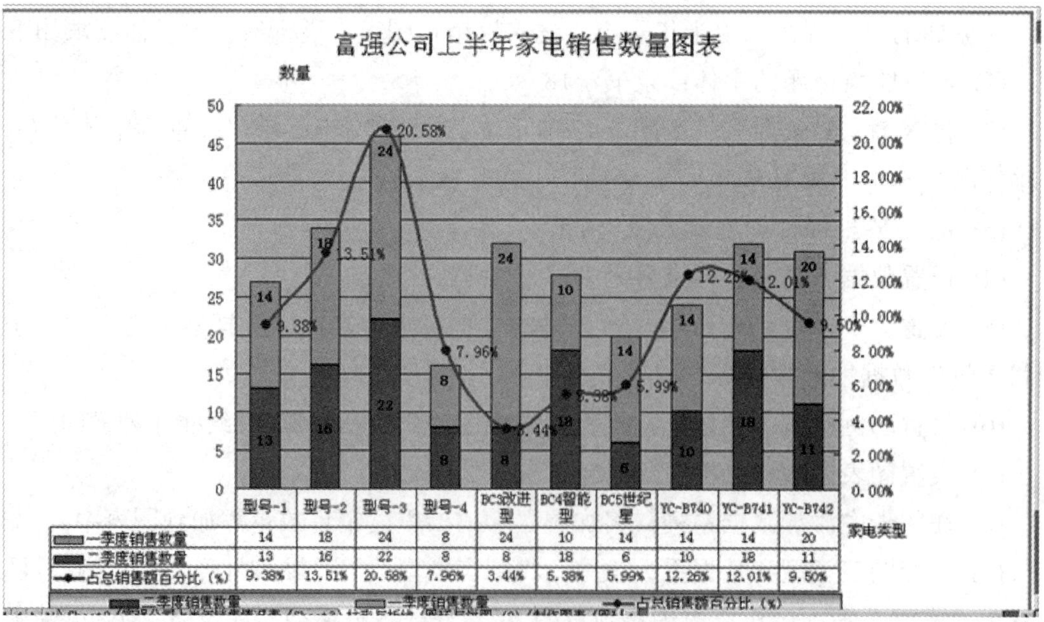

图 4-49　修改分类轴标志并添加折线图

① “次坐标轴”最大值为 0.22，主要刻度单位为 0.02。

② 折线系列：图案、线形自定义，颜色为红色，粗平滑线，样式为圆形，前景色和背景颜色为蓝色，大小为 7 磅。

(12) 将“图表”工作表改名为“柱形与折线”。

(13) 制作圆环图表。在“圆环与饼图”工作表中，选择彩电、加湿器、洗衣机一季度销售数量的合计值，制作圆环图表。

思考与练习

1. 分类汇总和数据透视表的区别是什么？
2. 什么是 Excel 的相对引用、绝对引用和混合引用？
3. 列举两种删除工作表的方法。
4. 如何隐藏 E 列？

项目 5　PowerPoint 2016 演示文稿软件

PowerPoint 2016 是 Microsoft Office 2016 的组件之一，主要用于制作、播放幻灯片。使用 PowerPoint 2016 可以轻松制作出内容丰富、图文并茂、层次分明、形象生动的演示文稿，广泛应用于交流观点、宣传展示、信息传递、教学演示等领域。

学习目标

1. 熟练地编辑演示文稿。
2. 熟练地对幻灯片进行美化。
3. 掌握演示文稿的动画设置及超链接技术。

5.1　制作部门工作总结 PPT

制作部门工作总结 PPT 是 PowerPoint 2016 软件应用较多的地方。通过本案例的完成，我们可以熟练掌握该软件的操作技能。

任务描述

小张大学毕业后应聘到一家公司工作，一转眼到年底了，部门领导要求小张根据销售部这一年的工作情况写一份工作总结，并且在年终总结会议上进行演说。小张使用 Office 软件有些时间了，他知道用 PowerPoint 来完成这个任务再合适不过了。作为 PowerPoint 的使用新手，小张希望在简单操作的情况下实现演示文稿的效果。

任务简析

本工作任务要求制作一份能充分展示销售部本年度完成工作情况及下一年度工作目标和计划的演示文稿，需要做到以下两点。

结合公司性质和企业文化，为所有的幻灯片确定统一的主题风格。

充分展示本部门的工作成果及下一年度的工作目标和计划。

操作实现

1. 新建并保存演示文稿

(1) 选择“文件”菜单中的“新建”命令，单击“空白演示文稿”，如图 5-1 所示。

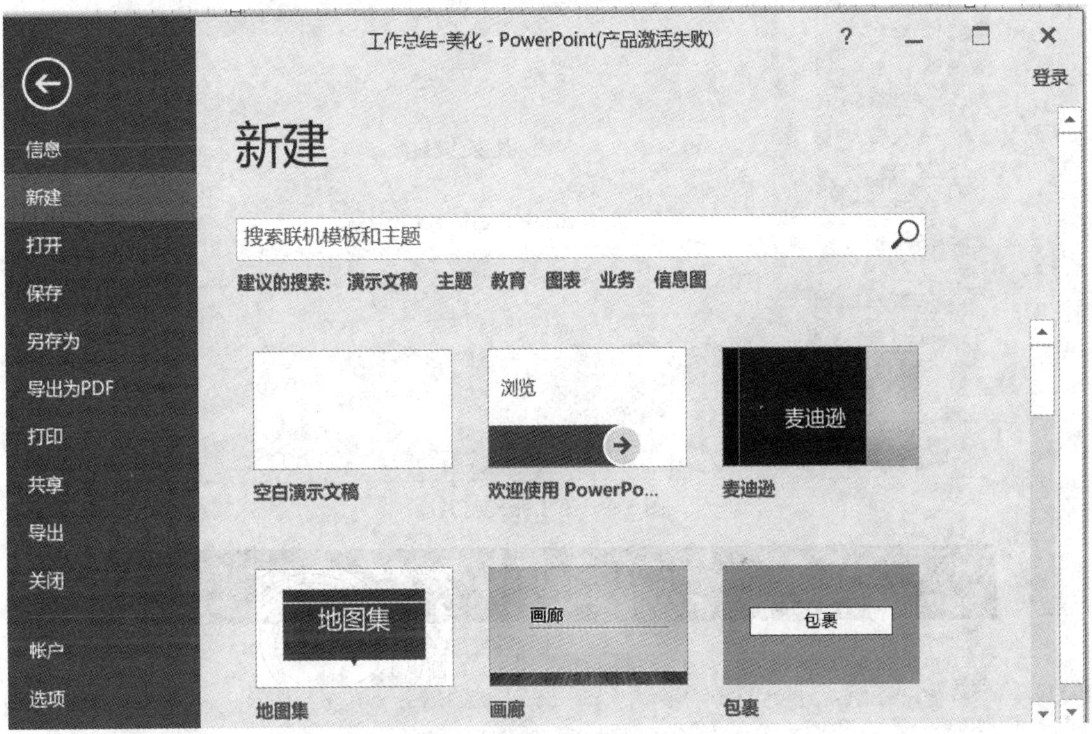

图 5-1　新建演示文稿

(2) 在快速访问工具栏中单击“保存”按钮，打开“另存为”对话框，选择保存位置，在“文件名”文本框中输入“工作总结”，在“保存类型”下拉列表框中选择“PowerPoint 演示文稿”选项，单击“保存”按钮。

2. 新建幻灯片并输入文本

(1) 新建的演示文稿有一张标题幻灯片，在“单击此处添加标题”占位符中单击，其中的文字将自动消失，切换到中文输入法，输入“某某集团”。在副标题占位符中单击，然后输入“2020 年度销售部工作总结”，如图 5-2 所示。

(2) 在“幻灯片”浏览窗格中将鼠标光标定位到标题幻灯片后，选择“开始”→“幻灯片”组，单击“新建幻灯片”的下拉按钮，在打开的下拉列表中选择“标题和内容”选项，在标题幻灯片后新建一张“标题和内容”版式的幻灯片。然后在各占位符中输入文本，按回车键对文本进行分段，完成第 2 张幻灯片的制作，如图 5-3 所示。

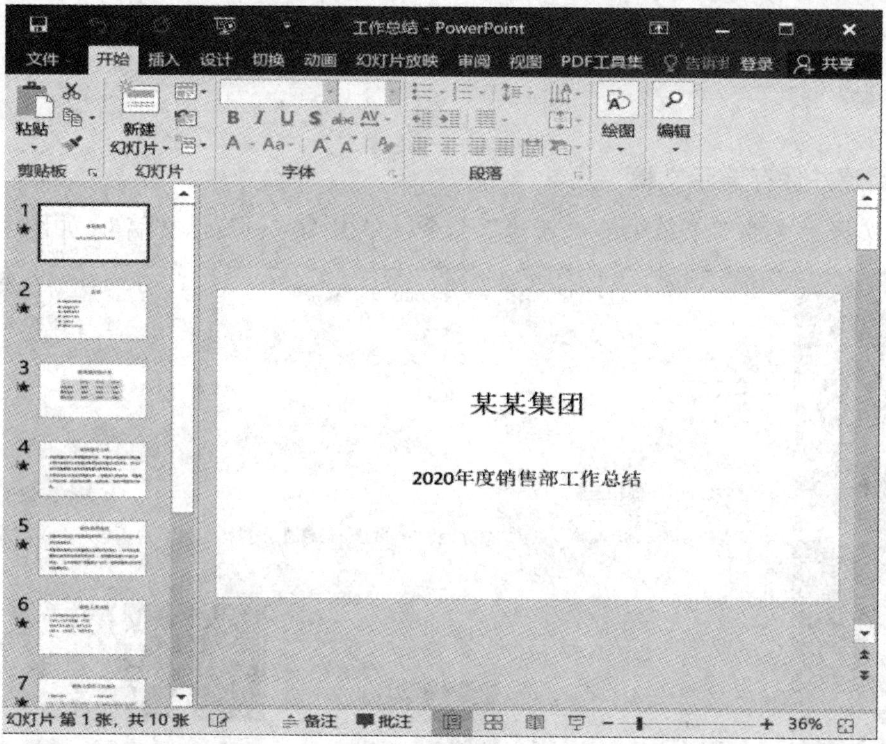

图 5-2　第 1 张幻灯片

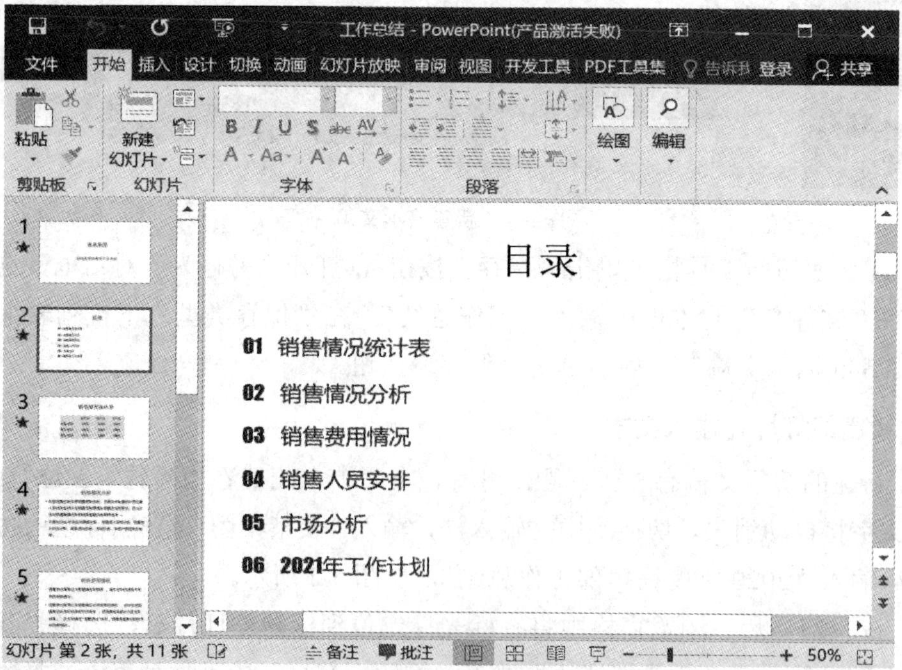

图 5-3　第 2 张幻灯片

(3) 在“幻灯片”浏览窗格中将鼠标光标定位到第 2 张幻灯片后，选择“开始”→“幻灯片”组，单击“新建幻灯片”的下拉按钮，在打开的下拉列表中选择“标题和内容”选项，新建一张幻灯片。在标题占位符中输入文本“销售情况统计表”，将鼠标光标定位到文本占位符中，选择“插入”→“表格”，并输入数据，如图 5-4 所示。

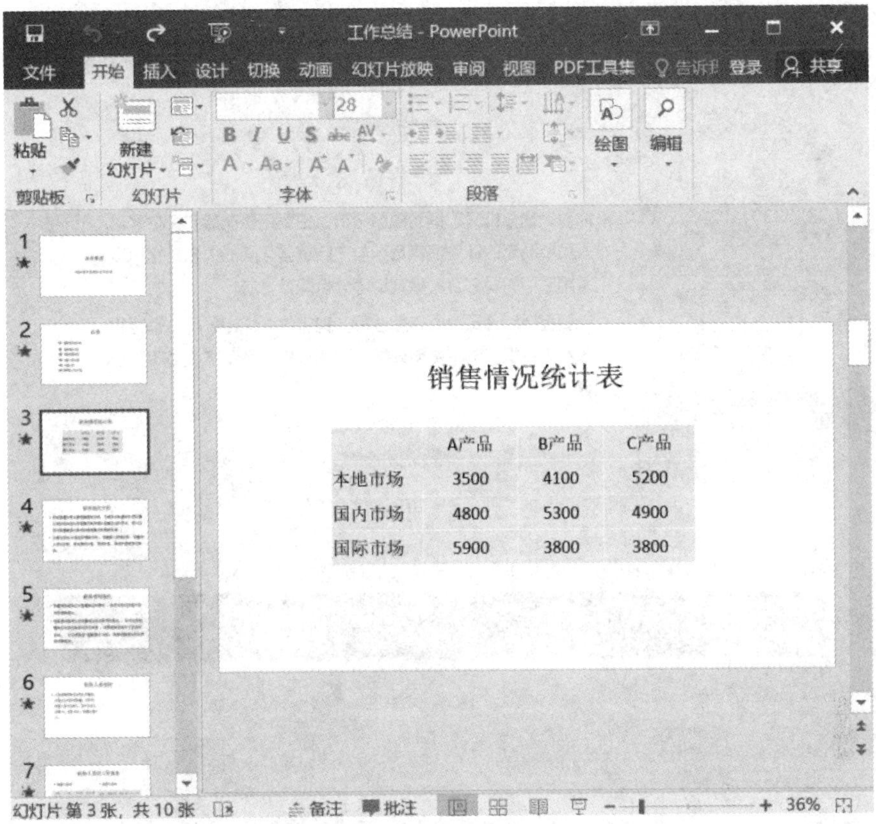

图 5-4　第 3 张幻灯片

(4) 选中“幻灯片”浏览窗格的第 3 张幻灯片后，按回车键 2 次，新建 2 张相同版式的幻灯片，并为幻灯片输入文本，如图 5-5 所示。

在为幻灯片输入文本时，标题字体最好选用更容易阅读的较粗的字体。在搭配字体时，标题和正文尽量选用常用到的字体，而且还要考虑标题字体和正文字体的搭配效果。在演示文稿中如果要使用英文字体，可选择 Arial 与 Times New Roman 两种英文字体。PowerPoint 不同于 Word，其正文内容不宜过多，正文中只列出较重点的标题即可，其余扩展内容可留给演示者临场发挥。在商业、培训等较正式的场合，其字体可使用较正规的字体；在一些相对较轻松的场合，其字体可更随意一些。

在为文本设计字号时，如果演示的场合较大，观众较多，那么幻灯片中的字体就应该大一些，要保证在最远的位置都能看清幻灯片中的文字。同类型和同级别的标题和文本内容要设置同样大小的字号，这样可以保证内容的连贯性，让观众更容易把信息归类，也更容易理解和接收信息。

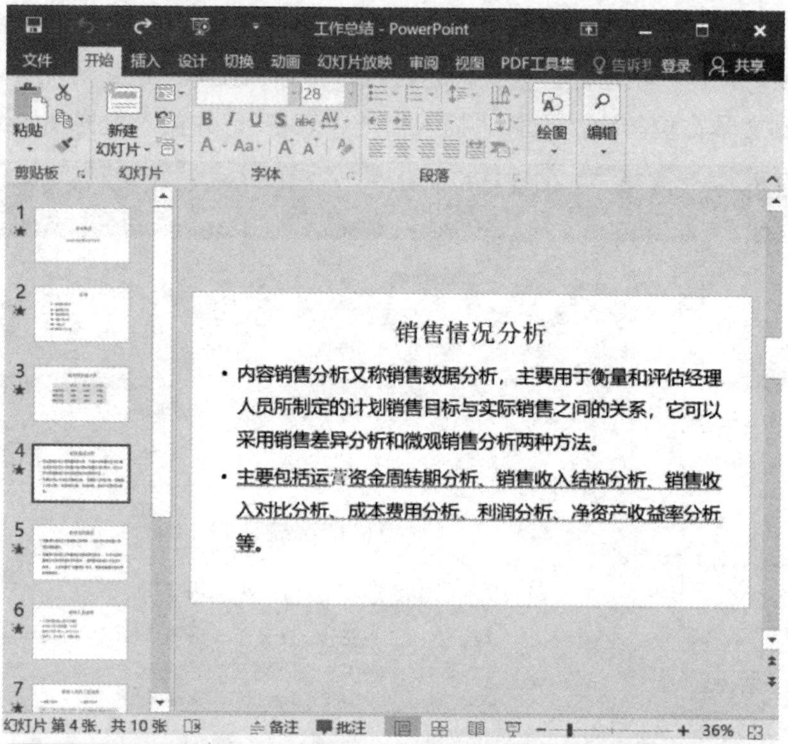

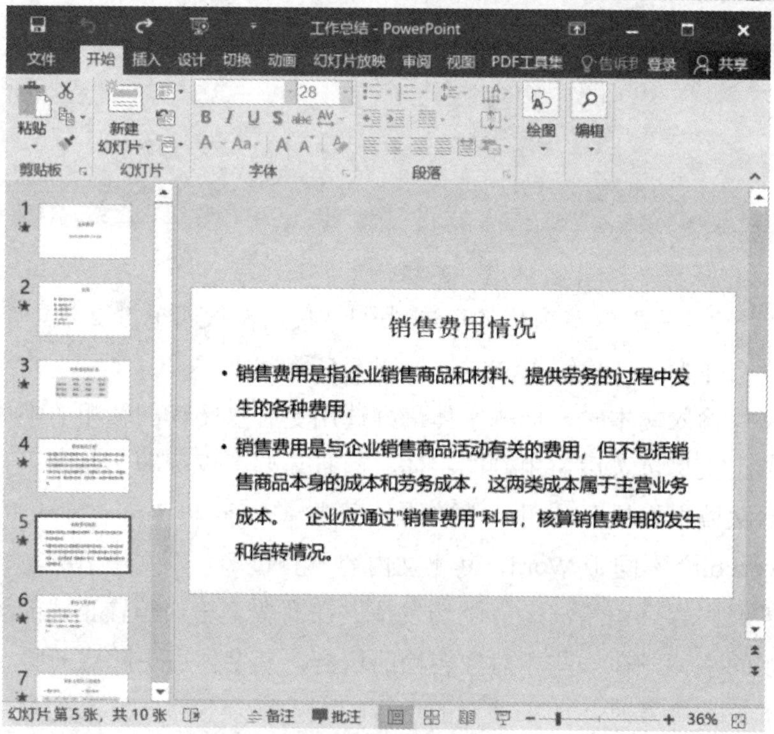

图 5-5　第 4～5 张幻灯片

(5) 选择“开始”→“幻灯片”组，单击“新建幻灯片”的下拉按钮，在打开的下拉列表中选择“两栏内容”选项，新建一张幻灯片。在标题占位符中输入文本“销售人员安排”，将鼠标光标定位到左侧文本占位符中，输入文本，如图 5-6 所示。

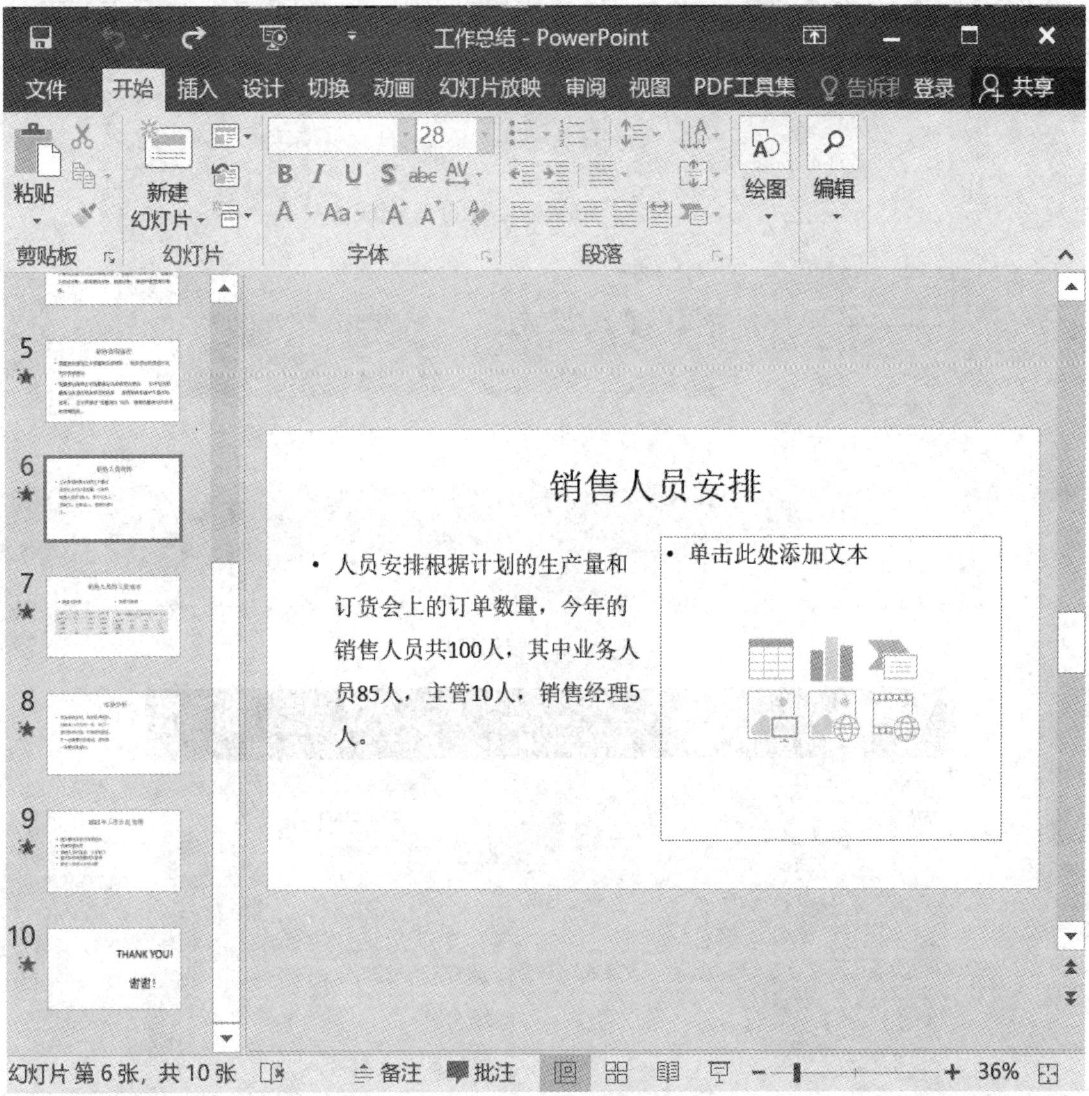

图 5-6　第 6 张幻灯片

(6) 选择“开始”→“幻灯片”组，单击“新建幻灯片”的下拉按钮，在打开的下拉列表中选择“标题和内容”选项，新建一张幻灯片。在标题占位符中输入文本“销售人员的工资成本”，将鼠标光标定位到文本占位符中，选择“插入”→“表格”，并输入数据，如图 5-7 所示。

(7) 选择“开始”→“幻灯片”组，单击“新建幻灯片”的下拉按钮，在打开的下拉列表中选择“两栏内容”选项，新建一张幻灯片。在标题占位符中输入文本“市场分析”，将鼠标光标定位到左侧文本占位符中，输入文本，如图 5-8 所示。

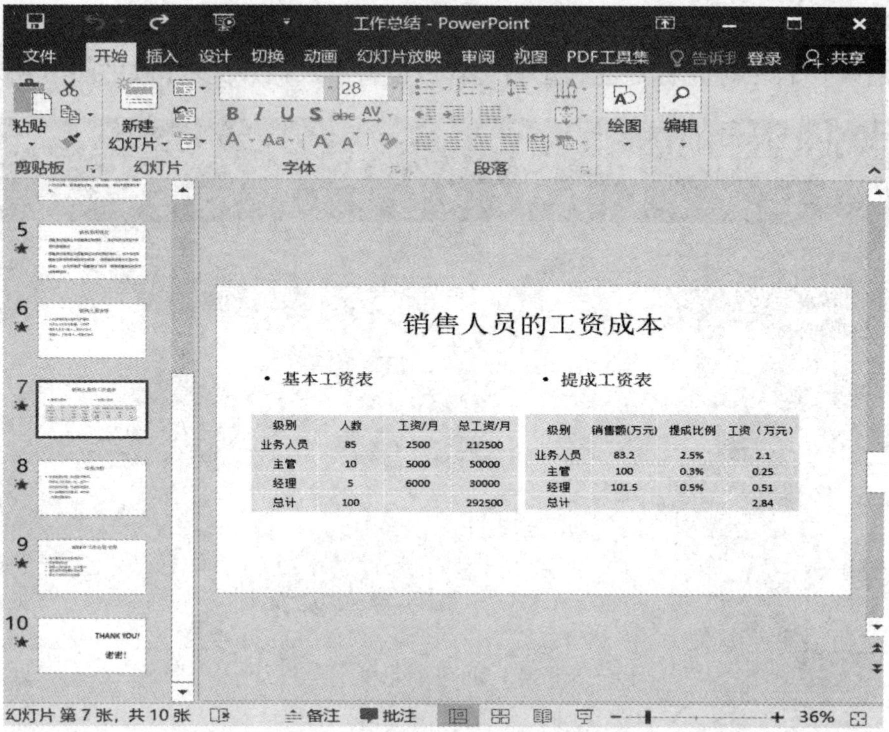

图 5-7　第 7 张幻灯片

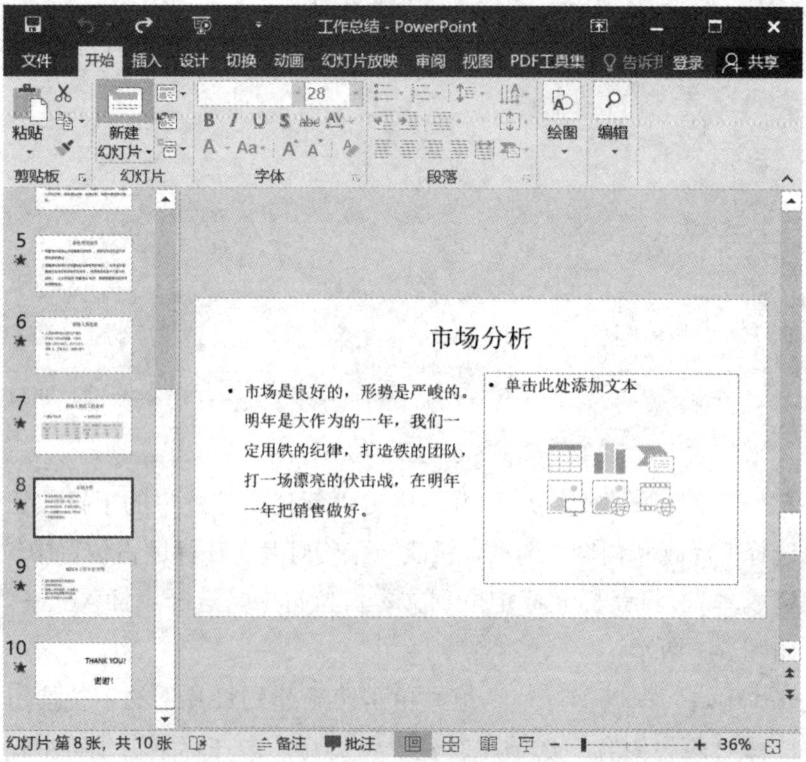

图 5-8　第 8 张幻灯片

(8) 选择“开始”→“幻灯片”组，单击“新建幻灯片”的下拉按钮，在打开的下拉列表中选择“两栏内容”选项，新建一张幻灯片。在标题占位符中输入文本“2021 年工作计划安排”，将鼠标光标定位到左侧文本占位符中，输入文本，如图 5-9 所示。

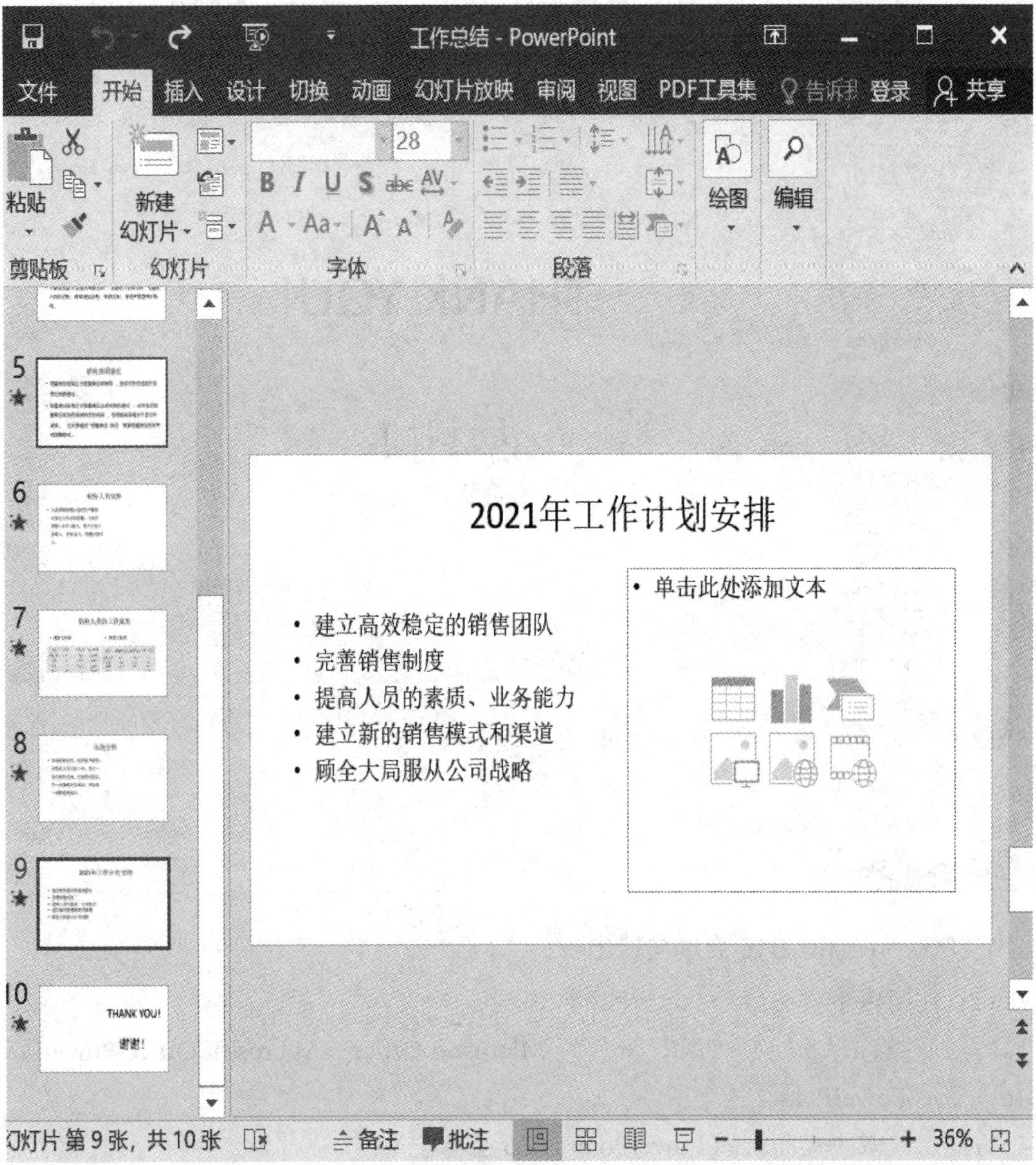

图 5-9　第 9 张幻灯片

(9) 选择“开始”→“幻灯片”组，单击“新建幻灯片”的下拉按钮，在打开的下拉列表中选择“仅标题”选项，新建一张幻灯片。在标题占位符中输入文本，完成演示文稿的制作，如图 5-10 所示。

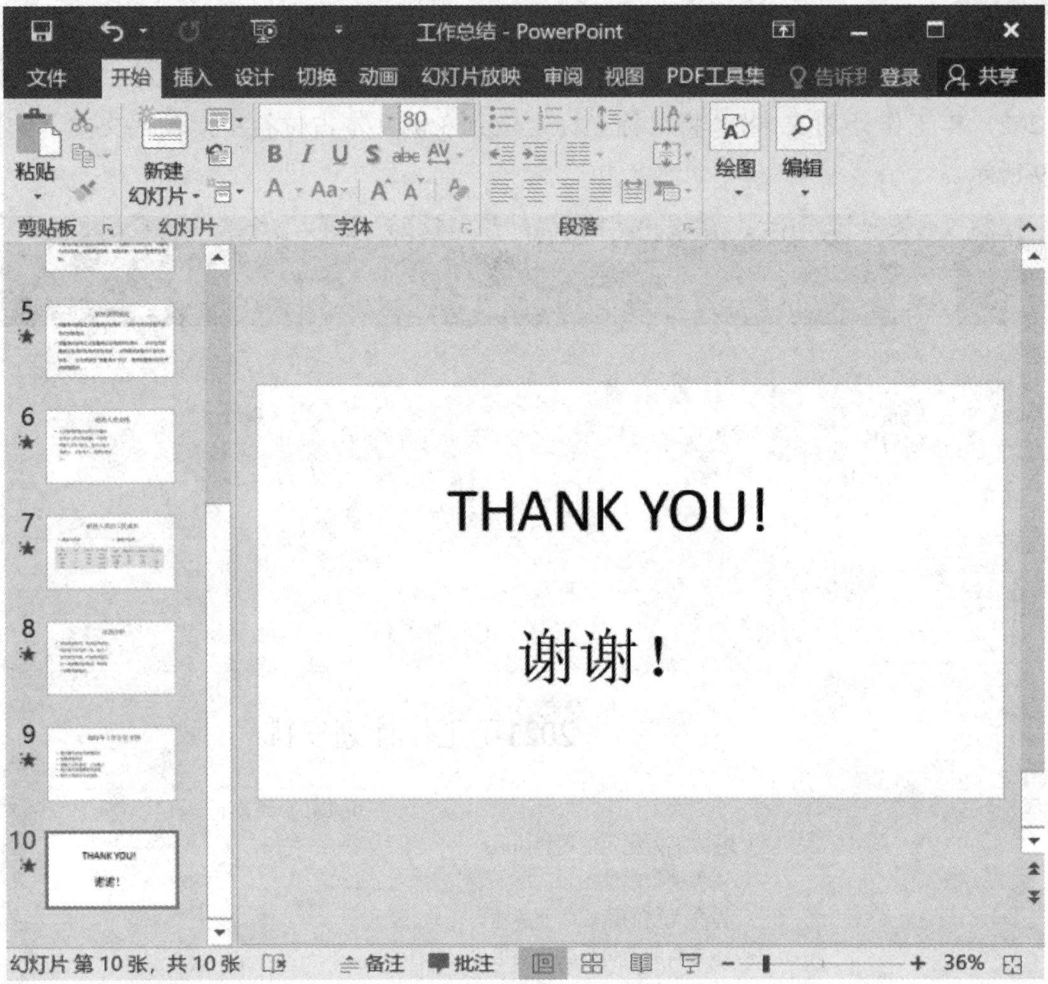

图 5-10　第 10 张幻灯片

必备知识

1. PowerPoint 2016 启动与退出

可以使用以下方法启动 PowerPoint 2016：

方法一：点击“开始”→“所有程序”→Microsoft Office→Microsoft Office PowerPoint 2016，启动 PowerPoint。

方法二：双击桌面上的 PowerPoint 2016 图标。

方法三：打开任何一个演示文稿都可以启动 PowerPoint 2016。

可以使用以下方法退出 PowerPoint 2016：

方法一：单击窗口右上角的关闭按钮。

方法二：选择“文件”→“退出”。

方法三：直接按 Alt + F4 组合键退出。

2. PowerPoint 2016 窗口界面与视图

PowerPoint 2016 窗口界面如图 5-11 所示。

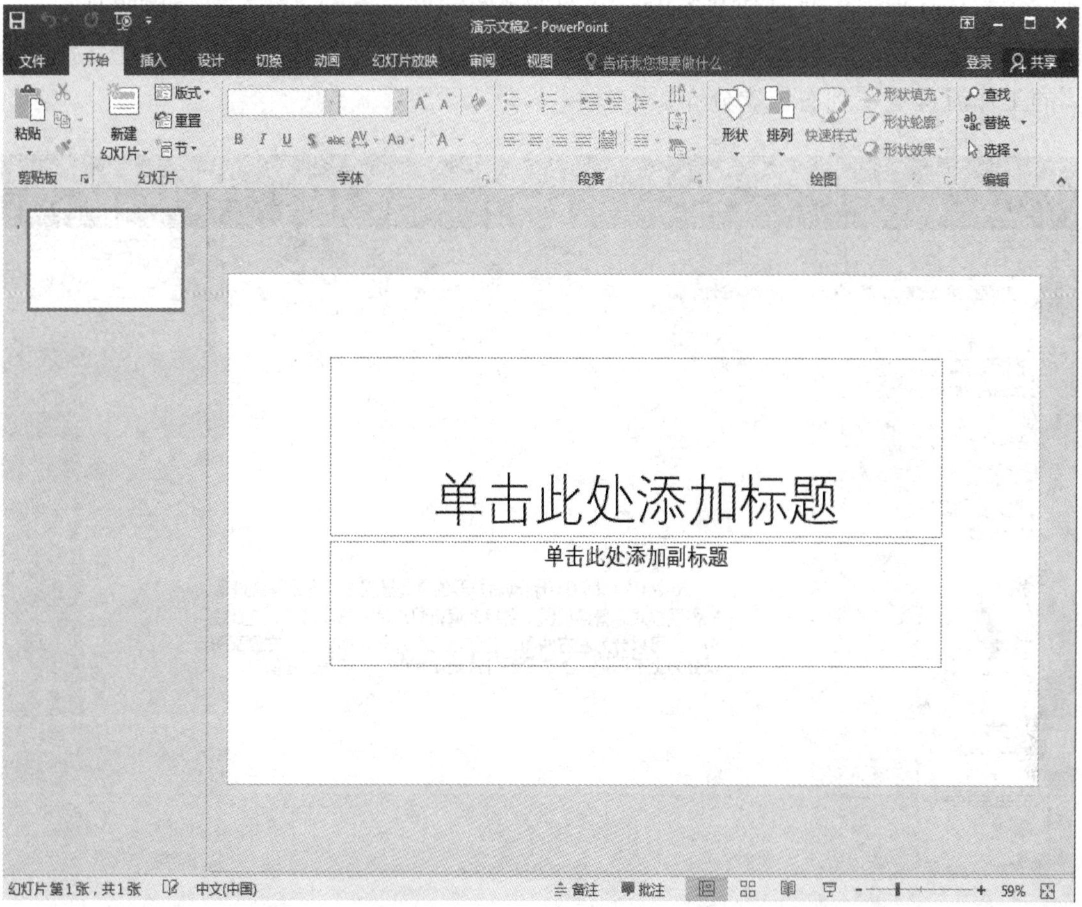

图 5-11　PowerPoint 2016 窗口界面

PowerPoint 2016 提供了 5 种视图模式，分别为普通视图、大纲视图、幻灯片浏览视图、备注页视图和阅读视图模式，用户可根据自己的阅读需要选择不同的视图模式。通过“视图”选项卡，可以进行视图之间的切换，如图 5-12 所示。

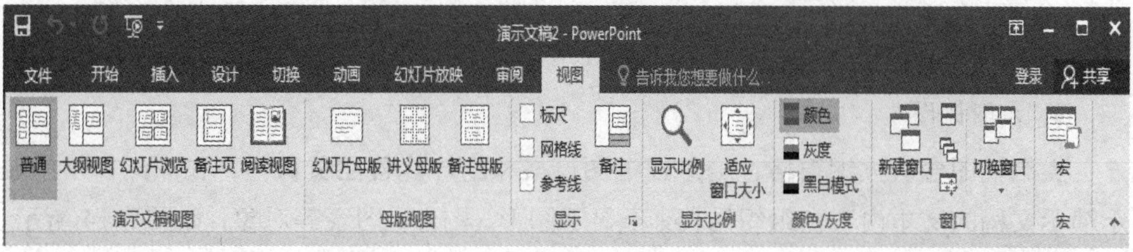

图 5-12　“视图”选项卡

1) 普通视图

PowerPoint 2016 启动后打开的是普通视图，它是系统默认的视图模式，如图 5-13 所示。普通视图主要用来编辑幻灯片的总体结构。此视图可以分为左右两部分。左侧部分是幻灯片窗口；右侧部分又可以分为上下两部分，上部分是幻灯片编辑窗口，下部分是备注窗口。普通视图下，PowerPoint 功能区包括 9 个选项卡，按照制作演示文稿的工作流程从左到右依次分布。

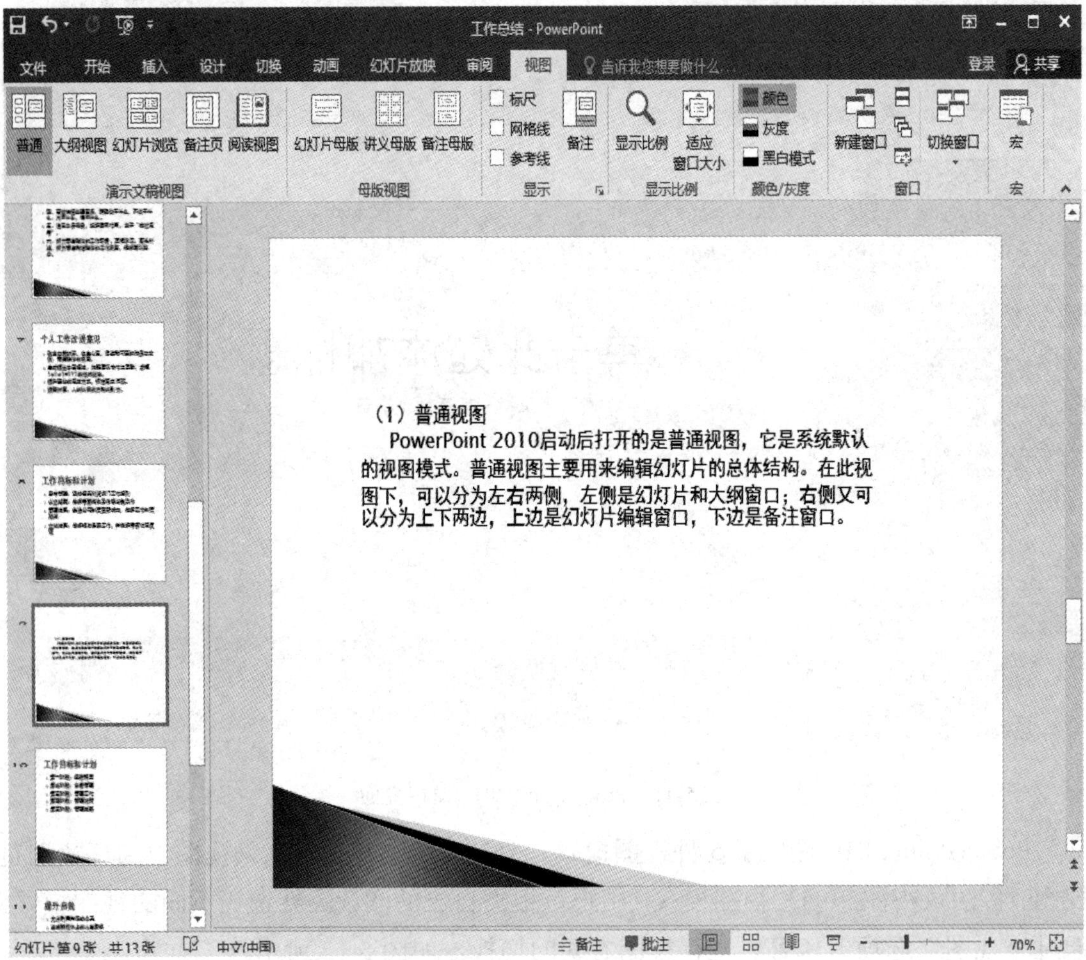

图 5-13　普通视图

2) 大纲视图

大纲视图含有大纲窗格、幻灯片缩图窗格和幻灯片备注页窗格。在大纲窗格中显示演示文稿的文本内容和组织结构，不显示图形、图像、图表等对象，如图 5-14 所示。在大纲视图下编辑演示文稿，可以调整各幻灯片的前后顺序。在一张幻灯片内可以调整标题的层次级别和前后次序。

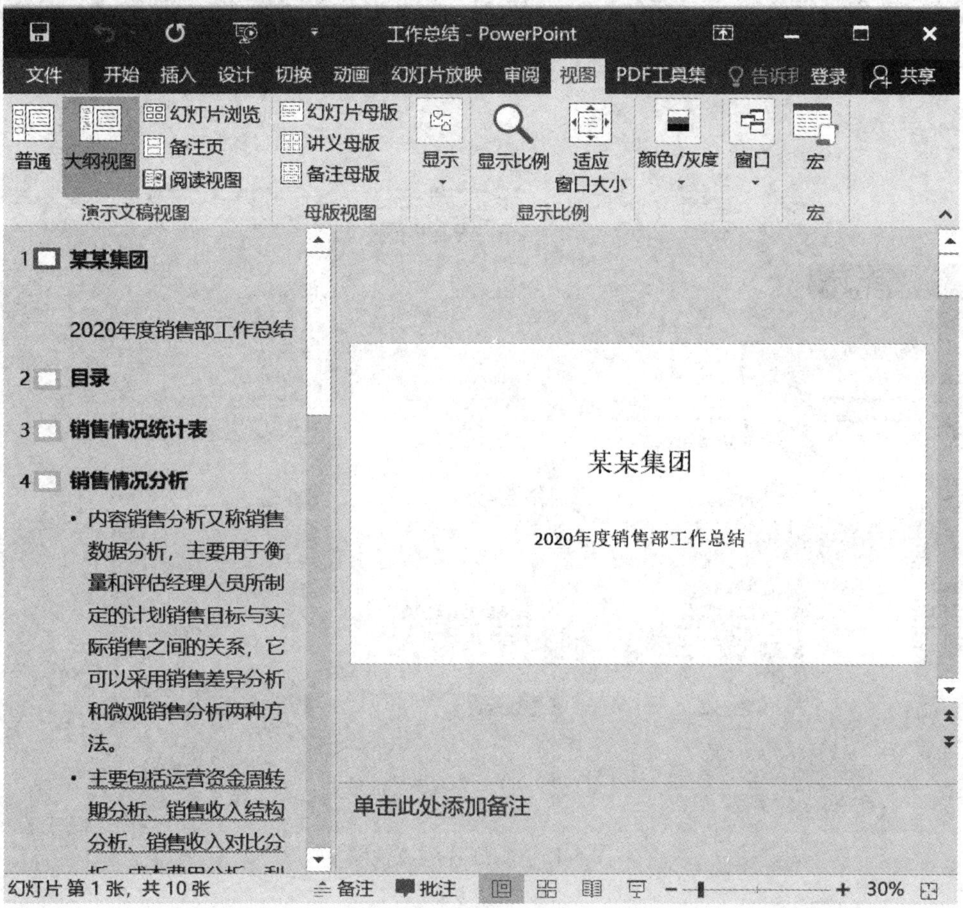

图 5-14　大纲视图

3) 幻灯片浏览视图

在幻灯片浏览视图中，可以在屏幕上同时看到演示文稿中的所有幻灯片，这些幻灯片以缩略图方式整齐地显示在同一窗口中，如图 5-15 所示。

在该视图中可以看到改变幻灯片的背景设计、配色方案或更换模板后文稿发生的整体变化，可以检查各个幻灯片是否前后协调、图表的位置是否合适等问题；同时在该视图中也可以很容易地添加、删除幻灯片和移动幻灯片的前后顺序以及选择幻灯片之间的动画切换。

4) 阅读视图

在阅读视图下，用户可以浏览幻灯片的最终效果。单击“阅读视图”按钮，或者按 F5 键，即可切换至该视图，可看到演示文稿中所有的演示效果，如图片、形状、动画效果及切换效果的内容，如图 5-16 所示。

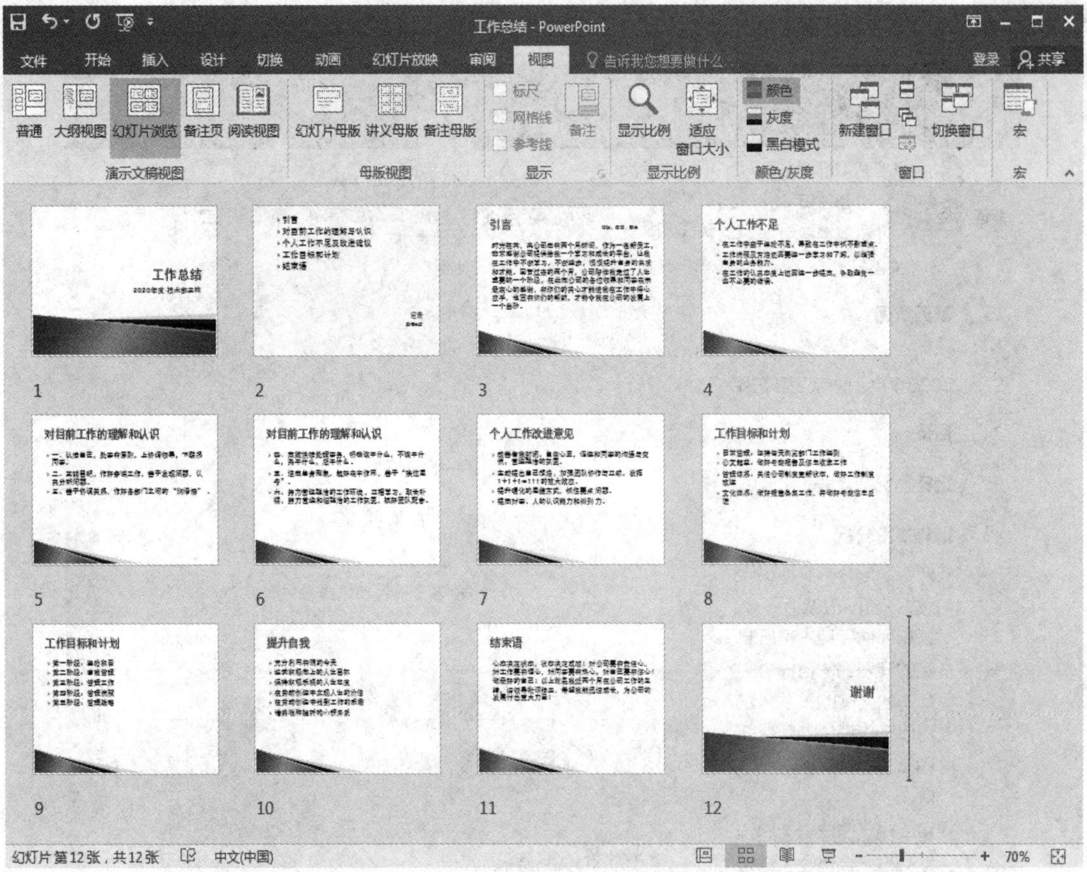

图 5-15　幻灯片浏览视图

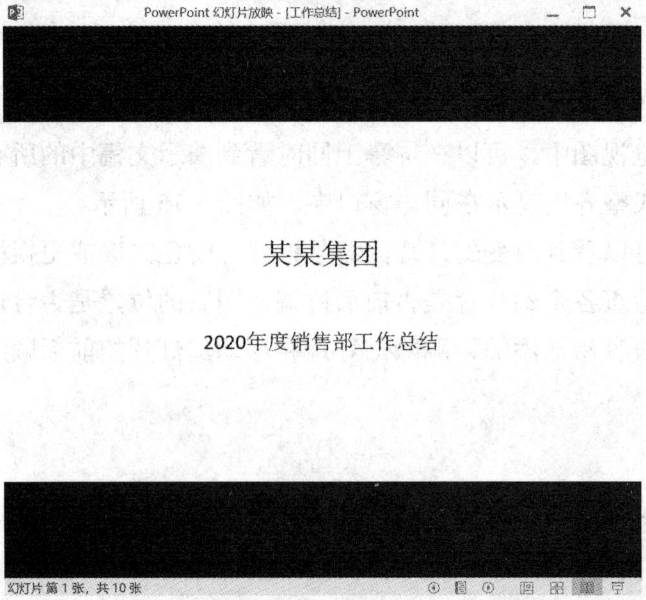

图 5-16　阅读视图

5) 备注页视图

备注页视图主要用于为演示文稿中的幻灯片添加备注内容或对备注内容进行编辑修改，在该视图模式下无法对幻灯片的内容进行编辑，如图 5-17 所示。切换到备注页视图后，页面上方显示当前幻灯片的内容缩览图，下方显示备注内容占位符。单击该占位符，向占位符中输入内容，即可为幻灯片添加备注内容。

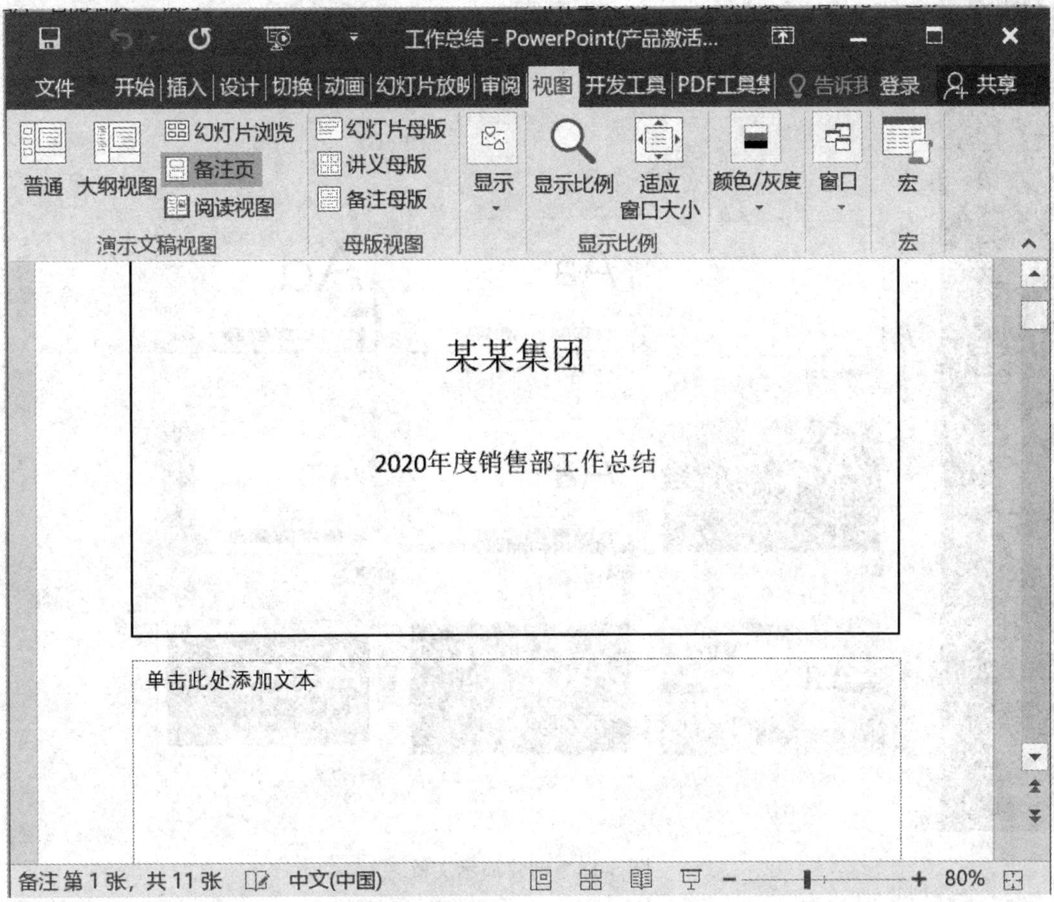

图 5-17　备注页视图

3. PowerPoint 2016 演示文稿的创建、打开、保存和关闭

PowerPoint 2016 中演示文稿和幻灯片是两个概念。使用 PowerPoint 2016 制作出来的整个文件叫作演示文稿，演示文稿中的每一页叫作幻灯片。一份演示文稿可以包含一至多张幻灯片。

1) 演示文稿的创建

启动 PowerPoint 2016 自动创建空演示文稿。选择“开始”→“所有程序”→Microsoft Office→Microsoft Office PowerPoint 2016 命令，即可启动 PowerPoint 2016，系统将自

动建立一个名为“演示文稿 1”的空白演示文稿。

也可以使用“文件”选项卡创建空白演示文稿。单击“文件”选项卡，在下拉菜单中选择“新建”命令，打开“新建”对话框，选择“空白演示文稿”，再单击“创建”按钮，即可新建一个空白演示文稿，如图 5-18 所示。

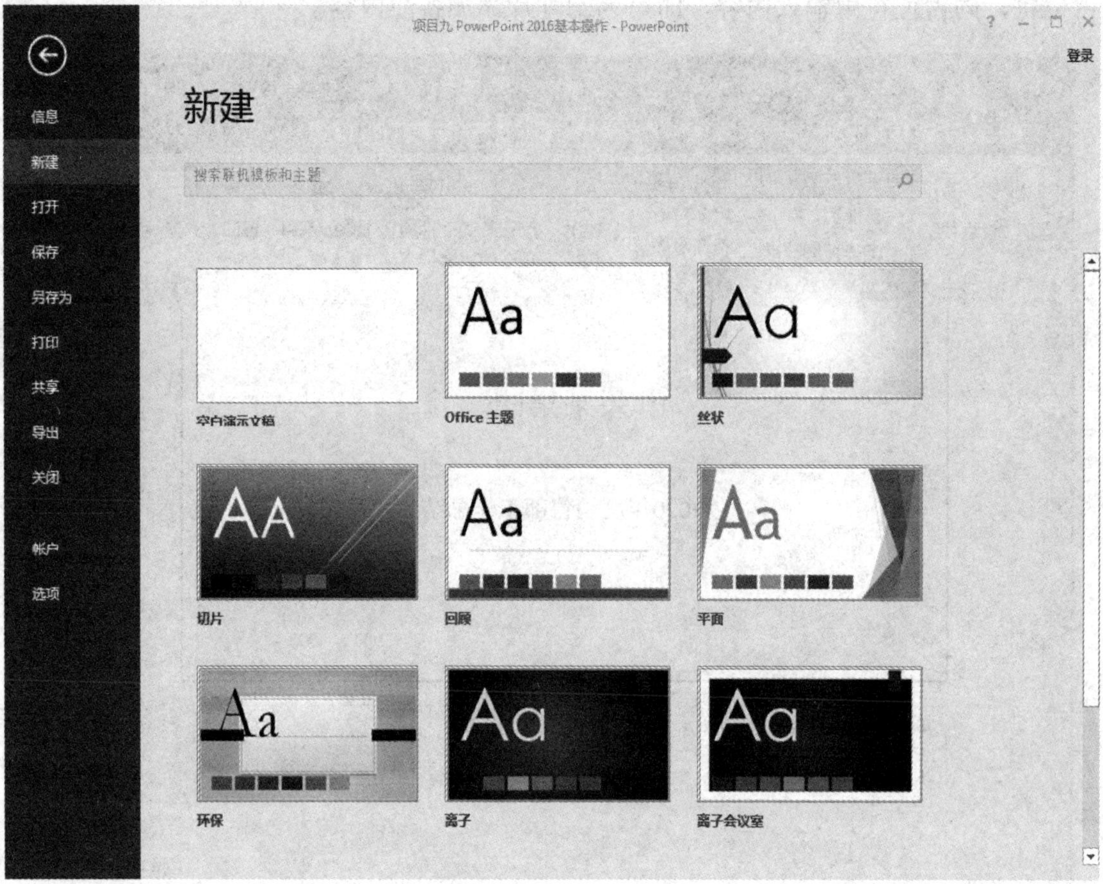

图 5-18　创建演示文稿

2) 演示文稿的打开

可以通过以下方式打开演示文稿：

(1) 打开演示文稿的一般方法：选择“文件”选项卡下的“打开”命令或按 Ctrl + O 组合键，单击“浏览”，在弹出的对话框中选择需要打开的演示文稿，单击“打开”按钮。

(2) 打开最近使用的演示文稿：选择“文件”选项卡下的“打开”→“最近”命令，在打开的页面中将显示最近使用的演示文稿名称和保存路径，然后选择需打开的演示文稿即可。

(3) 以只读方式打开演示文稿：选择“文件”选项卡下的“打开”命令，单击“浏览”命令，在弹出的对话框中选择需要打开的演示文稿，如图 5-19 所示，单击“打开”按钮右侧的下拉按钮，在打开的下拉列表中选择“以只读方式打开”选项。

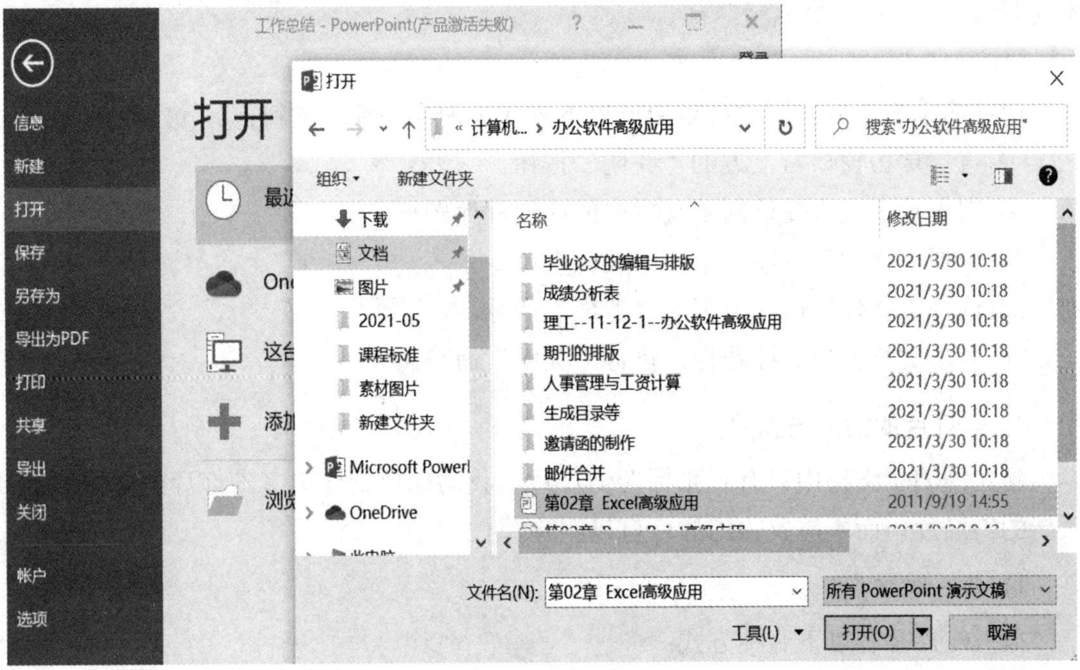

图 5-19 打开对话框

(4) 以副本方式打开演示文稿：选择“文件”选项卡下的“打开”命令，单击“浏览”命令，在弹出的对话框中选择需要打开的演示文稿，单击“打开”按钮右侧的下拉按钮，在打开的下拉列表中选择“以副本方式打开”选项，在打开的演示文稿“标题”栏中将显示“副本”字样。

3) 演示文稿的保存及关闭

(1) 保存。

制作完演示文稿后需要保存演示文稿。保存演示文稿既可以按原来的文件名存盘，也可以取新名字存盘。

保存新建的演示文稿可以选择“文件”选项卡下的“保存”按钮，或者按 Ctrl+S 组合键，在弹出的“另存为”对话框中选择要保存的位置，设置要保存的文件名称以及保存的文件类型。

新演示文稿经过一次保存，或者以前保存的演示文稿重新修改后，可单击“文件”选项卡下的“保存”命令，或者直接单击快速访问工具栏的保存按钮，保存修改后的演示文稿。

在对演示文稿进行编辑时，为了不影响原演示文稿的内容，可以给原演示文稿保存一份副本。单击“文件”选项卡下的“另存为”命令，在“另存为”对话框中，选择保存文档副本的位置和名称后，单击“保存”按钮，即可为该文档保存一份副本文件。

(2) 关闭。

保存演示文稿后，用户可以通过以下方式关闭当前演示文稿：

① 直接单击窗口右上方的“关闭”按钮。

② 双击自定义快捷访问工具栏内的应用程序图标。

③ 选择“文件”选项卡下的“关闭”命令。

④ 选择“文件”选项卡下的“退出”命令。

⑤ 右击文档窗口的标题栏，执行“关闭”命令。

4. 幻灯片的插入与删除

新建的演示文稿中只有一张标题幻灯片，我们需要制作更多幻灯片的时候就要插入新的幻灯片，而不需要的幻灯片可以删除掉。

1) 插入幻灯片

插入幻灯片有以下两种方式：

(1) 通过“幻灯片”组插入幻灯片。在幻灯片窗格中选择默认的幻灯片，然后在“开始”选项卡中单击“幻灯片”组中的“新建幻灯片”下拉按钮，即可插入一张新的幻灯片。

(2) 通过右键单击插入幻灯片。选择幻灯片预览窗格中的某一幻灯片，然后单击右键，选择“新建幻灯片”，即可在选择的幻灯片后面插入一张幻灯片。

2) 选择幻灯片

(1) 在“幻灯片/大纲”浏览窗格或“幻灯片浏览”视图中，单击幻灯片缩略图，可选择单张幻灯片。

(2) 选择多张相邻的幻灯片。在“大纲/幻灯片”浏览窗格或“幻灯片浏览”视图中，单击要连续选择的第 1 张幻灯片，按住 Shift 键不放，再单击需选择的最后一张幻灯片，释放 Shift 键后两张幻灯片之间的所有幻灯片均被选择。

(3) 在“幻灯片/大纲”浏览窗格或“幻灯片浏览”视图中，单击要选择的第 1 张幻灯片，按住“Ctrl”键不放，再依次单击需选择的幻灯片，可以选择多张不相邻的幻灯片。

(4) 在“幻灯片/大纲”浏览窗格或“幻灯片浏览”视图中，按下 Ctrl + A 组合键，可以选择当前演示文稿中所有的幻灯片。

3) 移动和复制幻灯片

可以通过以下方式移动和复制幻灯片：

(1) 通过鼠标拖动完成移动和复制幻灯片。选择需移动的幻灯片，按住鼠标左键不放，将其拖动到目标位置后释放鼠标完成移动操作；选择幻灯片后，按住 Ctrl 键的同时拖动幻灯片到目标位置可实现幻灯片的复制。

(2) 通过菜单命令移动和复制幻灯片。选择需移动或复制的幻灯片，在其上单击鼠标右键，在弹出的快捷菜单中选择“剪切”或“复制”命令；将光标定位到目标位置，单击鼠标右键，在弹出的快捷菜单中选择“粘贴”命令，完成幻灯片的移动或复制。

(3) 通过快捷键移动和复制幻灯片。选择需移动或复制的幻灯片，按 Ctrl + X 组合键(移动)或 Ctrl + C 组合键(复制)，然后在目标位置按 Ctrl + V 组合键，完成移动或复制操作。

4) 删除幻灯片

可以通过以下方式从演示文稿中删除幻灯片：

(1) 右击删除。选择要删除的幻灯片，单击右键，在弹出的快捷菜单中选择“删除幻灯片”命令即可。

(2) 通过键盘删除。选择要删除的幻灯片，按 Delete 键即可。

5. 使用 SmartArt 图形

SmartArt 图形是信息和观点的视觉表示形式。可以选择不同的布局来创建 SmartArt 图形，从而快速、轻松、有效地传达信息，如图 5-20 所示。

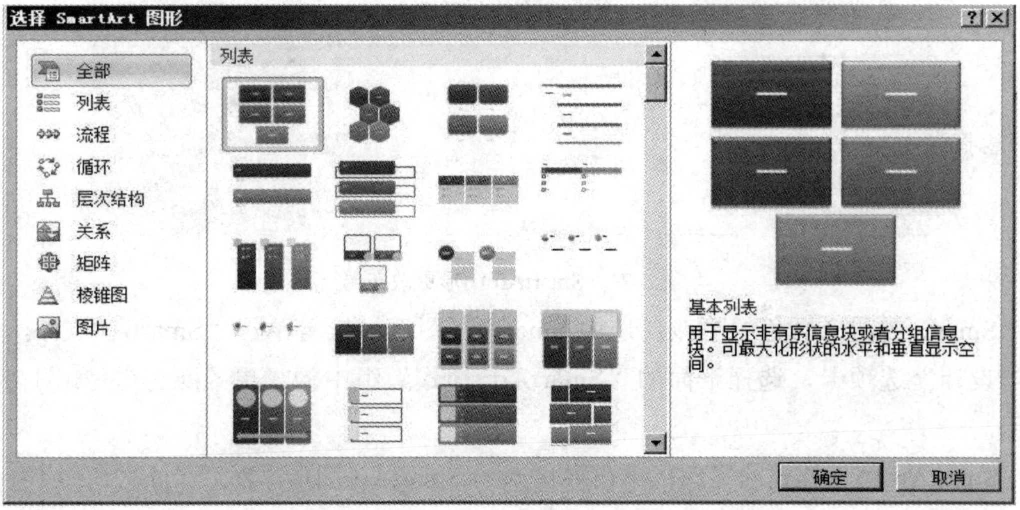

图 5-20　选择 SmartArt 图形对话框

1) 创建 SmartArt 图形

单击“插入”选项卡的“插图”组中的“SmartArt”，出现如图 5-20 所示的“选择 SmartArt 图形”对话框，单击所需的类型和布局，然后键入所需的文本。

2) SmartArt 图形的更改

在创建 SmartArt 图形之后，可以更改 SmartArt 图形。单击 SmartArt 图形，将弹出两个选项卡：设计和格式。通过这两个选项卡，可以对 SmartArt 图形进行重新设计和格式修改。

更改 SmartArt 图形布局：单击 SmartArt 图形，再单击“SmartArt 工具”下的“设计”选项卡，单击“更改布局”下拉按钮，就可以看到要修改的布局，如图 5-21 所示。

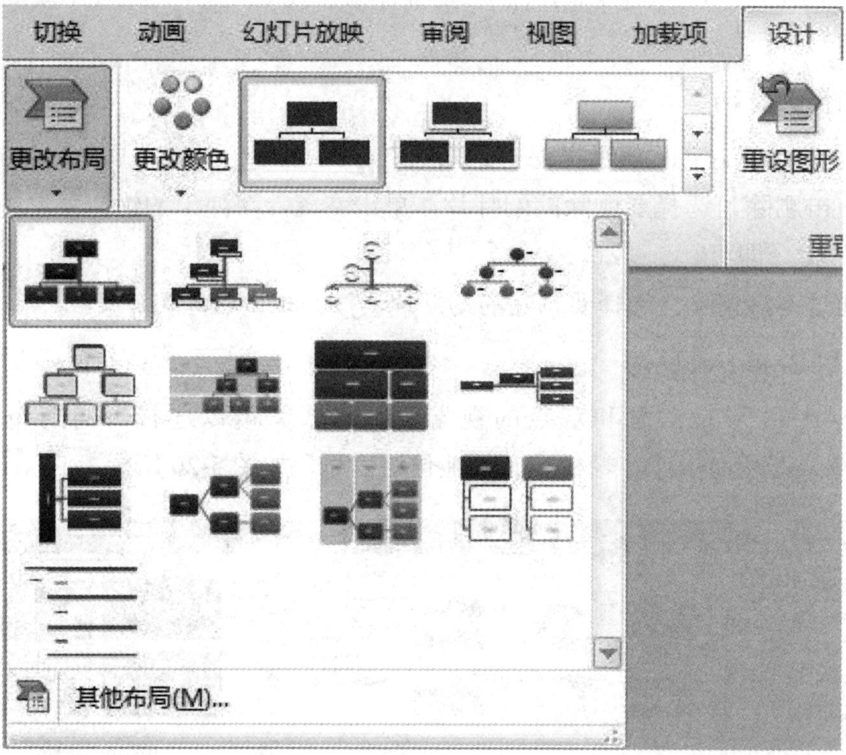

图 5-21　SmartArt 图形更改布局

SmartArt 图形颜色的更改：选中 SmartArt 图形，接着单击“SmartArt 工具”下的“设计”选项卡，选择下面的“SmartArt 样式”组中的“更改颜色”，如图 5-22 所示。

SmartArt 图形样式的更改：单击要更改的 SmartArt 图形，然后单击“SmartArt 工具”下的“设计”选项卡，选择 SmartArt 样式中需要使用的样式，如图 5-23 所示。

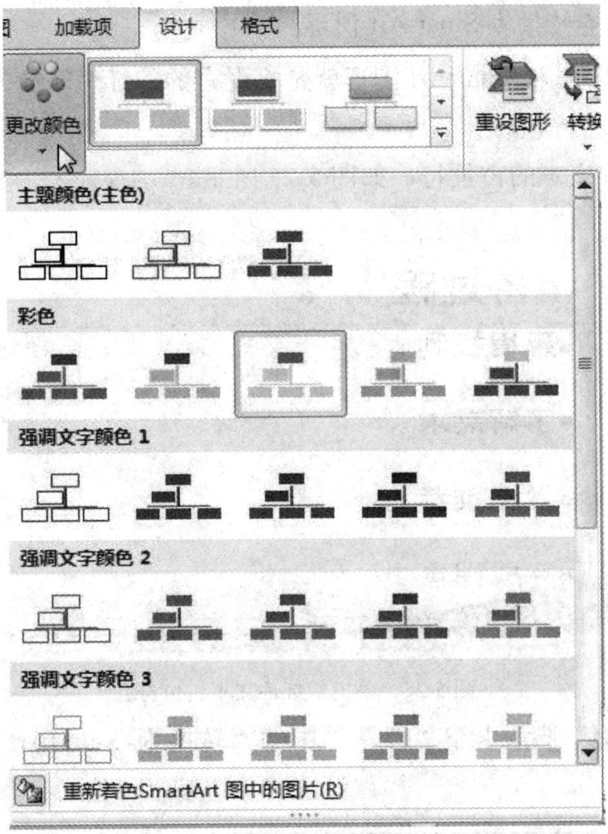

图 5-22　更改颜色

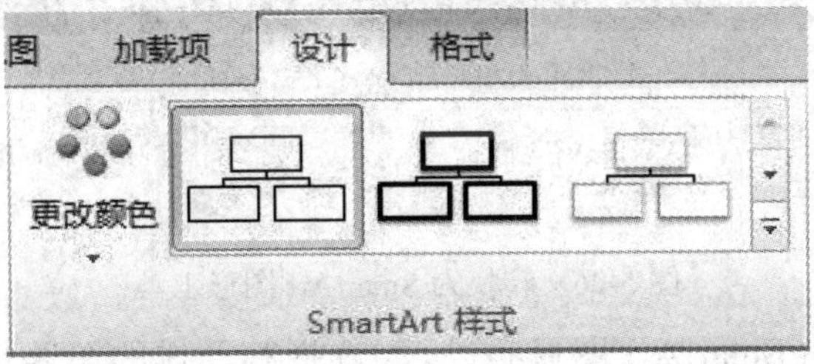

图 5-23　SmartArt 样式

SmartArt 图形中的形状格式的更改：单击要修改的 SmartArt 图形中的形状，选择“SmartArt 工具”下的“格式”选项卡，其下有形状、形状样式、艺术字样式、排列和大小选项，可以选择不同的选项对 SmartArt 图形中的形状格式进行更改，如图 5-24 所示。

图 5-24　格式选项卡

3) 把幻灯片文本转换为 SmartArt 图形

把幻灯片文本转换为 SmartArt 图形就是将现有的幻灯片转换为专业设计的插图。步骤如下：

(1) 单击幻灯片文本的占位符，如图 5-25 所示。

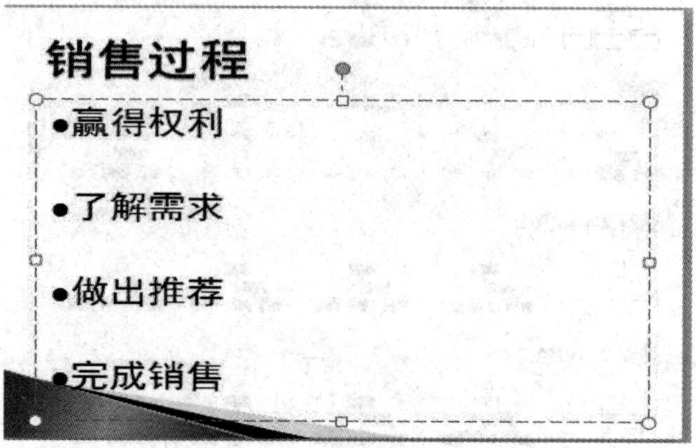

图 5-25　单击幻灯片文本占位符

(2) 单击“开始”选项卡下“段落”中的“转换为 SmartArt 图形”，如图 5-26 所示。

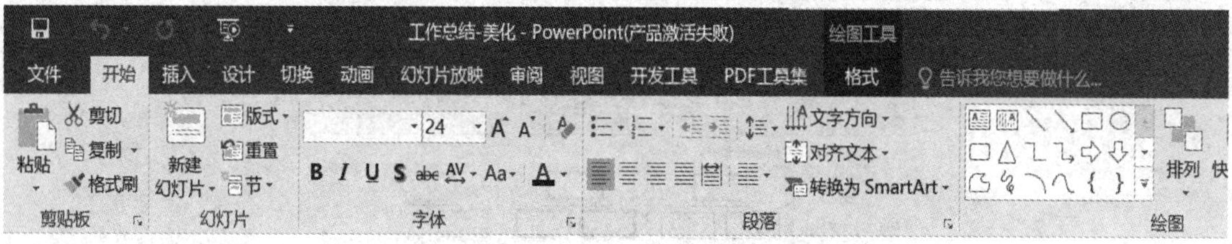

图 5-26　转换为 SmartArt 图形工具

(3) 选择所需要的 SmartArt 图形布局。如选择第一排的第四个，转换结果如图 5-27 所示。

图 5-27　转换为 SmartArt 图形

6. 在演示文稿中插入形状

可以在演示文稿中添加一个形状或者合并多个形状，以生成绘图或一个更为复杂的图形。能够使用的形状有线条、矩形、基本形状、箭头、公式形状、流程图、星与旗帜、标注、动作按钮等。添加形状后，可以在其上添加文字、项目符号、编号和快速样式。

1) 插入形状

单击“插入”选项卡中的“形状”，选择要插入的形状，接着单击演示文稿编辑文档区的任意位置，然后拖动放置形状。如添加三个箭头形状和三个矩形框，如图 5-28 所示。

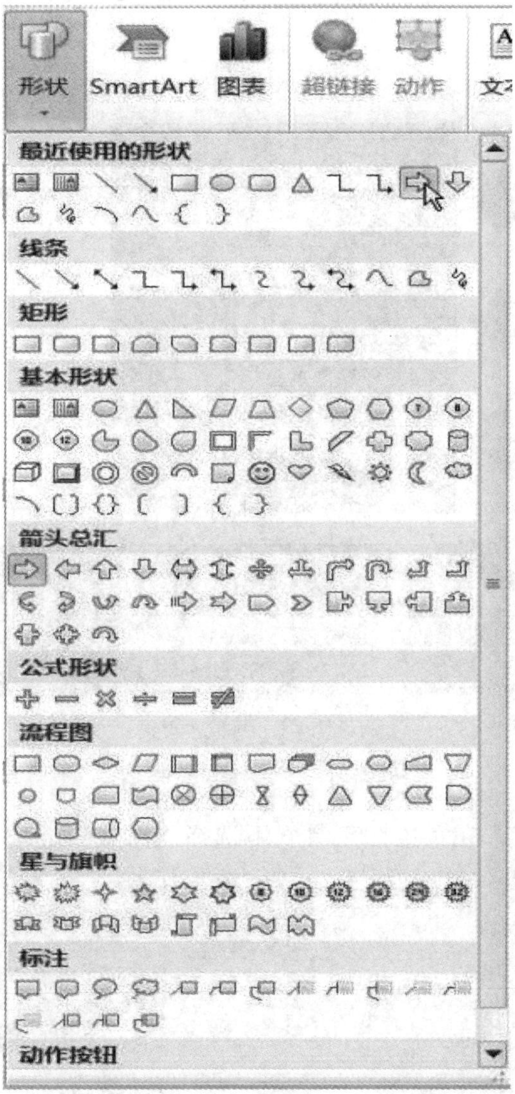

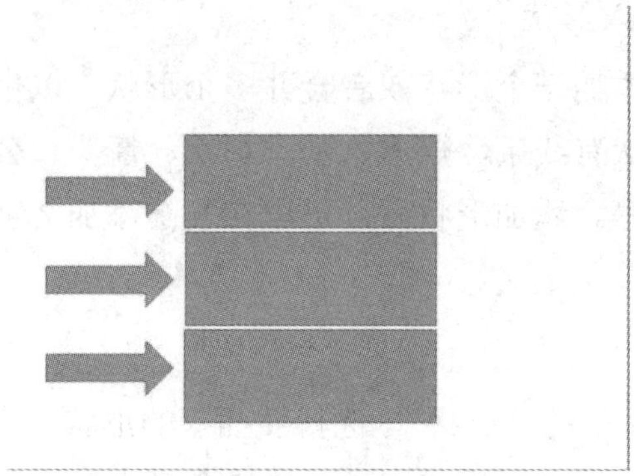

图 5-28　插入形状

选择形状，单击右键，在弹出的菜单中选择编辑文字。添加文字后的效果如图 5-29 所示。

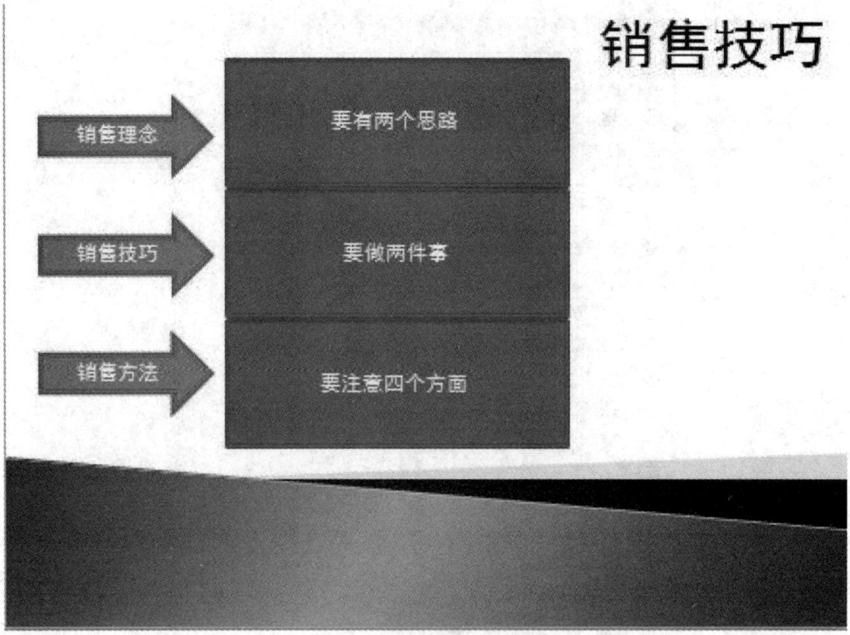

图 5-29　编辑文字

2) 修改形状

选中要修改的形状，在“绘图工具”下选择“格式”选项卡，在其下面可以对形状样式、艺术字样式进行修改以及美化，如图 5-30 所示。

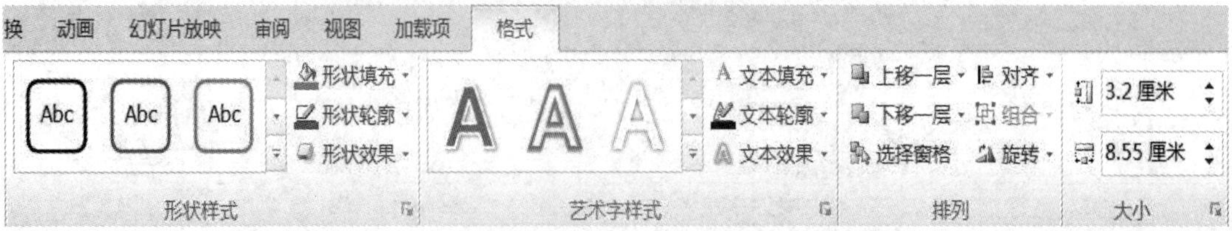

图 5-30　格式选项卡

7. 插入图片

图片是 PPT 常用的演示方法之一。在幻灯片中加入图片不仅可以帮助我们更好地理解和记忆文字，也可以帮助我们减轻阅读负担，还可以起到美化幻灯片的效果。图片的选择也要符合主题，尺寸大小要整齐统一。

1) 插入来自文件的图片

选择要插入图片的幻灯片，在占位符中单击“插入”选项卡的“图像”组中的“图片”按钮，如图 5-31 所示，即可打开“插入图片”对话框。选择要插入的图片，单击“插入”按钮，即可将图片插入幻灯片中，之后可以调整图片的位置和大小。

图 5-31　插入图片

2) 插入联机图片

插入联机图片是指直接在 PPT 上搜索想要的图片然后插入。单击“插入”选项卡下“图像”组中的“联机图片”按钮，打开“插入图片”对话框，输入条件进行搜索，如图 5-32 所示。

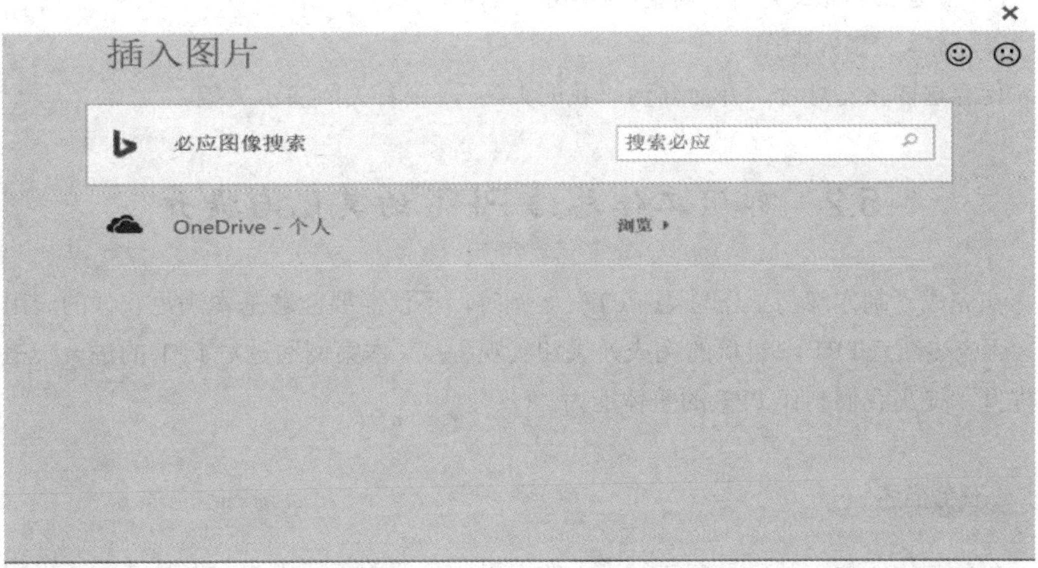

图 5-32　“插入图片”对话框

综合练习

制作“我的大学”演示文稿，具体要求如下：

1. 制作第一张幻灯片

(1) 打开 PowerPoint 2016，新建一个空白的演示文稿。

(2) 选择一个自己喜欢的主题。

(3) 题目为“我的大学”，内容有“学院名称”“学院地址”等字样，具体内容可根据自己的实际情况进行填写。在选择字体时，标题和正文尽量选用常用的字体，而且还要考虑标题字体和正文字体的搭配效果。

2. 制作第二张幻灯片

(1) 新建第二张幻灯片，题目为“我的专业及所学的课程”，插入一个 SmartArt 图形。

(2) 向 SmartArt 图形中输入文本，并编辑 SmartArt 图形。

3. 制作第三张幻灯片

(1) 新建第三张幻灯片，设置标题为“我的老师”。

(2) 插入一个竖排文本框，输入有关老师的文字。

(3) 插入图像或者剪贴画，给文字配图。

4. 制作第四张幻灯片

(1) 新建第四张幻灯片，标题为“我的理想”。

(2) 输入文字并配图。

保存这四张幻灯片，并命名为“我的大学”，接着关闭演示文稿。

5.2　部门工作总结 PPT 的美化与提升

在完成“制作部门工作总结 PPT”案例时，不仅需要能够基本满足软件的应用要求，还应该注意 PPT 演讲稿的完成效果和美观程度。本案例通过对 PPT 的进一步美化和提升，提高我们制作 PPT 的整体能力。

任务描述

小张制作的演示文稿虽然包含了工作汇报所需要的主要内容，但是演示文稿的内容过于单一，页面不美观，播放过程中没有动画效果配合内容。那么如何美化和提升演示文稿的效果呢？这些问题对于汇报的效果起着很重要的作用。通过一段时间的努力，小张完成了对演示文稿的美化和提升。

任务简析

本任务要求对演示文稿美化，需要做到以下几点：

(1) 设置幻灯片的背景，制作并使用幻灯片母版。

(2) 加入动画、图片等以提升幻灯片的视觉效果。

(3) 设置幻灯片的切换效果和对象的动画效果，使幻灯片的演示效果更生动。

(4) 设置幻灯片的放映方式。

操作实现

打开工作总结演示文稿并对其进行修饰。

1. 应用幻灯片母版

首先我们通过幻灯片母版，为所有的幻灯片确定统一的主题风格。

(1) 进入幻灯片母版编辑状态。选择第 1 张幻灯片母版，表示在该幻灯片下的编辑将应用于整个演示文稿。选择“视图”→“母版视图”组，单击“幻灯片母版”选项，选中幻灯片母版，选择“背景”组中的“背景样式”，在下拉选项中选择设置背景格式，或者在幻灯片窗格中单击鼠标右键，选择设置背景格式，为幻灯片填充背景颜色，如图 5-33 所示。

(2) 选择“插入”→“插图”中的形状，在幻灯片底部绘制两个矩形，选中矩形，在“绘图工具”→“格式”中给矩形填充颜色。

(3) 选择“插入”→“插图”中的形状，选择“箭头总汇”中的燕尾形，在幻灯片底部左侧的小矩形上绘制形状。选择椭圆，在幻灯片底部右侧矩形上的适当位置绘制形状并填充颜色。

(4) 选择“插入”→“图像”组中的图片，选择图案 1 素材，将其放置于幻灯片左上角，为幻灯片做装饰。

(5) 选择“插入”→“文本”选项组中的“页眉和页脚”，打开“页眉和页脚”对话框。单击“幻灯片”选项卡，单击选中“幻灯片编号”复选框，为幻灯片添加页码。

(6) 选择标题占位符，使用鼠标将其拖动至合适的位置，调整标题的字号和颜色。

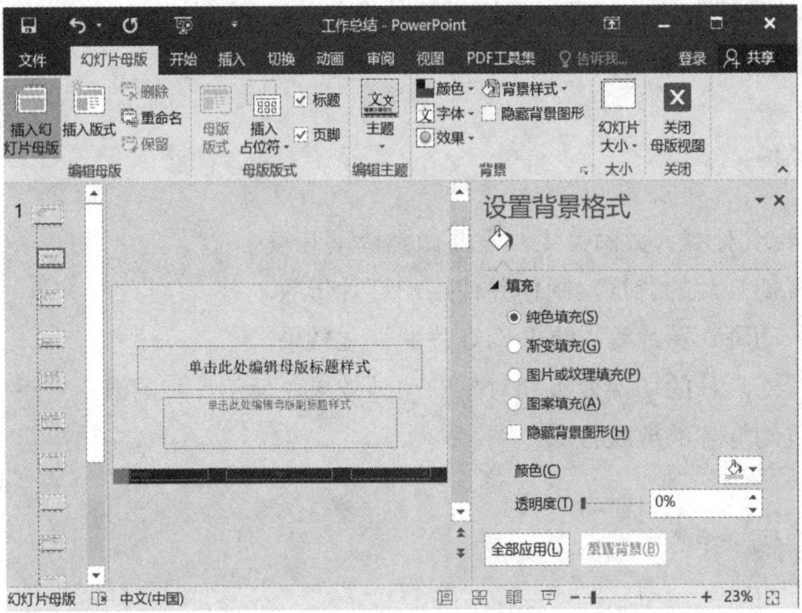

图 5-33　设置背景格式

(7) 在“幻灯片母版”→“关闭”组中单击“关闭母版视图”按钮，退出该视图，此时可发现设置应用于各张幻灯片，如图 5-34 所示。

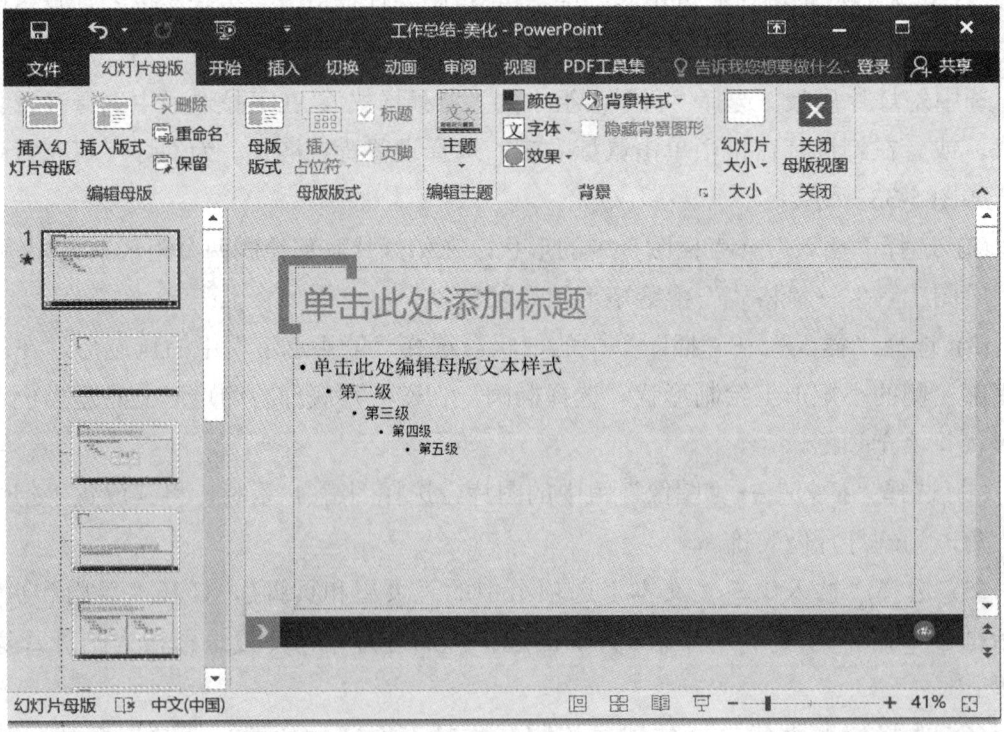

图 5-34　幻灯片母版效果

2. 设置每张幻灯片的效果

(1) 设置第 1 张幻灯片。

① 选择“插入”→“图像”组中的“图片”，选择人物素材图片，并将其放置到合适的位置。

② 选择“插入”→“插图”中的“形状”，单击“矩形”，绘制一个细长条矩形。选中矩形，在“绘图工具”→“格式”选项卡→“形状样式”中设置矩形的填充颜色，在“绘图工具”→“格式”选项卡→“插入形状”中利用“编辑形状”中的“编辑顶点”将矩形倾斜适当的角度，如图 5-35 所示。

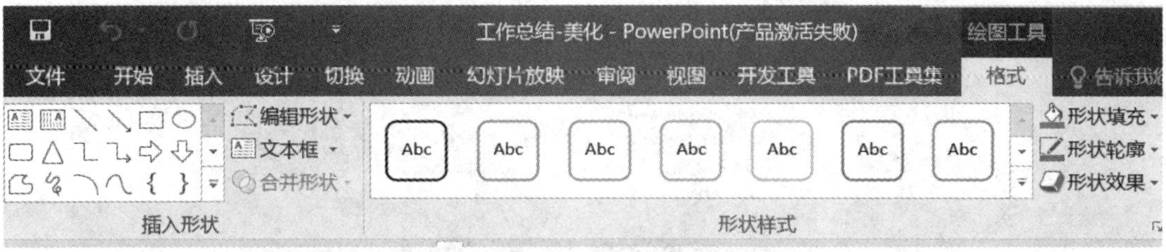

图 5-35　绘图工具

③ 选择“插入”→“插图”→“标注”中的椭圆形标注，绘制图形，调整图形的填充色和样式。调整标题字体的大小和颜色并放置到适当位置。第 1 张幻灯片效果如图 5-36 所示。

图 5-36　第 1 张幻灯片效果

(2) 设置第 2 张幻灯片。

选择“插入”→“图像”组中的“图片”，选择图案素材图片，并将其放置到合适的位置。第 2 张幻灯片效果如图 5-37 所示。

图 5-37　第 2 张幻灯片效果

(3) 设置第 3 张幻灯片。

以图表的形式展示数据更直观。用图表替换现在的表格，选择“插入”→“插图”组中的“图表”，选择图表类型，输入数据并选中图表，用“图表工具”选项卡对图表进行修饰。第 3 张幻灯片效果如图 5-38 所示。

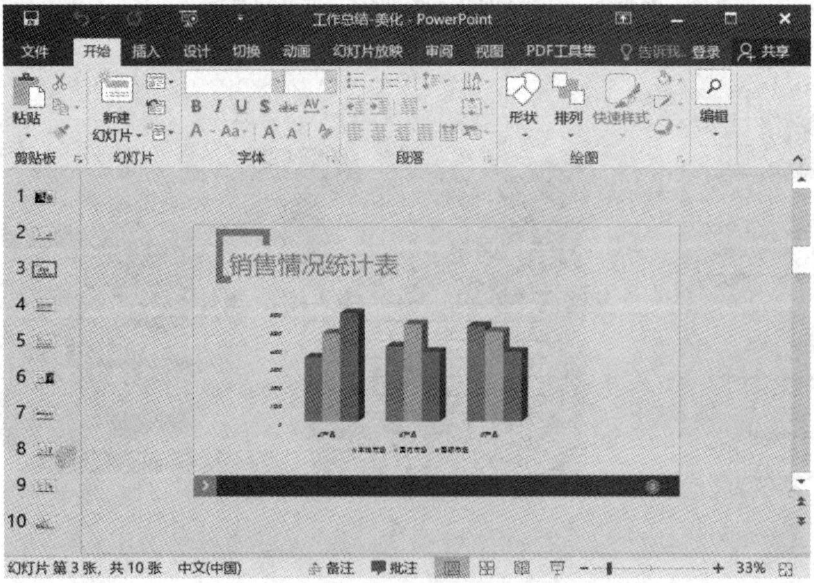

图 5-38　第 3 张幻灯片效果

(4) 应用幻灯片母版后，第 4、5 张幻灯片效果分别如图 5-39 和图 5-40 所示。

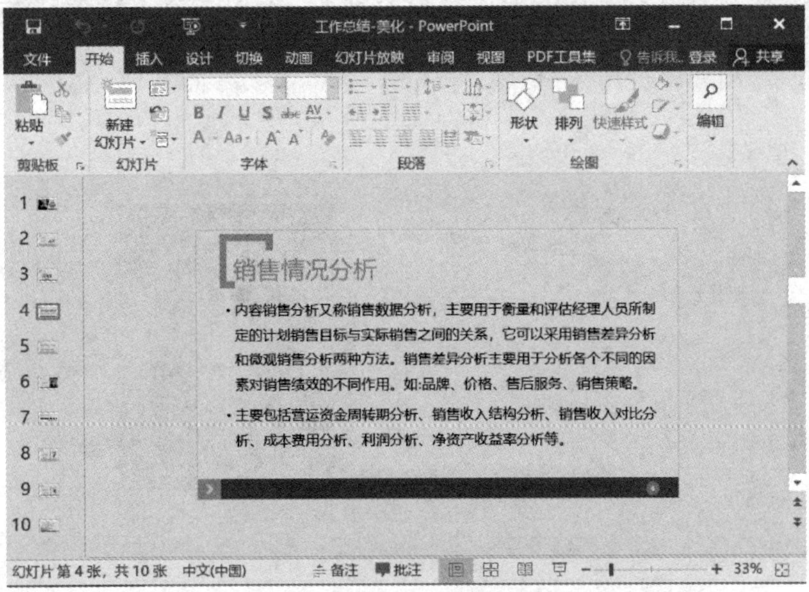

图 5-39 第 4 张幻灯片效果

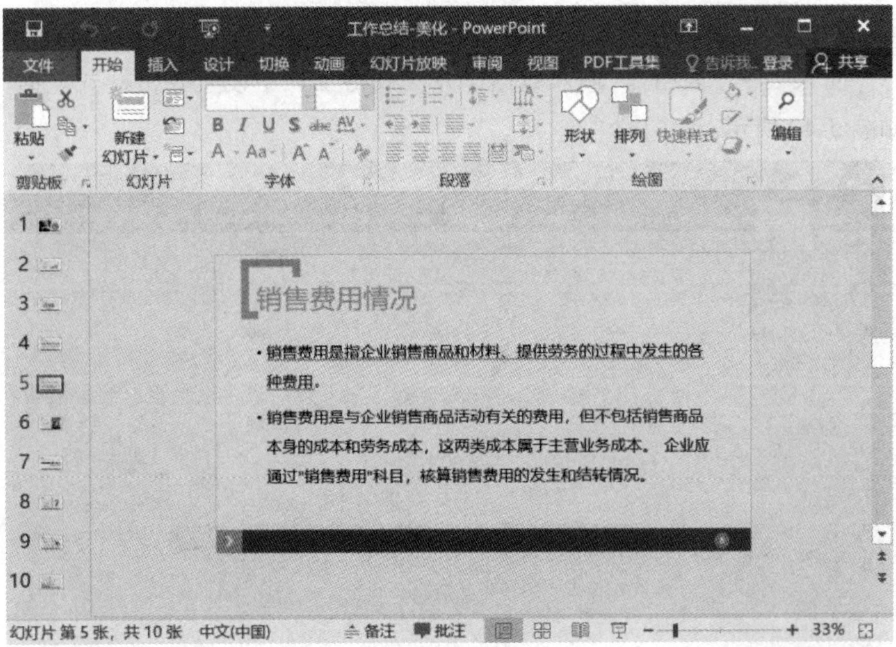

图 5-40 第 5 张幻灯片效果

(5) 设置第 6 张幻灯片。

① 选择“插入”→“插图”中的“形状”，单击“矩形”，绘制一个细长条矩形并填充适当的颜色。

② 选择“插入”→“图像”组中的“图片”，选择图案 2 素材图片，并将其放置到合适的位置。第 6 张幻灯片效果如图 5-41 所示。

图 5-41　第 6 张幻灯片效果

(6) 设置第 7 张幻灯片。

选择“插入”→“表格”，输入数据，并在表格工具中设置表格样式。第 7 张幻灯片效果如图 5-42 所示。

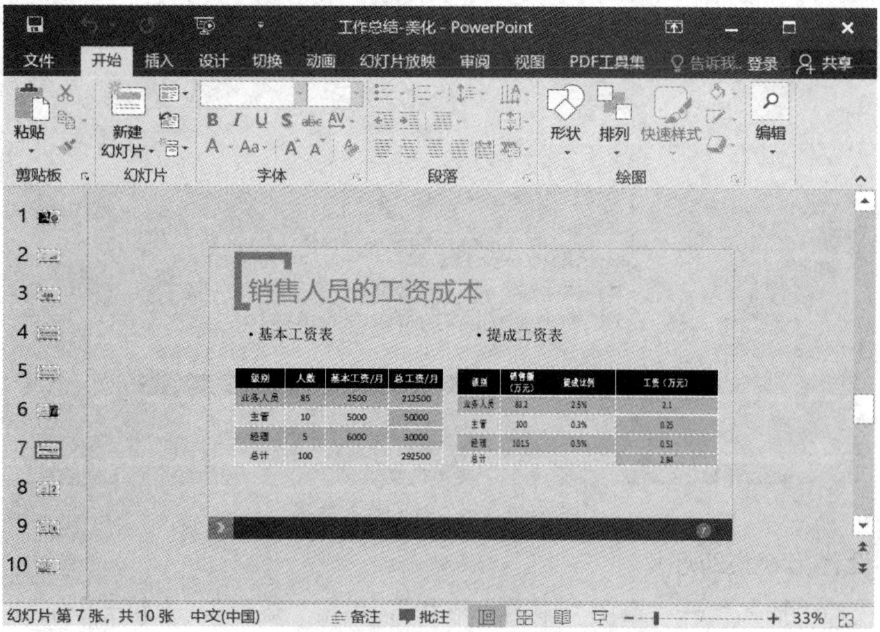

图 5-42　第 7 张幻灯片效果

(7) 设置第 8 张幻灯片。

① 选择“插入”→“插图”中的“形状”，单击“矩形”，绘制一个细长条矩形并

填充适当的颜色。

② 选择“插入”→“图像”组中的“图片”，选择图片 2 素材图案，并将其放置到合适的位置。第 8 张幻灯片效果如图 5-43 所示。

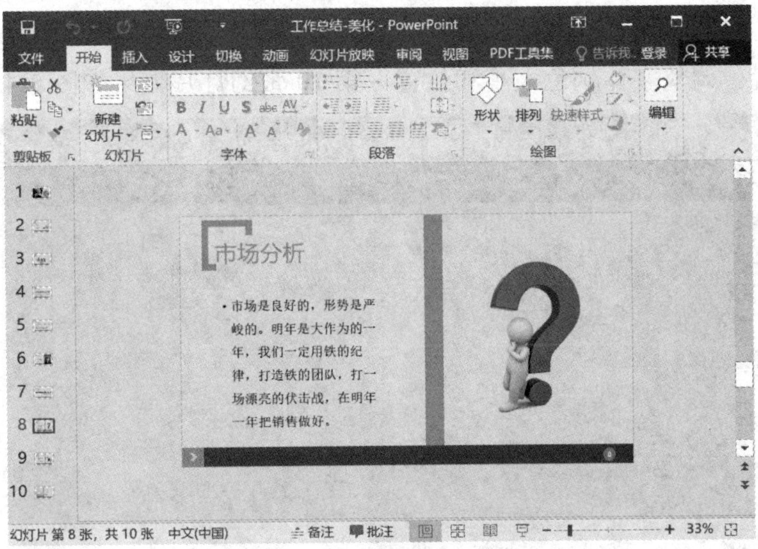

图 5-43　第 8 张幻灯片效果

(8) 设置第 9 张幻灯片。

① 选择“插入”→“插图”中的“形状”，单击“矩形”，绘制一个细长条矩形并填充适当的颜色。

② 选择“插入”→“图像”组中的“图片”，选择图片 1 图案素材，并将其放置到合适的位置。第 9 张幻灯片效果如图 5-44 所示。

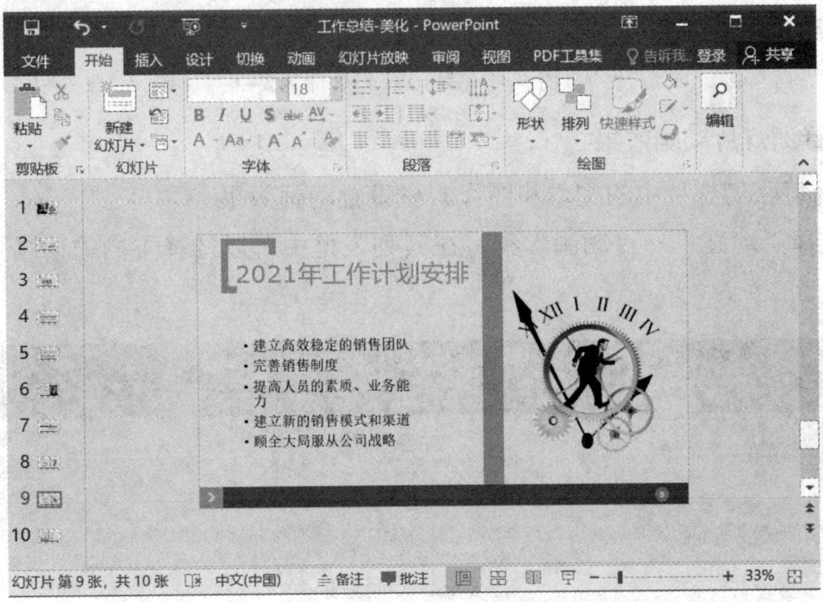

图 5-44　第 9 张幻灯片效果

(9) 设置第 10 张幻灯片。

① 选择“插入”→“插图”中的“形状”，单击“矩形”，绘制一个细长条矩形并填充适当的颜色。

② 选择“插入”→“图像”组中的“图片”，选择图案 3 素材图片，并将其放置到合适的位置。调整字体颜色大小和位置。第 10 张幻灯片效果如图 5-45 所示。

图 5-45　第 10 张幻灯片效果

3. 设置幻灯片动画效果

分别为每张幻灯片中的文本和图像素材设置动画效果。

(1) 选择“动画”→“动画”组，在其列表框中可以选择不同的动画效果，如图 5-46 所示。

图 5-46　动画效果

(2) 在打开的下拉列表中选择“更多进入效果”选项，可以选择更多的进入效果，如图 5-47 所示。

图 5-47　更多的进入效果

(3) 为对象选择动画效果后，通过效果选项进行效果设置，如图 5-48 所示。

图 5-48　效果选项

(4) 选择“动画”→“高级动画”组，单击“动画窗格”按钮，在工作界面右侧增加一个窗格，其中显示了当前幻灯片中所有对象已设置的动画。单击动画窗格右侧黑色向下的小三角，将弹出更多设置的快捷菜单，如图 5-49 所示。

图 5-49　动画窗格

(5) 在弹出的快捷菜单中选择“效果选项”命令，可以为动画播放设置声音效果和动画计时等更多效果，如图 5-50 和图 5-51 所示。

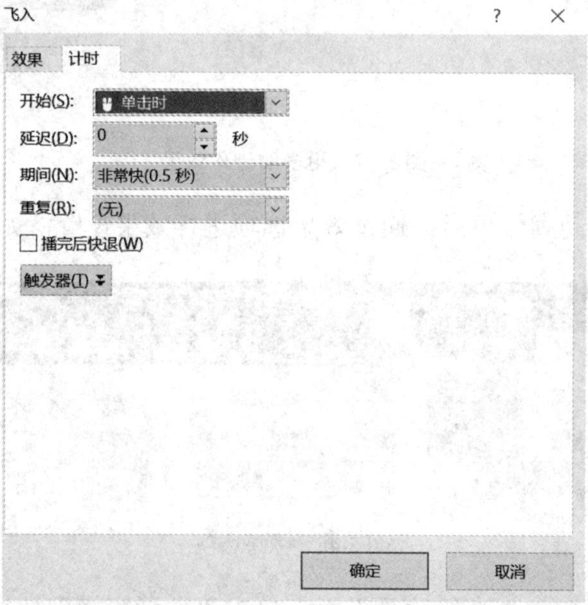

图 5-50　计时效果

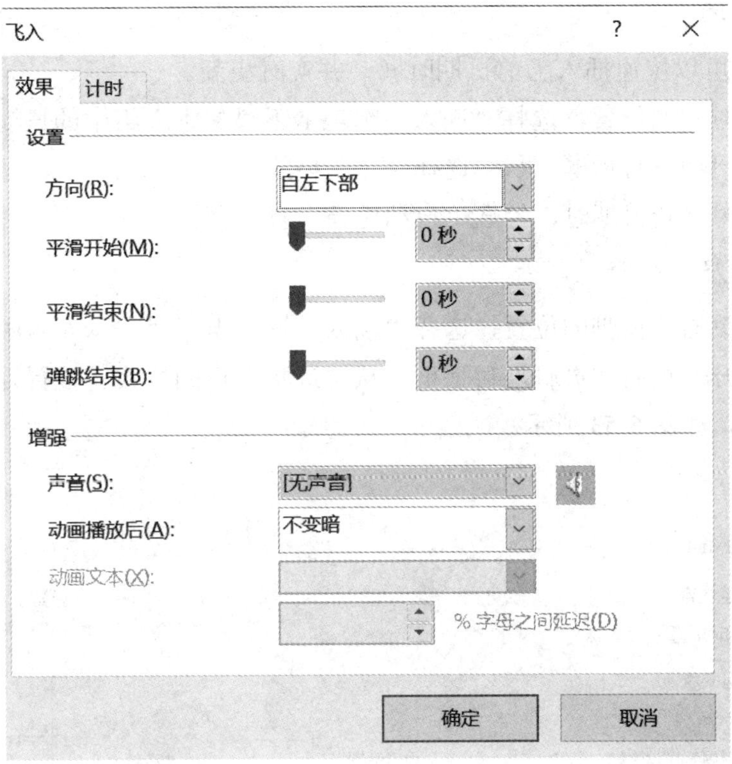

图 5-51　效果设置

(6) 选择“动画”→“计时”组，设置播放计时。

4. 设置幻灯片切换动画

(1) 在“幻灯片”浏览窗格中选择幻灯片，选择“切换”→“切换到此张幻灯片”组，为幻灯片设置切换方式。

(2) 选择“切换”→“计时”组，为幻灯片设置计时和换片方式。

必备知识

1. 在演示文稿中插入时间、页眉页脚

如图 5-52 所示为“插入”选项卡。

图 5-52　“插入”选项卡

1) 插入时间

在 PPT 中可以快速插入当前日期时间，并实时更新。

定位插入时间的位置，选择“插入”选项卡下“文本”组中的日期和时间按钮，打开“时间和日期”对话框，从中选择合适的格式。

当需要实时更新日期时，勾选“自动更新”复选框。

2) 插入页眉和页脚

定位插入页眉或页脚的位置，选择“插入”选项卡下“文本”组中的“页眉和页脚”按钮，打开“页眉和页脚”对话框，从中选择合适的格式。设置好之后单击“全部应用”按钮，如图 5-53 所示。

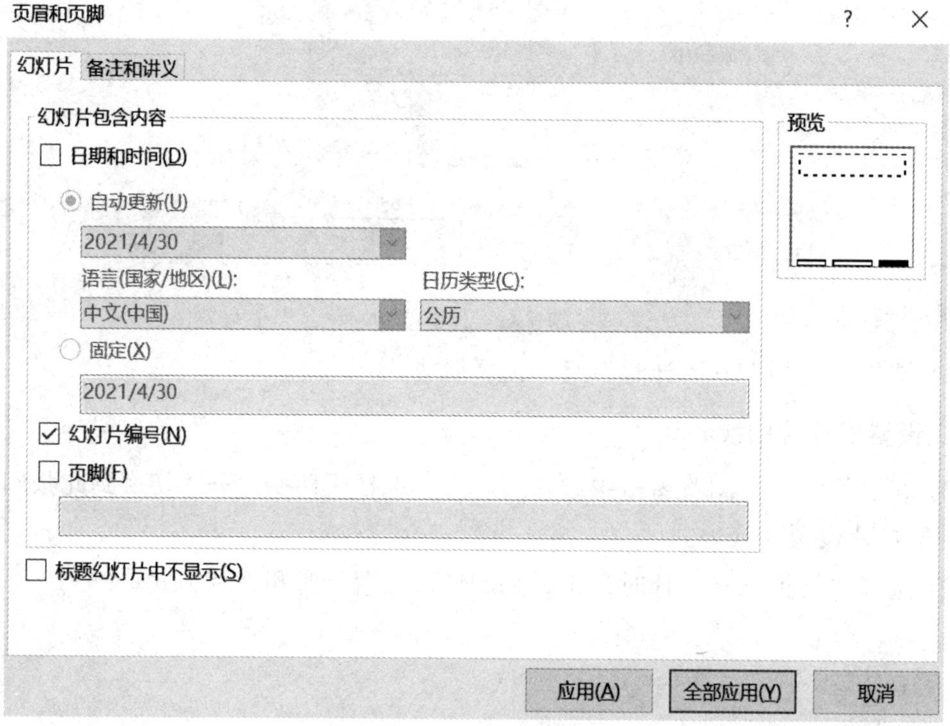

图 5-53 “页眉和页脚”对话框

2. 插入幻灯片编号

定位插入幻灯片编号的位置，选择“插入”选项卡下“文本”组中的幻灯片编号 按钮，即可以在当前位置插入幻灯片的编号。

3. 插入对象

选择“插入”选项卡下“文本”组中的“对象”按钮，打开“插入对象”对话框，如图 5-54 所示。

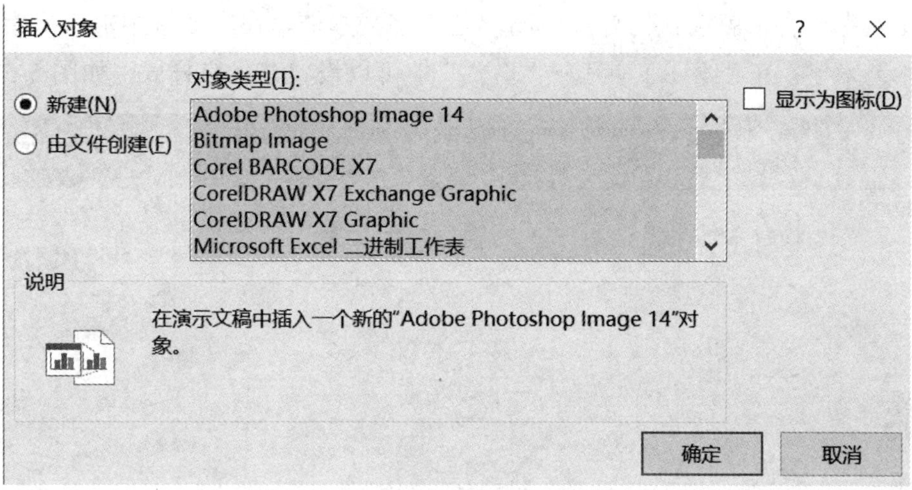

图 5-54　“插入对象”对话框

4. 在幻灯片中插入文本框、艺术字的方法

1) 插入文本框

选中要插入的幻灯片，单击“插入”菜单中的“文本”选项组中的“文本框”，选择“横排文本框”或“垂直文本框”，如图 5-55 所示。

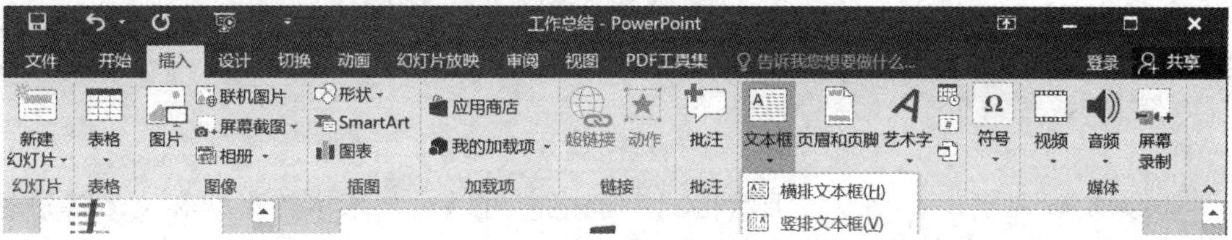

图 5-55　插入文本框

在选中的幻灯片上单击，就会出现一个文本框，在文本框内输入要插入的文本。还可以通过“开始”选项卡中的“字体”选项组对文本框中的文字进行格式设置。

2) 插入艺术字

选中要插入艺术字的幻灯片，单击“插入”→“文本”选项组→“艺术字”，会弹出艺术字的字样，如图 5-56 所示。

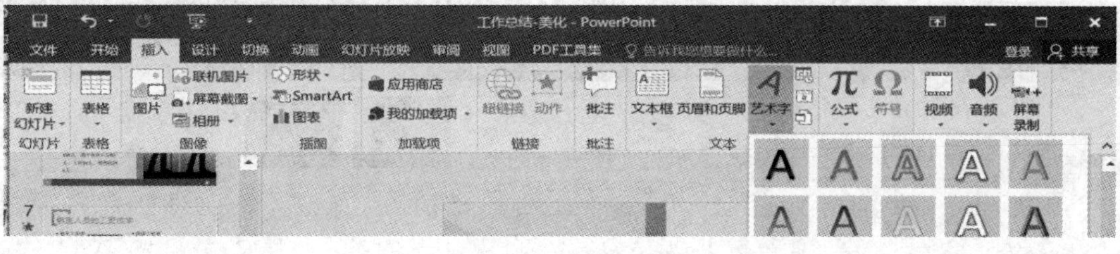

图 5-56　插入艺术字

单击其中一种，就会在幻灯片中出现艺术字文本框，在文本框中输入文字。

选中艺术字，在“绘图工具”→“格式”中可以设置艺术字样式，如图 5-57 所示。

图 5-57　设置文字效果格式

根据实际需要，在“设置形状格式”窗格中可以对艺术字的形状和文本等进行设置。

5. 设置幻灯片主题

幻灯片的主题是指对幻灯片中的标题、文字、图表、背景项目设定的一组配置。该配置主要包含主题颜色、主题字体和主题效果。

选择需要应用主题的幻灯片，并选择“设计”选项卡，单击“主题”组中所需的主题，如图 5-58 所示。

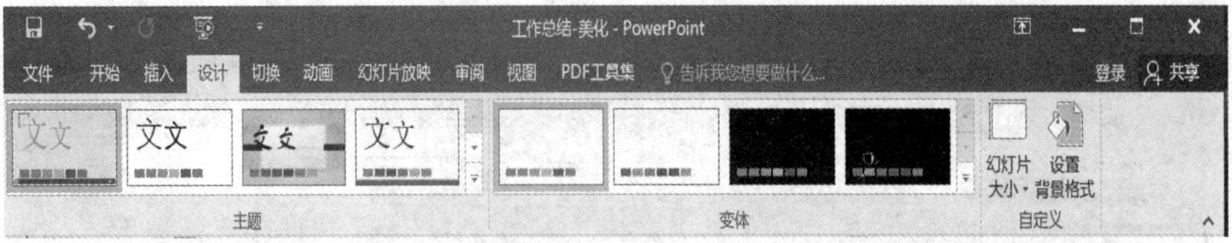

图 5-58　设计选项卡

如果所需要的主题没有在工具栏上显示，可以单击“主题”组中的▼按钮，从文件中浏览主题，也可以在网上下载适合自己的主题，如图 5-59 所示。

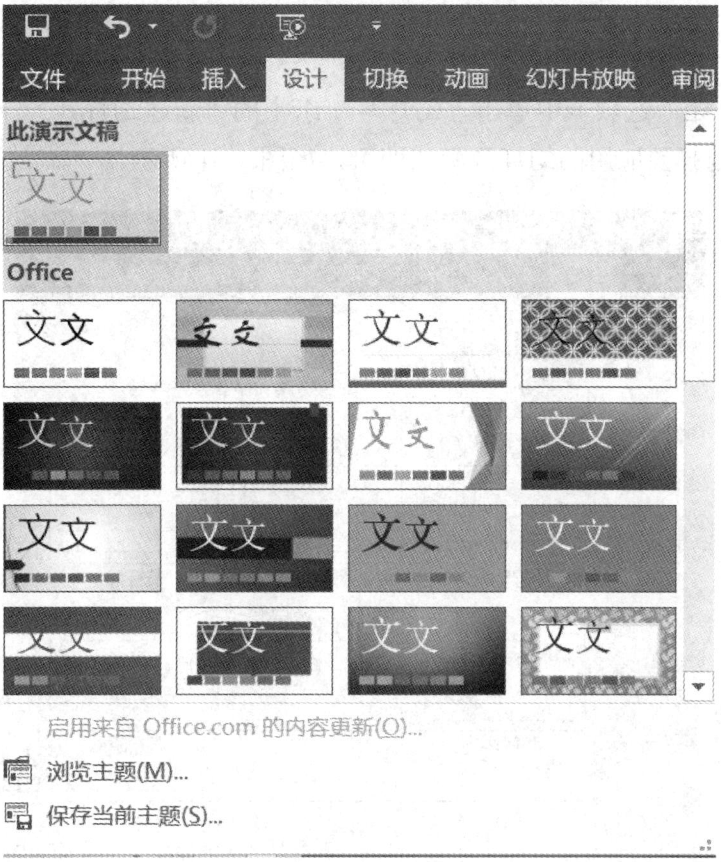

图 5-59　浏览主题

右击“主题”区域的主题列表中要应用的主题样式，即可在弹出的快捷菜单中指定以何种方式应用所选的主题，如图 5-60 所示。

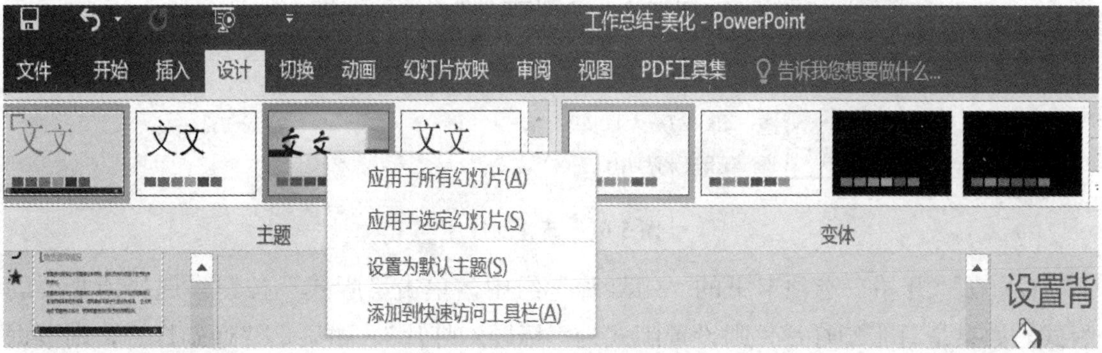

图 5-60　应用主题

6. 设置幻灯片版式

在 PowerPoint 2016 中打开空白演示文稿时，将显示名为“标题幻灯片”的默认版式。

设置幻灯片的版式主要有以下三种方法：

(1) 在“开始”选项卡中单击“幻灯片”组中的“新建幻灯片”下拉按钮，在其展开的列表中选择要应用的幻灯片版式即可，如图 5-61 所示。

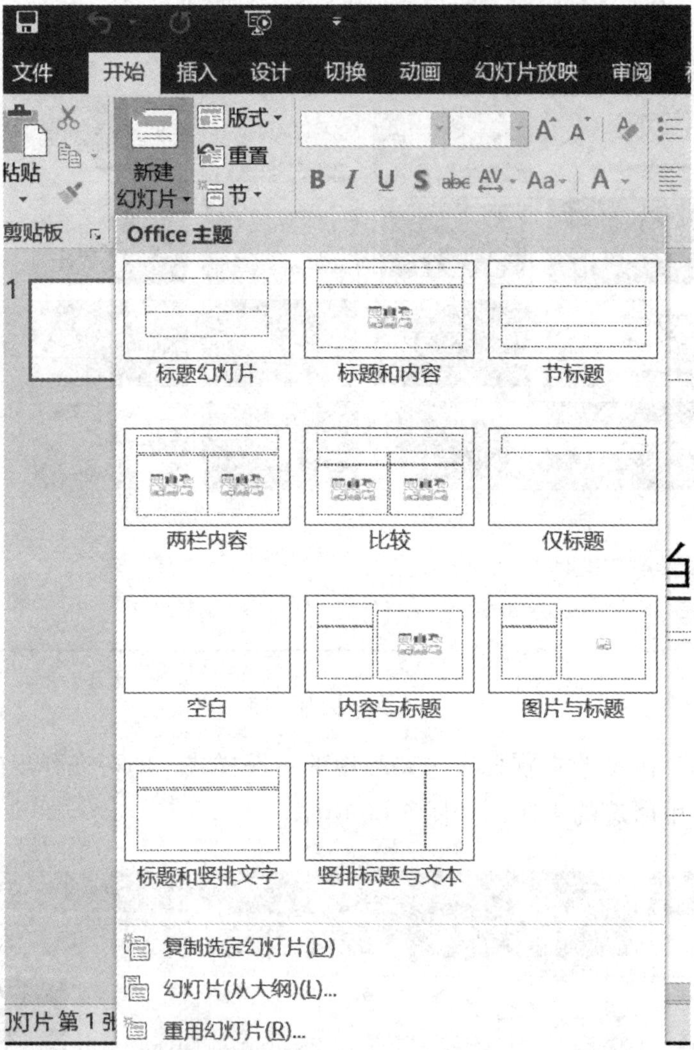

图 5-61　新建幻灯片

(2) 在“开始”选项卡下的“幻灯片”组中，单击“版式”按钮，选择所需要的版式。如果是首张幻灯片，则设置版式为“标题幻灯片”，如果是普通幻灯片，则根据需要选择其他版式，如图 5-62 所示。

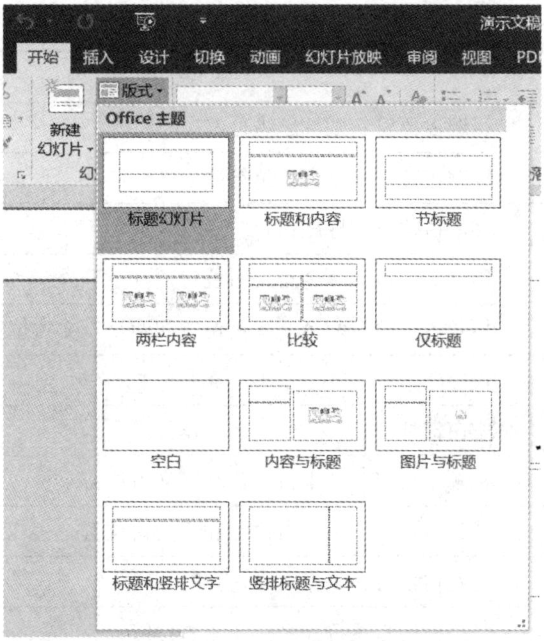

图 5-62　版式按钮

(3) 选中要设置版式的幻灯片，单击鼠标右键，在弹出的菜单中单击“版式”，同样会出现所有的版式即可，根据需要选择版式，如图 5-63 所示。版式名称及内容如表 5-1 所示。

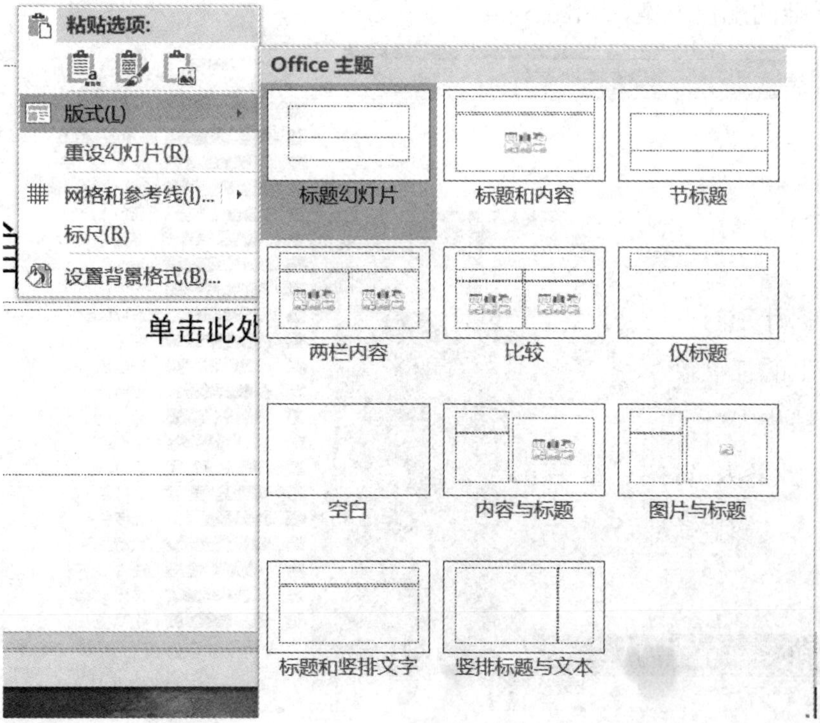

图 5-63　版式快捷菜单

表 5-1　版式名称及内容

版式名称	包 含 内 容
标题幻灯片	标题占位符和副标题占位符
标题和内容	标题占位符和正文占位符
节标题	文本占位符和标题占位符
两栏内容	标题占位符和两个正文占位符
比较	标题占位符、两个文本占位符和两个正文占位符
仅标题	仅标题占位符
空白	空白幻灯片
内容与标题	标题占位符、文本占位符和正文占位符
图片与标题	图片占位符、标题占位符和正文占位符
标题和竖排文字	标题占位符和竖排文本占位符
竖排标题与文本	竖排标题占位符和竖排文本占位符

7. 设置幻灯片的配色方案及背景

1) 配色方案的设置

幻灯片主题的色彩效果，可以通过幻灯片配色方案进行设置。PowerPoint 2016 提供了多种标准的配色方案，如图 5-64 所示。

图 5-64　配色方案

选择要设置配色方案的幻灯片，单击“设计”选项卡，在“主题”组中选择“颜色”按钮即可设置。还可以选择图中的“新建主题颜色”，对主题颜色进行自定义。

2) 幻灯片背景的设置

应用 PowerPoint 2016 内置的背景样式可以设置幻灯片的背景。 选择“设计”选项卡，在“背景”组中单击“设置背景格式”，在设置背景格式窗口中进行设置，如图 5-65 所示。

图 5-65　设置背景格式

8. 设置幻灯片的切换方式

打开 PPT 软件后，在功能区选择“切换”选项卡，在“切换到此幻灯片”组中选择一个需要的切换效果，如图 5-66 所示。如果还想选更多的切换效果，可以单击▾按钮，然后再选择。

图 5-66　切换选项卡

在设置了切换效果以后，还可以对其效果选项进行具体调整，如图 5-67 所示。

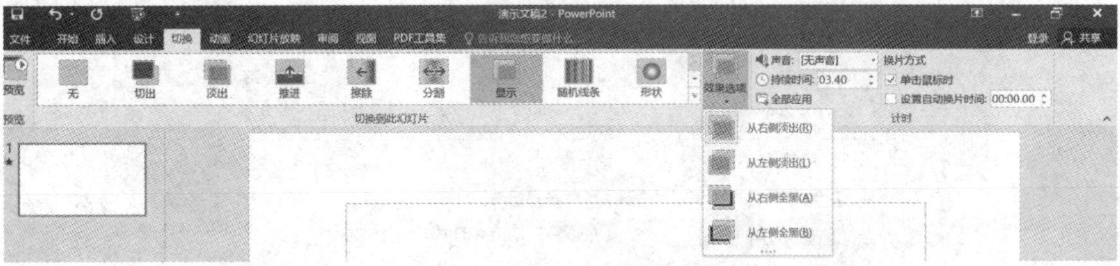

图 5-67　效果选项

设置好了切换效果以后，在幻灯片窗格中会有不同的显示。如果想让所有的幻灯片都是这个效果，选择“全部应用”。

幻灯片切换方式设置好之后还可以为幻灯片设置切换声音。首先选择该幻灯片，并在“切换”选项卡中单击“计时”组中的“声音”下拉按钮，选择要添加的声音，即可完成幻灯片切换时的声音的设置，如图 5-68 所示。

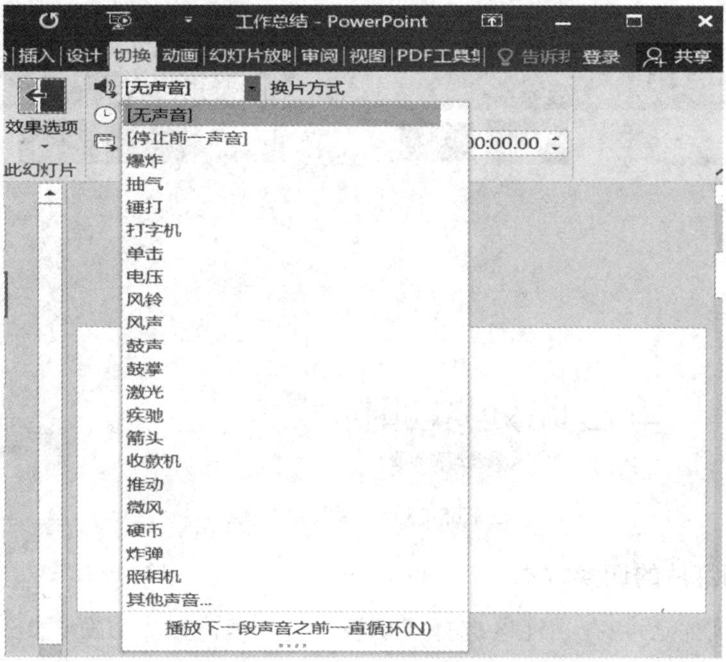

图 5-68　设置切换声音

还可以为幻灯片的切换效果计时。如果要设置上一张幻灯片与当前幻灯片之间的切换效果的持续时间，则在“切换”选项卡的“计时”选项组的“持续时间”框中，输入或选择所需的速度。如果要指定当前幻灯片在多长时间后切换到下一张幻灯片，应执行以下步骤：若要在单击鼠标时切换幻灯片，则在“切换”选项卡的“计时”组中启用“单击鼠标时”复选框；若要在指定时间后切换幻灯片，则在“切换”选项卡的“计时”组中启用“设置自动换片时间”复选框，并在其后的文本框中输入所需的秒数，如图 5-69 所示。

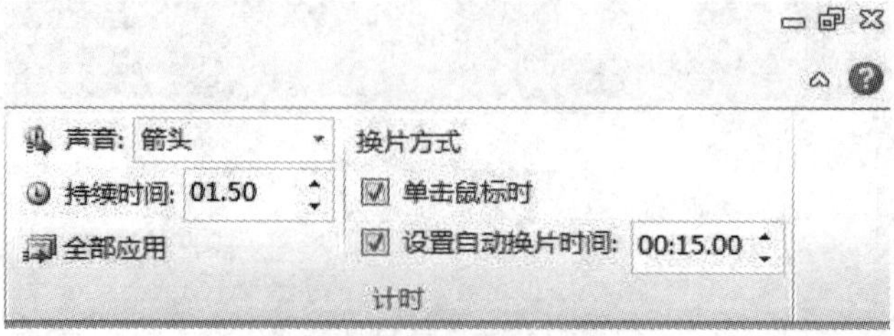

图 5-69　幻灯片计时

9. 设置幻灯片的动画效果

1) 预设动画

所谓预设动画，是指调用内置的动画设置效果。选中要设置动画的对象，单击“动画”选项卡，其中列出了“无动画”“淡出”“擦除”“飞入”等多种选项，选择一种效果。当鼠标指针指向某一动画名称时，会在编辑区预演该动画的效果，根据需要选择一种动画即可。

如果所需要的动画效果没有在工具栏上显示，可以单击“动画”选项组中的下拉按钮，打开所有的动画效果显示。

在动画效果中，主要包括“无”“进入”“强调”“退出”和“动作路径”设置选项，可以根据实际需求对各个步骤进行动画设置。

如果展示出的所有效果都不满足要求，可以使用“更多进入效果”“更多强调效果”“更多退出效果”和“其他动作路径”选项。

2) 自定义动画

自定义动画的功能比预设动画的功能强大得多，通过它可以随心所欲地设置丰富多彩、赏心悦目的动画效果。它包括四大类别：进入、强调、退出和动作路径。

默认的“进入”动画呈绿色，“强调”呈黄色，“退出”呈红色，“动作路径”没有填充色，因此在解读他人设计的“自定义动画”时，可以通过动画图标及其填充颜色来初步判别其“动画类别”和“动画效果”。

选中要设置动画的对象，单击“动画”选项卡，在“高级动画”组中单击“添加动画”，单击“更多进入效果”，进入“更改进入效果”列表，如图 5-70 所示。

图 5-70　更改进入效果

选中要设置动画的对象，单击“动画”选项卡，在“高级动画”组中单击“添加动画”，单击“更多退出效果”，进入“更改退出效果”列表，如图 5-71 所示。

图 5-71　更改退出效果

在选择某种效果后，单击“高级动画”选项卡中的“动画窗格”，将显示为每个对象所设置的动画类型，如图 5-72 所示。

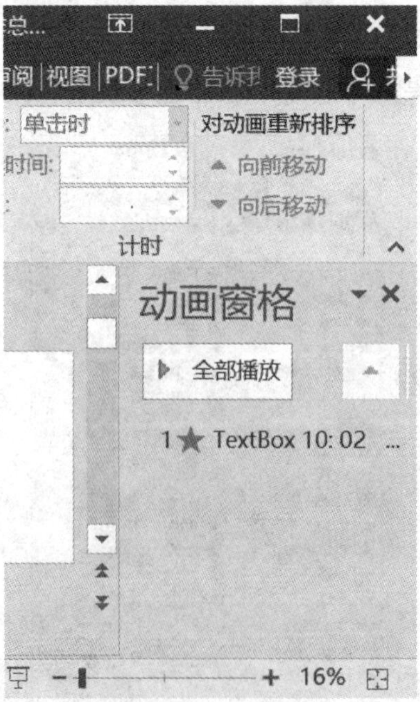

图 5-72　动画窗格

接着用右键单击每一个动画类型，可以对动画开始的定位，效果选项，“计时”组中的开始、持续时间、延迟等进行设置，或者在每一个动画类型上双击也可以对当前动画进行相应的设置，如图 5-73 所示。

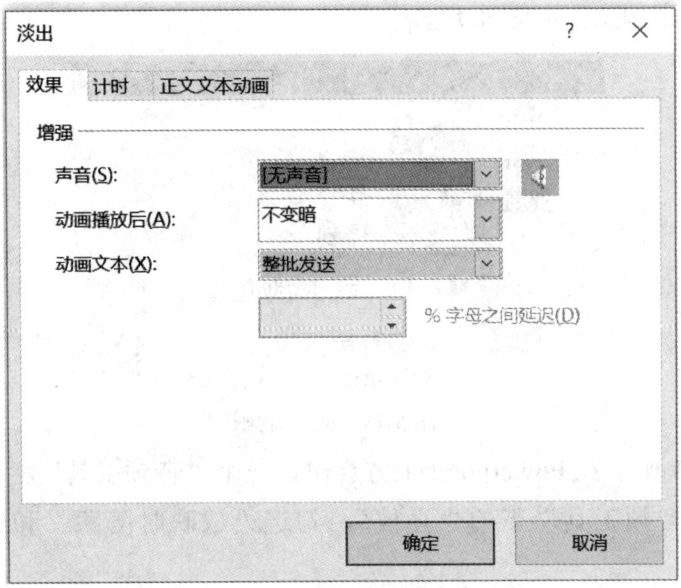

图 5-73　动画效果设置

10. 在演示文稿中插入对象、音频、视频、Flash 文件

1) 插入对象

为了更加生动地对演示文稿中的数据进行说明，可以在演示文稿中插入图形、图片、表格、图表以及多媒体等。插入这些内容后，还可以对其进行设置，使演示文稿更加美观大方，演示效果更加吸引人。单击“插入”→“文本”选项组→“对象”，如图 5-74 所示。

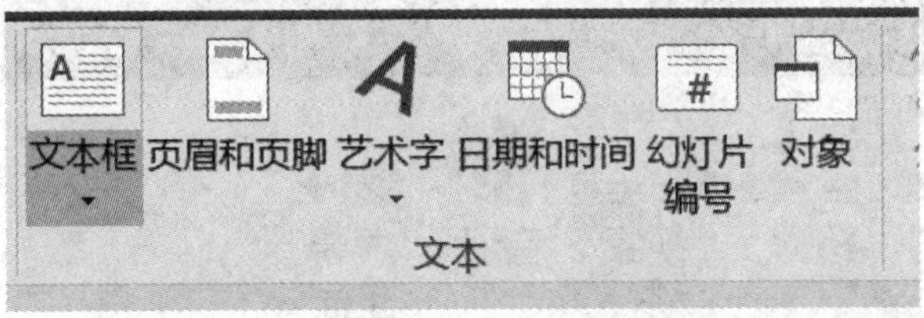

图 5-74　插入对象

在弹出的“插入对象”窗口中，默认的创建方式是新建，同时可以选择要插入的对象类型。如果选择的创建方式是由文件创建，则选择原来已经创建好的文件。

2) 插入音频

如果用 PowerPoint 制作电子相册、画册，人们不仅想要欣赏精美的画面，还希望听到美妙动听的音乐。要将某段音乐作为整个演示文稿的背景音乐，我们可以在幻灯片上进行如下操作：

(1) 准备好一个音乐文件，可以是 WAV、MID 或 MP3 文件格式。

(2) 单击“插入”菜单下“媒体”选项组中的“音频”，选中声音文件，则幻灯片上会出现一个喇叭图标，如图 5-75 所示。

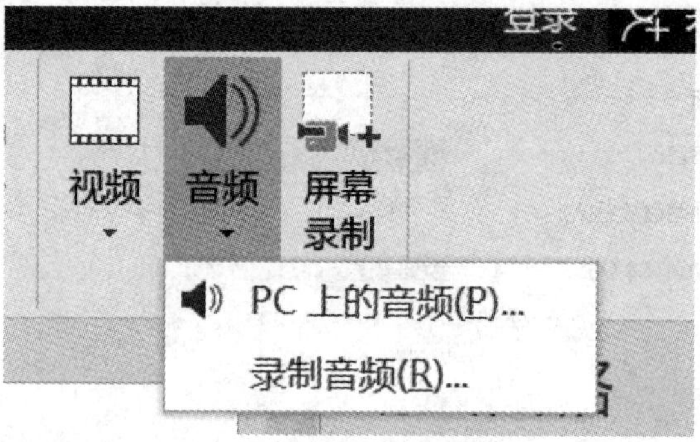

图 5-75　插入音频

(3) 单击小喇叭，在 Powerpoint 上方会出现一个“音频工具”栏位。

(4) 单击“音频工具”下的“播放”，勾选“放映时隐藏”和“循环播放，直到停止”。

3) 插入视频

制作 PPT 幻灯片时可以插入视频，这样在播放 PPT 时就可以播放视频了。

准备好视频文件，建议使用 Powerpoint 直接支持的视频格式，如 AVI、MPG、WMV、ASF 等。

单击“插入”菜单的“媒体”选项组中的“视频”，可以看到有两种视频可以插入，分别是“联机视频”和“PC 上的视频”，如图 5-76 所示。

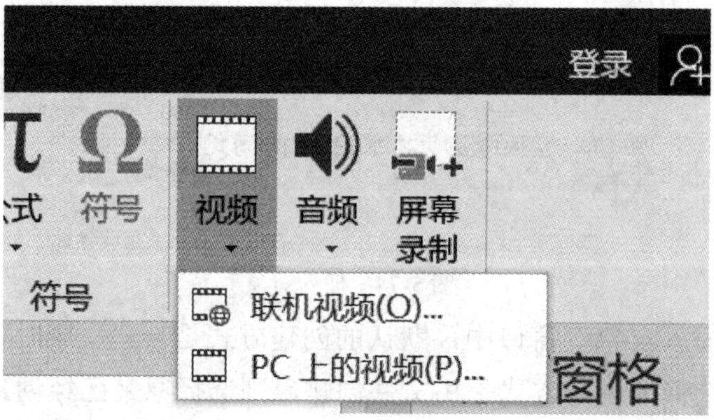

图 5-76　插入视频

如果需要插入网络视频，那么选择“联机视频”，在弹出的“插入视频”对话框中，将网络视频的播放代码粘贴进去，然后点击右侧的小箭头即可。

如果需要插入本地视频，那么选择“PC 上的视频”，在弹出的对话框中找到视频路径，点击插入即可。

将视频插入 PPT 后，可以将鼠标移动到视频窗口中，单击播放/暂停按钮，视频就能播放或暂停播放。如果想继续播放，再用鼠标单击一下即可。可以调节前后视频画面，也可以调节视频音量。

4) 插入 Flash 文件

单击“文件”菜单中的“选项”命令，调出“PowerPoint 选项”对话框。在该对话框中单击“自定义功能区”，勾选右侧的“开发工具”选项，单击“确定”按钮，如图 5-77 所示。

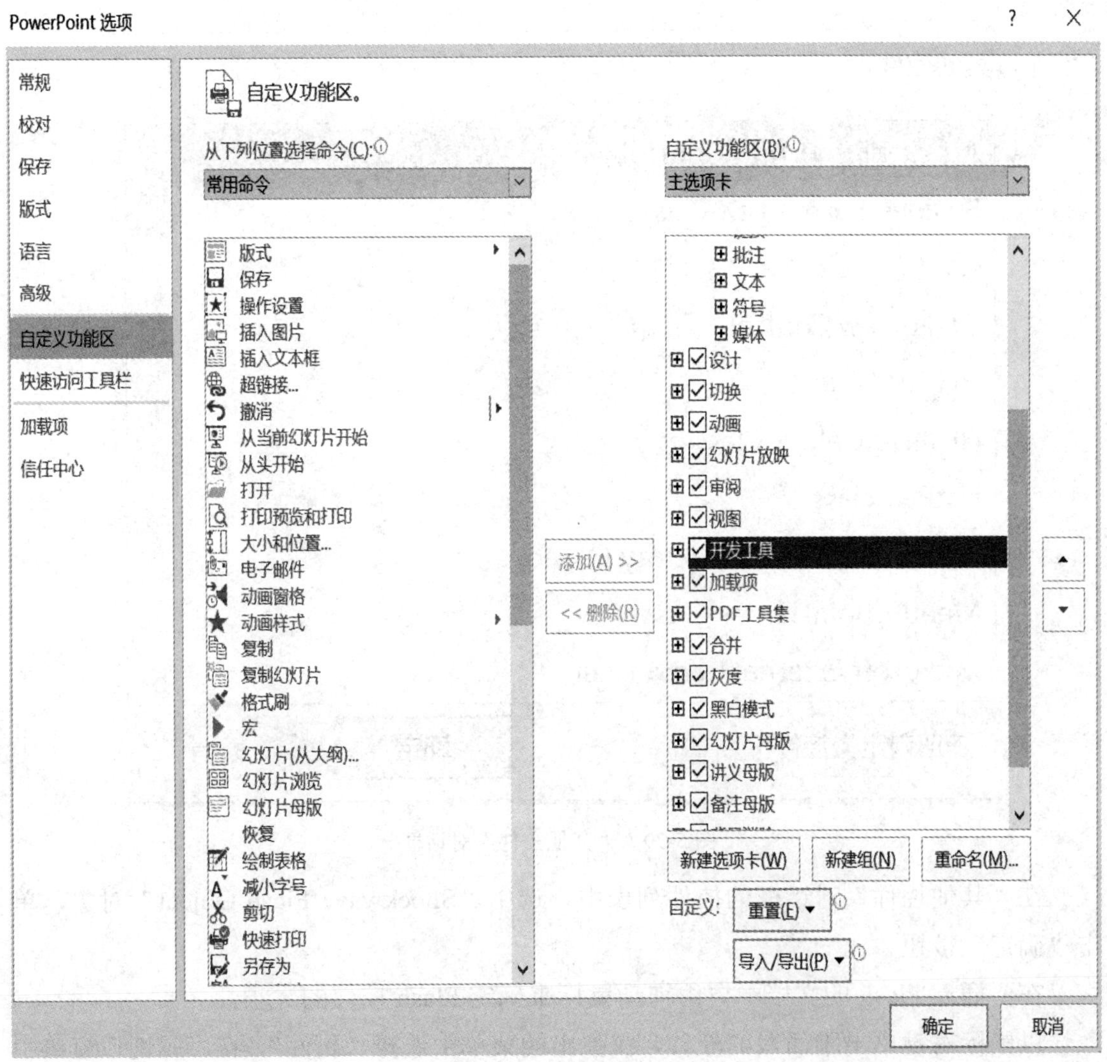

图 5-77　“PowerPoint 选项”对话框

打开图 5-78 所示的开发工具选项卡，单击“开发工具”→“控件”→“其他控件”，进入“其他控件”对话框，如图 5-79 所示。

图 5-78　开发工具选项卡

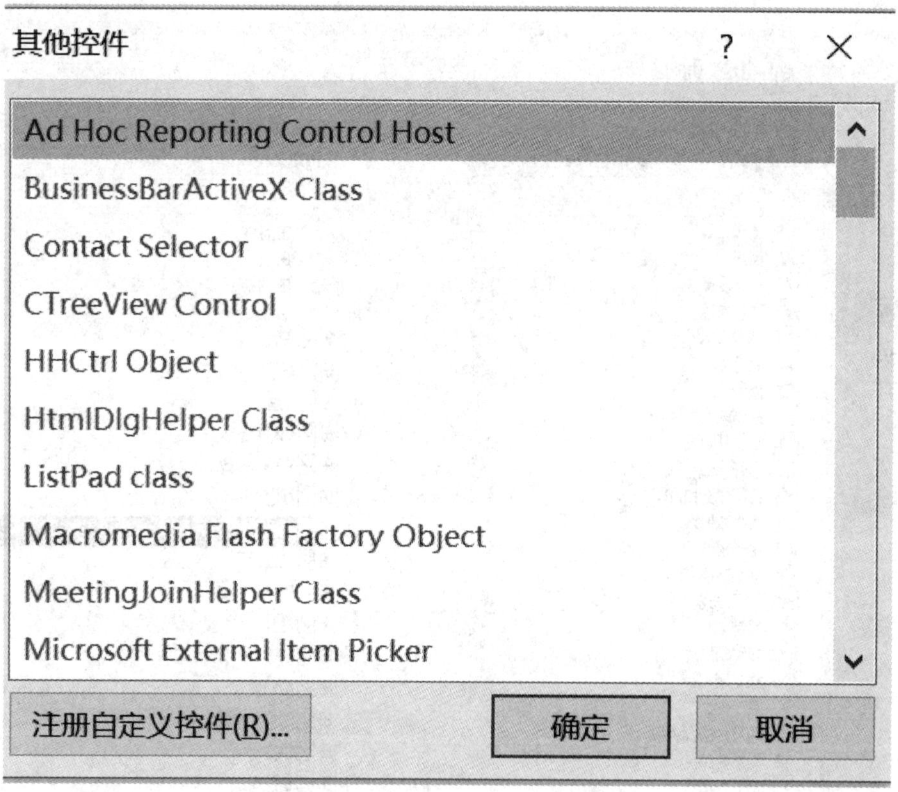

图 5-79　“其他控件”对话框

在“其他控件”对话框的控件列表中，选中“Shockwave Flash Object”对象，单击“确定”按钮。

在要插入 Flash 的文档中自由拖动鼠标来确定 Flash 控件的大小。

以鼠标右键单击刚插入的控件，在弹出的菜单中选择“属性”，在“属性”窗口中找到“Movie”选项，把要插入的 Flash 文件名写入。

11. 模板的使用

1) 使用已有的模板创建幻灯片

在演示文稿中，选择“文件”选项卡中的“新建”，再选择“样本模板”，选择适合主题的模板，然后单击“创建”按钮，该模板就会被应用到所选幻灯片或所有幻灯片了。还可以在搜索框中输入主题，搜索合适的模板，如图 5-80 所示。

图 5-80　搜索联机模板和主题

2) 使用自定义模板创建幻灯片

新建或打开原有的演示文稿，选择“视图”选项卡中“母版视图”组中的“幻灯片母版”，进入幻灯片母版设计的编辑区。

母版设计结束后，单击“关闭母版视图”按钮，母版设计完成。

12. 创建超链接

创建超链接的操作步骤如下：

(1) 在“普通”视图中，选中要创建超链接的文本或对象。

(2) 单击鼠标右键，选择“超链接”，或者单击“插入”→“链接”选项组→“超链接”，弹出“插入超链接”对话框，如图 5-81 所示。

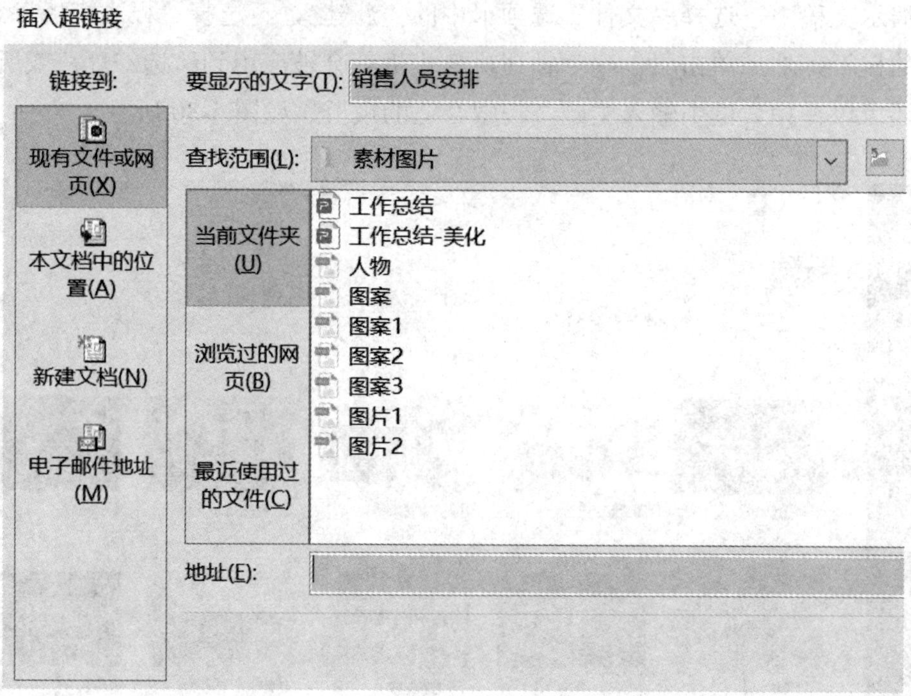

图 5-81　插入超链接

13. 动作按钮的设置

打开要设置动作按钮的幻灯片，单击“插入”→“插图”选项组→“形状”，选择“动作按钮”中的一个系统预定义的动作按钮，如图 5-82 所示，然后在幻灯片中要插入动作按钮的位置拖动鼠标放置该按钮。

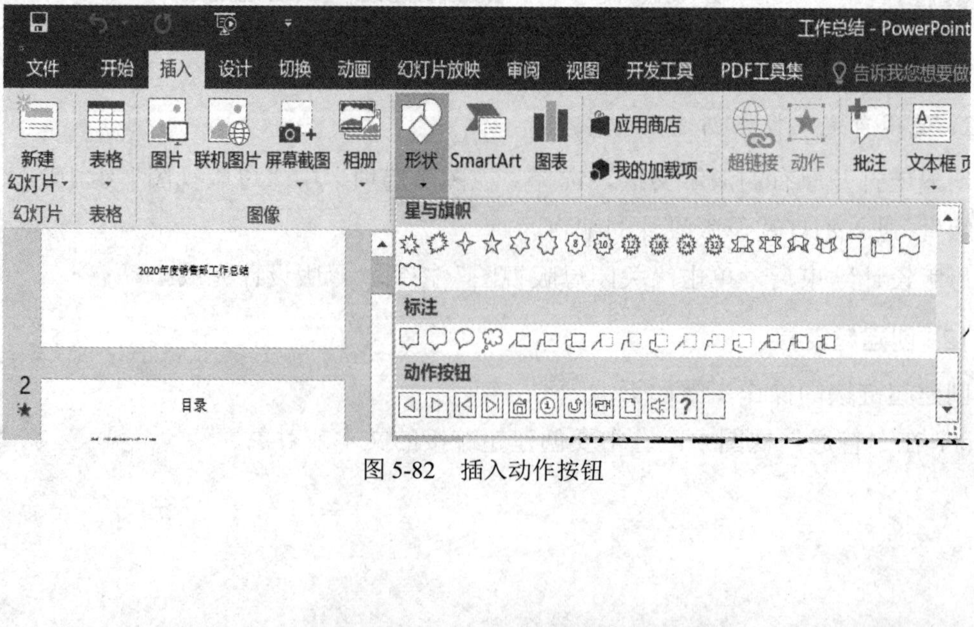

图 5-82　插入动作按钮

放置完动作按钮后，会自动弹出“操作设置”对话框，完成设置后单击“确定”按钮，如图 5-83 所示。

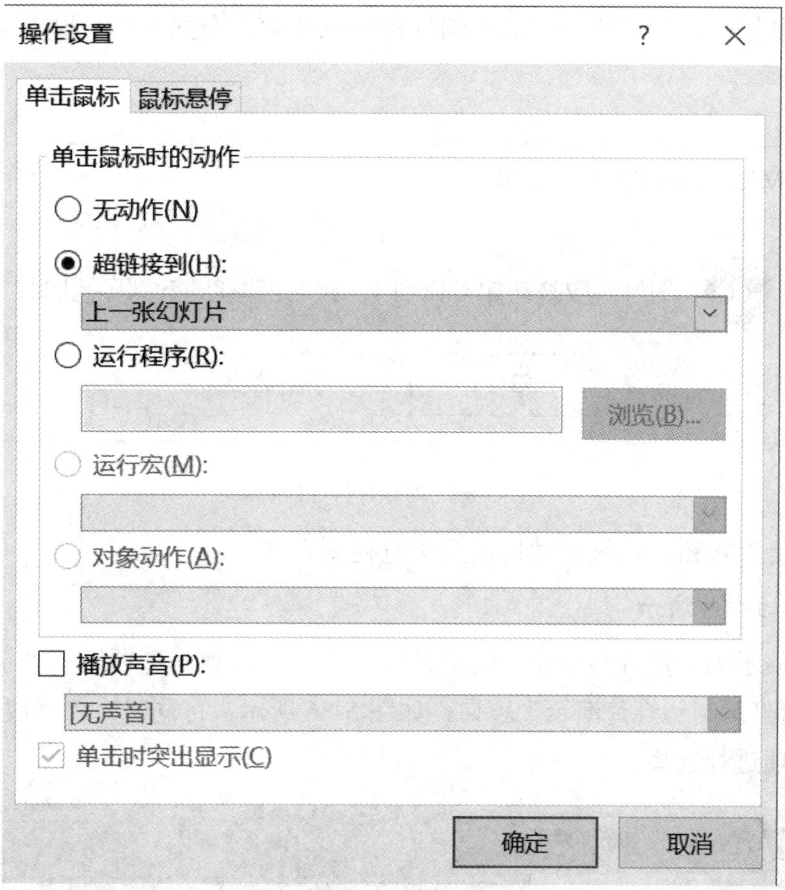

图 5-83　操作设置

14. 排练计时的方法

1) 设置排练计时

选中第一张幻灯片，单击“幻灯片放映”→“设置”选项组→“排练计时”，如图 5-84 所示，此时系统进入幻灯片放映视图，并弹出“录制”工具栏，使用该工具栏上的工具按钮，可对演示文稿中的幻灯片进行排练计时。

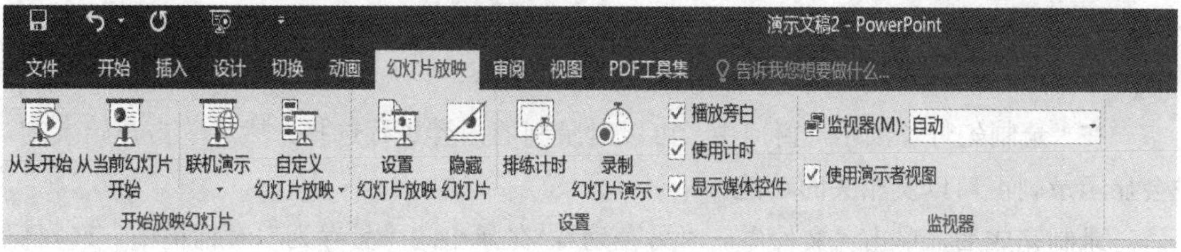

图 5-84　幻灯片放映

单击录制工具栏上的“下一个”按钮，开始设置下一张幻灯片的放映时间。录制工具栏右侧出现的是累计时间。

依次设置好所有幻灯片后，结束幻灯片排练计时，会弹出一个提示对话框，如图 5-85 所示。

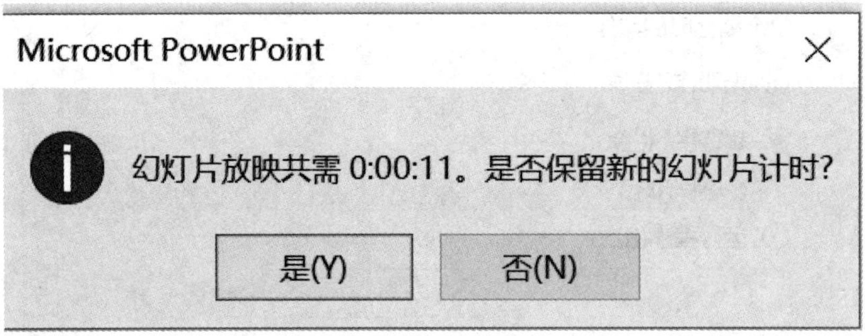

图 5-85　幻灯片排练计时

单击“是”按钮，系统自动切换到浏览视图方式。

2) 录制幻灯片演示

打开要演示的幻灯片，单击“幻灯片放映”→“设置”选项组→“录制幻灯片演示”，会弹出“录制幻灯片演示”窗口，如图 5-86 所示，可同时对“播放旁白”“使用计时”等选项进行选择。

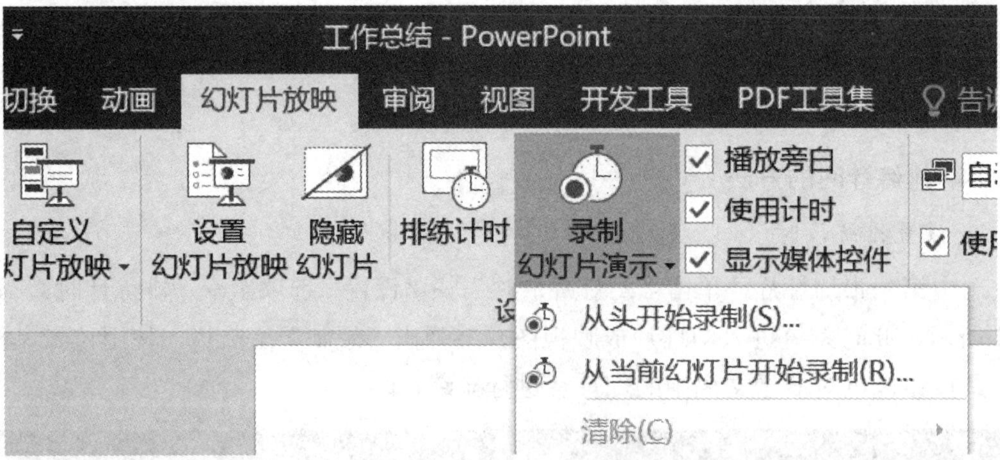

图 5-86　录制幻灯片演示

在“录制幻灯片演示”窗口中，可以对录制的内容进行选择，然后单击开始录制，会显示录制窗口以及相关的功能。

录制完成后，单击“文件”→“另存为”，在弹出的“另存为”对话框中，选择保存类型为“Windows Media 视频”，单击“保存”按钮。此时需要等待一段时间进行转码，随后会出现相应的视频文件。

15. 幻灯片的放映和打包方法

1) 设置幻灯片的放映方式

根据播放环境的不同，PowerPoint 2016 为用户提供了不同的放映方式。因此，在放映演示文稿之前，用户可以根据播放环境来选择放映方式。

单击“幻灯片放映”→“设置”选项组→“设置幻灯片放映”，打开“设置放映方式”对话框，如图 5-87 所示。

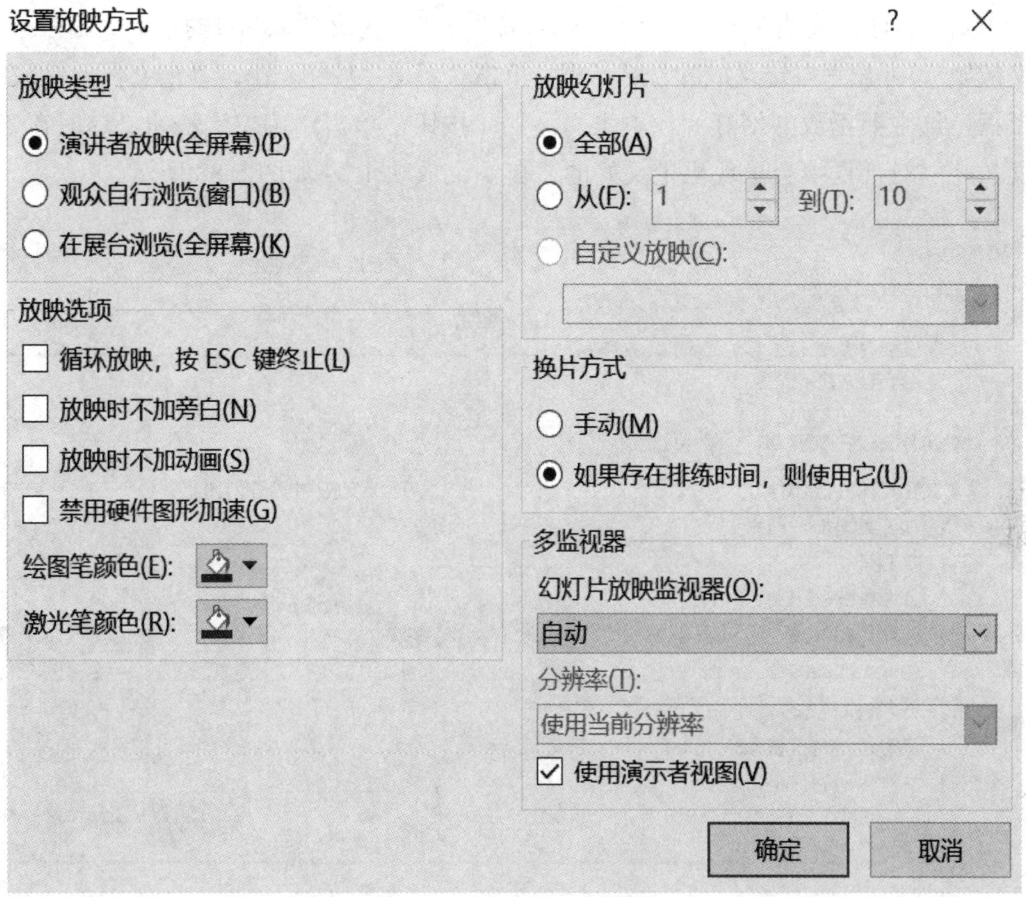

图 5-87　设置放映方式

根据演示文稿的放映环境，PowerPoint 2016 为用户提供了三种类型的放映方式，放映类型及说明如表 5-2 所示。

选择“放映类型”后，设置“放映选项”并选择“换片方式”等，最后单击“确定”按钮，完成设置。

表 5-2　幻灯片放映类型

放映类型	说　明
演讲者放映	选择该方式，全屏显示演示文稿，但是必须在有人看管的情况下进行放映
观众自行浏览	选择该方式，观众可以移动、编辑、复制和打印幻灯片
在展台浏览	选择该方式，可以自动运行演示文稿，不需要专人控制

2) 自定义放映

单击“幻灯片放映”→“开始放映幻灯片”→“自定义放映”，选择其下拉按钮“自定义放映”，弹出“自定义放映”对话框。单击“新建”按钮，出现“定义自定义放映”对话框，选中要播放的幻灯片，单击“添加”按钮，单击“确定”按钮，这时在“自定义放映”对话框中会出现已定义好的“自定义放映 1”，如图 5-88 所示。

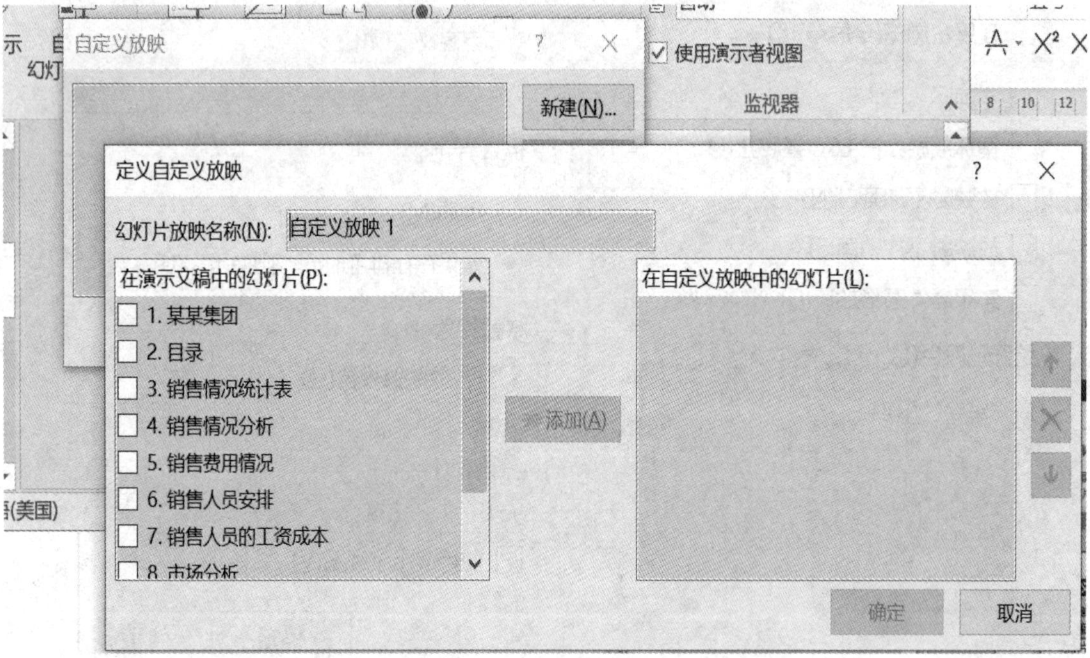

图 5-88　定义自定义放映

3) 打包演示文稿

若放映演示文稿时计算机上没有安装 PowerPoint，此时可以将演示文稿打包成 CD 数据包，通过 PowerPoint 播放器来观看。

将演示文稿打包成 CD 数据包，是指将演示文稿中的各个相关文件或程序连同演示文稿一起打包，形成一个可使用 PowerPoint 播放器查看的文件。

要对打开的演示文稿打包，先要单击“文件”→“导出”，选择“将演示文稿打包成 CD”选项，然后在弹出的区域中单击“打包成 CD”按钮，如图 5-89 所示。

图 5-89 将演示文稿打包

在弹出的“打包成 CD”对话框中选择要复制的文件并单击“复制到文件夹”按钮，如图 5-90 所示。

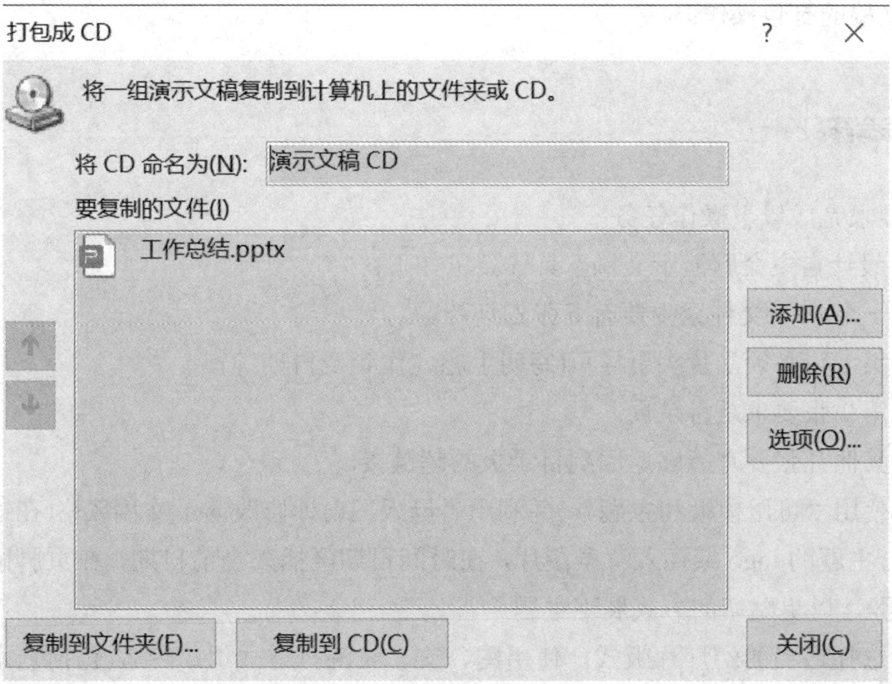

图 5-90 打包成 CD 对话框

接着弹出“复制到文件夹”对话框，如图 5-91 所示，此时为打包的演示文稿命名，设置保存位置后单击“确定”按钮。

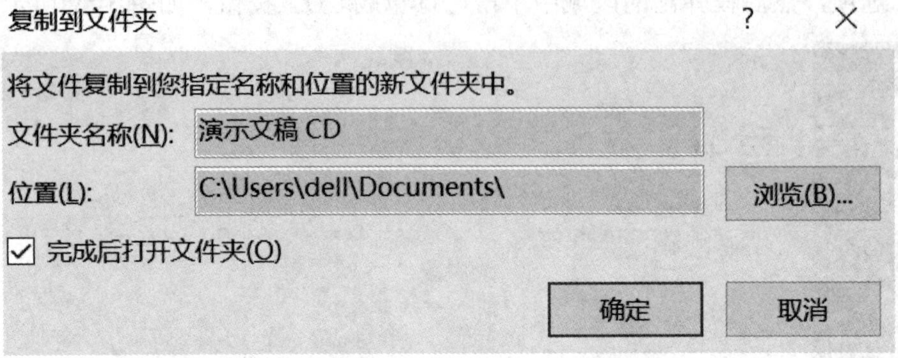

图 5-91　复制到文件夹

接着出现系统提示对话框，如图 5-92 所示。

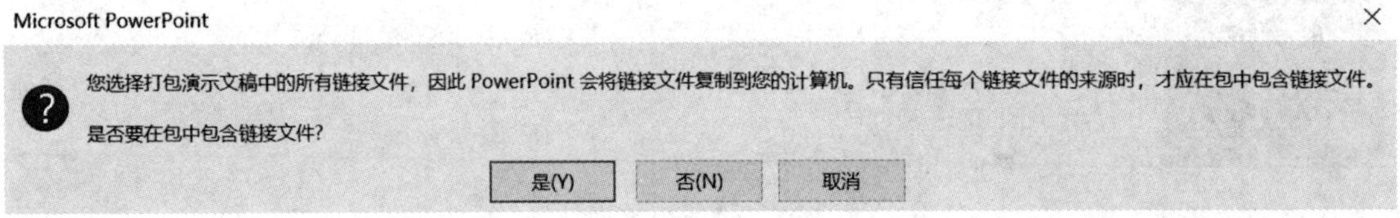

图 5-92　系统提示对话框

单击“是”按钮，则将演示文稿中所用到的文件或程序都链接到该数据包中，完成演示文稿的打包操作。

综合练习

按要求完成以下操作任务：

(1) 设计自主命题演示文稿，具体要求如下：

① 一个 PPT 文件至少要有 6 张幻灯片。

② 第 1 张必须是片头引导页(写明主题、作者及日期等)。

③ 第 2 张要求是目录页。

④ 其他几张要有能够返回到目录页的超链接。

⑤ 使用“可用模板和主题”，并利用“母版”设计修改演示文稿风格(在适当位置放置符合主题的 logo 或插入背景图片，在时间日期区插入当前日期，在页脚区插入幻灯片编号)，以更贴切的方式展现主题。

⑥ 选择适当的幻灯片版式，使用图、文、表混排方式组织内容(包括艺术字、文本框、图片、文字、自选图形、表格、图表等)，要求内容新颖、充实、健康，版面协调美观。

⑦ 为幻灯片添加切换效果和动画方案，以播放方便、适用为主，使得演示文稿的放映更具吸引力。

⑧ 合理组织信息内容，要有一个明确的主题和清晰的流程。

(2) 制作“我的家乡”演示文稿，要求整体布局合理，图文并茂，界面友好，幻灯片之间能够交互，给人以美的享受。

思考与练习

1. PowerPoint 有哪些基本视图，各自有什么特点？
2. 插入一张幻灯片的方法有哪些？
3. 放映幻灯片的方法有哪些？
4. 结束放映的方法有哪些？

项目 6　计算机网络基础

随着信息化技术的不断深入，计算机网络应用成为计算机应用的常用领域。计算机网络是计算机系统和通信技术相结合的产物，是按照网络协议，利用传输介质，将地球上分散的、独立的计算机相互连接，实现资源共享和信息传递的计算机系统。计算机网络通过功能完善的网络软件，实现管理、共享计算机硬件、软件和数据资源的功能。传输介质可以是电缆、光纤、双绞线、微波、载波或通信卫星等。

本章将介绍计算机接入局域网和 Internet 的方法、利用浏览器浏览 Internet 的方法、使用电子邮件和网络交流的方法。

学习目标

1. 理解计算机网络的定义；
2. 了解计算机网络的发展历程和计算机网络的分类；
3. 掌握应用浏览器浏览网页、搜索信息的方法；
4. 掌握电子邮件的使用方法。

6.1　计算机接入局域网和 Internet

小王在工作当中随时都需要使用网络，因此，他需要将计算机接入 Internet，在办公环境下需要用局域网接入的方式。了解接入的方式，建立相应的网络连接，处理工作时水到渠成。

任务描述

本项任务要求操作人员了解局域网接入的基本知识，掌握 IP 地址的设置和网络设置。

以办公室需要接入局域网来进行网络设置。

任务简析

计算机接入 Internet 的方式有基于传统电话网的有线接入、基于有线电视网的接入、光纤接入、以太网接入和无线接入。

(1) 基于传统电话网的有线接入。拨号入网是一种利用电话线和公用电话网(PSTN)接入 Internet 的方式。

(2) 基于有线电视网的接入。电缆调制解调器是一种通过有线电视网络进行高速数据接入的装置。该接入一般有两个接口，一个用来连接室内有线电视端口，另一个与计算机或交换机相连。

(3) 光纤接入。光纤接入就是指在接入网中全部或部分采用光纤传输介质，构成光纤用户环路(或称光纤接入网(OAN))。光纤接入是实现用户高性能宽带接入的一种方案。光纤由于具有大流量、保密性好、不怕干扰和雷击、质量小等诸多优点，正在得到迅速发展和应用。

(4) 以太网接入。在用户的家中添加以太网 RJ45 信息插座作为接入网络的接口，连接到局域网的交换机上，局域网的交换机通过光纤接入 Internet，即称为以太网接入。

(5) 无线接入。无线接入是指在终端用户和交换端之间全部或部分采用无线传输方式，为用户提供固定或移动接入服务。无线接入是当前发展最快的接入互联网的方式之一。无线接入技术主要有蜂窝技术、数字无绳技术、点对点微波技术、卫星技术、蓝牙技术等。

操作实现

在组建局域网时，通常需要用一些网络设备将计算机连接起来。常用的局域网组网设备包括集线器、交换机、路由器三种。

集线器是以前使用较广泛的网络设备之一，不过由于集线器的所有端口共享，集线器带宽有限，所以连接的计算机越多，网络速度越慢。因此，随着交换机、路由器价格的下降，中小型建网方案中已经不再使用集线器。

交换机是目前使用较广泛的网络设备之一，同样用来组建星型拓扑的网络。从外观上看，交换机与集线器几乎一样，但是由于交换机采用了交换技术，其性能大大优于集线器。不过，考虑到共享上网的需要，由于交换机及大多数宽带服务商提供的

AD-SL MODEM 不支持 ADSL 拨号功能，因此，交换机在家用共享上网的组网中已经不太常用。

利用宽带路由器共享宽带上网是目前最方便的方案。宽带路由器跟代理服务器的原理很相似。购买了宽带路由器就省去了买交换机或集线器的必要。只要把每台计算机的网线插到路由器的端口，利用宽带路由器的自动拨号功能，就可以轻松地实现共享上网了，省去了每次开机拨号的麻烦。当组建的网络规模较大时，同一网络中的主机台数很多，会产生过多的广播流量，从而使网络性能下降。为了提高性能，减少广播流量，可以通过路由器将网络分隔为不同的子网。路由器可以在网络间隔离广播，使一个子网的广播不会转发到另一子网，从而提高每个子网的性能。当然，对于计算机较多的一些大型网吧、校园网、企业网等来说，对路由器的性能要求较高，一般普通路由器并不能应付。在这种情况下，路由器加交换机是一个性价比不错的选择。

无论以哪种方式搭建好基本环境后，小王首先需要做的工作就是向校园网和局域网的管理机构申请一个用户 IP 地址。

用户计算机首先需要一块网卡，然后再设置 IP 地址。

IP 地址的设置有两种方式：静态分配法与动态分配法。

静态分配法：设置固定的 IP 地址，便于管理，但较浪费 IP 地址资源。

动态分配法：公用的 IP 地址暂时分配给用户使用，登录网络时自动获取 IP 地址，常用于拨号接入。

通过局域网接入 Internet，需要静态分配一个固定的 IP 地址，再手动设置。

必备知识

1. 计算机网络的形成与发展

计算机网络是计算机技术与通信技术相结合的产物，从技术角度来看，计算机网络的发展大致可分为以下四个阶段：

(1) 第一代计算机网络：20 世纪 60 年代中期之前，以单个主机为中心的联机系统。其工作过程是：将地理位置分散的多个终端通过通信线路连到一台中心计算机上，用户在自己的终端上键入程序，通过通信线路传送到中心计算机上，中心计算机将处理结果回送到用户终端显示或打印。

(2) 第二代计算机网络：20 世纪 60 年代中期至 70 年代，以通信子网为中心，将分布在不同地点的计算机通过通信线路互连成计算机—计算机网络。连网用户可以使用网络中其他计算机上的软件、硬件与数据资源，以达到资源共享的目的。

(3) 第三代计算机网络：20 世纪 70 年代至 90 年代，在网络体系结构标准化基础上形成的。20 世纪 70 年代后期，国际标准化组织(ISO)的计算机与信息处理标准化技术委员会 TC97 成立了一个分委员会 SC16，研究网络体系结构与网络协议国际标准化问题。经过多年的工作，ISO 正式制定并颁布了开放系统互连参考模型，该模型得到了许多计算机厂商的支持，成为研究和制定新一代计算机网络标准的基础。

(4) 第四代计算机网络：20 世纪 90 年代至今，由各种网络互联形成的，以 Internet 为典型代表，采用 TCP/IP 协议。各种计算机网络只要遵循 TCP/IP 协议，就可以连入 Internet。

Internet 提供了多种网络应用工具，可以实现网上通信、访问网上各种信息、共享计算机资源等功能。

2. 计算机网络的分类

(1) 根据规模大小、距离远近分类，有局域网(LAN)、城域网(MAN)、广域网(WAN)。

(2) 根据网络操作系统分类，有 UNIX 网络、NOVELL 网络、Windows NT 网络。

(3) 根据信息传输技术分类，有广播式网络、点到点网络。

(4) 根据连接方式分类，有总线型、星型、环型、树型和混合型等。

3. 计算机网络系统的组成

计算机网络系统由网络硬件和网络软件两部分组成。

1) 网络硬件

网络硬件是计算机网络的物质基础。一个计算机网络就是通过网络设备和通信线路实现不同地点的计算机及其外围设备在物理上的连接的。因此，网络硬件主要由可独立工作的计算机、网络设备和传输介质等组成。

(1) 计算机。可独立工作的计算机是计算机网络的核心。根据用途不同，可将其分为服务器和网络工作站。

服务器一般由功能强大的计算机担任，如大型计算机、小型计算机、专用 PC 服务器或高档微机。它向网络用户提供服务，并负责对网络资源进行管理。一个计算机网络系统至少要有一台或多台服务器，同时，根据服务器所具有的不同功能，又可将其分为文件服务器、通信服务器、备份服务器和打印服务器等。

网络工作站是一台供用户使用网络的本地计算机，对它没有特殊要求。工作站作为独立的计算机为用户服务，同时又可以按照被授予的一定权限访问服务器。各工作站之间可以相互通信，也可以共享网络资源。

(2) 网络设备。网络设备是指构成计算机网络的一些部件，如网卡、调制解调器、中继器、网桥、交换机、路由器和网关等。独立工作的计算机可以通过网络设备访问网络上的其他计算机。

① 网卡(Network Interface Card，NC)：计算机与传输介质的接口，其功能是：一方面，它负责接收网络上传过来的数据包，解包后将数据通过主板上的总线传输给本地计算机；另一方面，它将本地计算机上的数据打包后送入网络。

② 调制解调器(Modem)：利用调制解调技术实现数字信号与模拟信号在通信过程中相互转换的设备。确切地说，调制解调器的主要工作是：将数据设备送来的数字信号转换成能在模拟信道(如电话交换网)传输的模拟信号；反之，它也能将来自模拟信道的模拟信号转换为数字信号。

③ 中继器(Repeater)：最简单的局域网延伸设备，其主要作用是放大传输介质上传输的信号，以便在网络上传输得更远。不同类型的局域网采用不同的中继器。

④ 网桥(Bridge)：用于连接使用相同通信协议、传输介质和寻址方式的网络。它能将一个大的 LAN 分割为多个网段，也能将两个以上的 LAN 互联为一个逻辑 LAN。

⑤ 交换机(Switch)：有多个端口，每个端口都具有桥接功能，可连接一个局域网或一台计算机。交换机所有端口都由专用处理器进行控制，并由控制总线转发信息。

⑥ 路由器(Router)：用于连接局域网和广域网，它有判断网络地址和选择路径的功能。其主要工作是为经过路由器的报文寻找一条最佳路径，并将数据传送到目的站点。

⑦ 网关(Gateway)：不仅具有路由功能，而且还能实现不同网络协议之间的转换，并将数据重新分组后传送。

(3) 传输介质。传输介质是网络通信用的信号线路，它提供了数据信号传输的物理通道。传输介质按其特征可分为有线通信介质和无线通信介质两大类。有线通信介质包括双绞线、同轴电缆和光缆等；无线通信介质包括无线电、微波和卫星通信等。传输介质具有不同的传输速率和传输距离，分别支持不同的网络类型。

2) 网络软件

网络软件主要包括网络操作系统、网络通信协议和提供网络服务功能的应用软件。其中，网络操作系统是用于管理网络软、硬件资源，提供简单网络管理的系统软件。常见的网络操作系统有 UNIX、Windows、Linux 等；网络通信协议是网络中计算机交换信息时的规则；提供网络服务功能的应用软件是指在网络环境中，能够为用户提供各种服务的软件，例如浏览器软件 Internet Explorer、文件传输软件 FTP、远程登录软件 Telnet、电子邮件管理软件 Foxmail、即时通信软件 QQ 和微信、下载工具软件迅雷、流媒体播放软件暴风影音等。

6.2　电子邮件和网络交流

电子邮件(Electronic mail，E-mail)又称电子信箱、电子邮政，标志为“@”，它是一种利用电子手段提供信息交换的通信方式，是 Internet 应用范围最广的服务之一。通过网络的电子邮件系统，用户可以用低廉的价格、快捷的方式与世界上任何一个网络用户联系。电子邮件的内容可以是文字、图像、声音等各种形式的文件。

任务描述

小王是公司业务代表，需要使用电子邮件与客户在网上进行交流，包括传递文件、沟通合作意向等。

任务简析

电子邮件服务商为用户提供的服务分为免费服务和收费服务，服务的功能也各不相同，用户要明确使用电子邮件的目的，根据不同的需求有针对性地去选择电子邮件服务商。根据用户的需求，选择电子邮件服务商可以遵循以下原则：

(1) 如果经常和国外客户联系，可选择国外电子邮件服务商，如 Hotmail、msmail、Yahoo mail 等。

(2) 如果作为网络硬盘使用，可选择存储量大的邮箱，如 Yahoo mail、网易 163 mail 和 126 mail、TOM mail、21CN mail 等。

(3) 如果需要通过 Outlook、Foxmail 等邮件客户端软件将邮件下载到自己的硬盘上，可选择支持 POP/SMTP 协议的邮箱。

(4) 如果经常要收发一些大的附件，可以选择 Yahoo mail、Hotmail、网易 163 mail 和 126 mail 等。

(5) 如果需要即时知道邮件收发状态，可以选择中国移动通信的移动梦网随心邮、中国联通如意邮箱等。

此外，用户还可以根据所在区域选择地方性的邮箱，如有些政府、机关、学校、企事业单位可选择本单位网站提供的邮箱。

操作实现

目前可用于电子邮件收发管理的客户端软件很多，下面以 Outlook 为例介绍采用专用邮箱工具方式收发电子邮件的操作方法。

1. 启动 Outlook

启动方式有以下几种：

(1) 双击桌面上的 Outlook Express 图标；

(2) 单击快速启动区中的 Outlook Express 图标；

(3) 单击“开始”→“程序”→“Outlook Express”。

2. 创建邮件账号

添加/删除/修改电子邮件账号：使用前必须将自己已有的电子邮件账号的相关信息设置好。

单击“服务器”→“我的服务器要求身份验证”。

3. 使用 Outlook Express

电子邮件的构成：信头和信体。

信头：收件人地址、抄送人地址、主题。

信体：称呼、问候语、正文、发件人姓名、附件。

创建新邮件：收件人、抄送、主题、正文、添加附件。

发送电子邮件：写完单击“发送”按钮。

接收电子邮件：单击“发送和接收”按钮。

阅读电子邮件：双击打开电子邮件。

保存电子邮件中的附件：附件上右击“保存”。

回复电子邮件：单击“答复”按钮，写完后“发送”。

转发邮件：单击“转发”按钮。

必备知识

互联网应用多种多样，最常见的是 Web 应用。浏览 Web 内容也是网络用户最常做的事。要浏览网络上的 Web 页，就必须使用浏览器。Internet Explorer 浏览器(简称 IE)是 Windows 操作系统内置的一个功能完善的浏览器。

1. 打开网页

(1) 打开新网页。启动 IE 浏览器，在地址栏中输入网址，按回车键可打开该网站的主页。

(2) 访问历史网页。选择“查看”菜单“浏览器栏”中的“历史记录”命令，打开“历史记录”窗格，选择历史网页。

(3) 访问收藏夹中的网页。单击“收藏夹”菜单，从子菜单中选择相应的链接地址，或单击工具栏中的“收藏中心”命令☆，打开“收藏中心”窗格，选择相应的链接地址。

2. 浏览网页

打开一个网页后，可以直接浏览网页。

3. 保存网页

保存网页包括保存网页全部内容、保存网页中的文本和保存网页中的图片。

(1) 保存网页全部内容。选择“文件”菜单中的“另存为”命令，如图 6-1 所示，打开“保存网页”对话框。选择保存位置，输入文件名，选择保存类型为“网页，仅 HTML(*.htm:*.html)”，单击“保存”按钮。

图 6-1　“文件”菜单中的“另存为”命令

(2) 保存网页中的文本。在打开的“保存网页”对话框中，在“保存类型”下拉列表框中选择“文本文件(*.txt)”，这样仅保存网页中的文本信息，如图 6-2 所示。

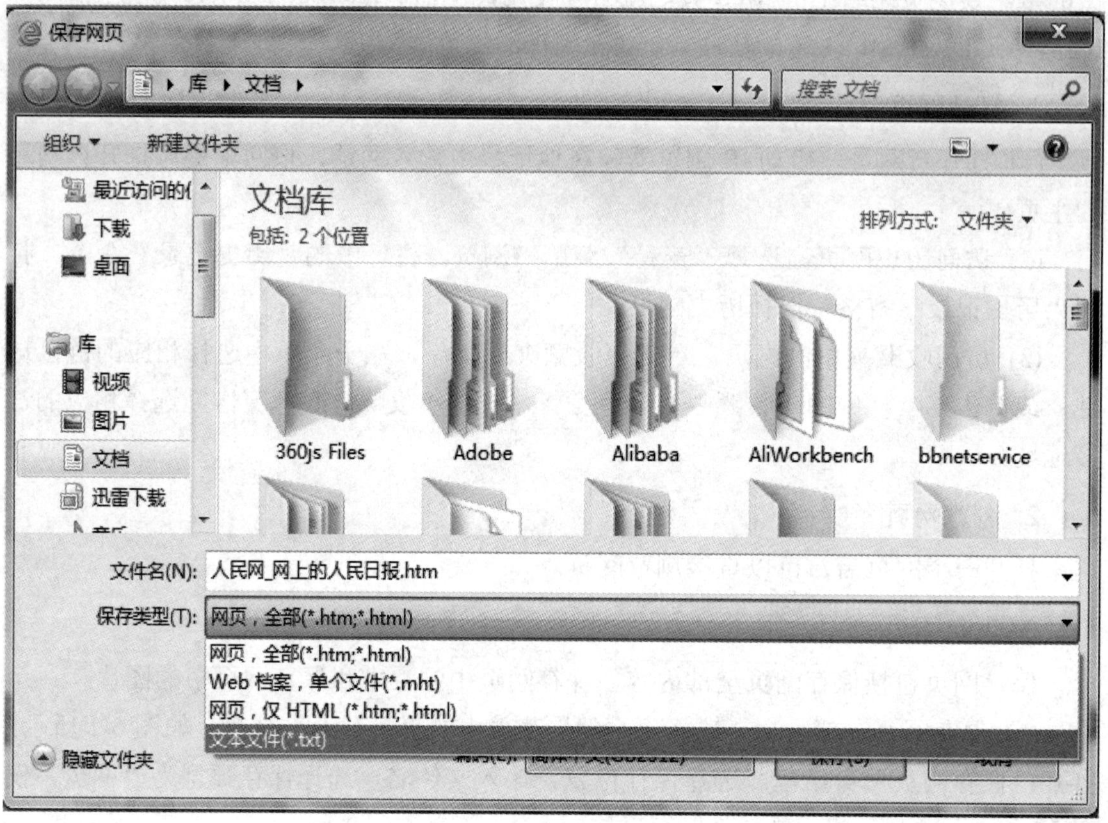

图 6-2　快捷菜单中选择“图片另存为”

(3) 保存网页中的图片。在网页中右击图片，从弹出的快捷菜单中选择“图片另存为”，打开“保存图片”对话框，选择保存位置，输入文件名，选择保存类型，单击“保存”按钮。

4. 收藏网页

选择“收藏夹”菜单中的“添加到收藏夹”命令，打开“添加收藏”对话框，在“名称”文本框中输入网页的名称，在“创建位置”列表中选择要保存到的文件夹，单击“添加”按钮，即可收藏当前网页。

5. 搜索引擎

Internet 上的信息浩如烟海，用户在上网时遇到的最大问题就是如何快速、准确地获取有价值的信息。搜索引擎的使用解决了这个难题。

搜索引擎(search engine)是一个对互联网信息资源进行搜索整理和分类，并将信息资源存储在网络数据库中供用户查寻的系统。搜索引擎包括信息搜集、信息分类、用户查寻三部分。

6. 常用的搜索引擎网站

常用的搜索引擎网站有 Google 搜索引擎和百度搜索引擎。使用搜索引擎网站搜索的技巧如下：

(1) 想好你想要搜索什么，哪些词能够更好地描述你要寻找的信息或者概念。

(2) 构建你的搜索要求，使用尽可能多的关键词。

(3) 点击“搜索”按钮进行搜索。

(4) 评估一下搜索结果页面上的匹配程度。如果搜索的结果与你想要的不一致，则需修改你的搜索要求并重新搜索，或转向更合适的搜索站点再次进行搜索。

(5) 选择你想要查看的匹配的页面，点击进行浏览。

(6) 保存最符合你需求的信息。

思考与练习

1. 尝试在网站申请自己的电子邮箱。
2. 将平时作业存储在邮箱里面。

项目 7　计算机前沿技术

计算机科学技术不断进步：云计算呈现多样化发展趋势；人工智能从脑结构启发走向结构与功能启发并重，人工智能计算中心成为智能化时代的关键基础设施；全息互联网进一步把分布于世界各地的人、事、物同步“投影”到一起，跨越时间、地点和语言，甚至跨越虚拟和真实世界的界限，进行更真实和更亲密的互动；区块链在产业中的应用可有效加强多方的协作信任，提升系统的安全性和可信性，并简化流程、降低成本。计算机前沿技术推动着科技发展。

学习目标

1. 了解大数据、数据挖掘、云计算、人工智能、区块链技术的发展概况；
2. 了解前沿技术目前在各应用领域如何落地；
3. 了解大数据技术对人类生活的影响。

7.1　计算机时代的生活

计算机对现代人类生活的影响是巨大的、广泛的、深入的，对 21 世纪的人类提出了更高的要求。

千百年来人类的生活方式发生了翻天覆地的变化，然而无论是过去、现在还是未来，人类在这个星球上的演进其实就是在和两种东西打交道：能量与信息。人类取得的所有进步都可以概括为拥有了更多可使用的能量和获取更多的信息的能力。

在一个人类衣食住行都无法离开计算机的时代里，每个人都应该掌握一些计算机技术。随着计算机技术的发展，计算机技术对人类生活的渗透将不断深入。

7.2　大数据与数据挖掘

进入 21 世纪的最初几年，一个词在计算机领域渐渐火了起来，这个词就是大数据

(big data)，大数据技术在几年间迅速火遍全球。是之前没有数据技术吗？当然不是，早在 20 世纪 70 年代，科学家就提出了使用关系数据库技术来处理大量的数据，直到现在关系数据库仍然是我们处理数据的主流技术。后来科学家们更是提出了数据仓库、海量数据的概念。

7.2.1　大数据有多大

大数据到底有多大？从不断涌现的二进制数据单位就可见一斑。多年前我们常用的数据单位一般就到 GB(1 GB = 1024 MB)，但现在 GB 之上有 TB，TB 之上有 PB，PB 之上有 EB，EB 之上有 ZB，ZB 之上有 YB，YB 之上有 NB。人类每天产生的数据量越来越大，每年新出现的数据量达到 ZB 级别，而最近一两年产生的数据量就远远超过此前人类几千年来产生的数据总量。大数据技术火热的原因关键点不在于数据量的大，而在于随着移动互联网的普及，物联网的兴起，人类获得了从未有过的描述自身社会运作细节的数据。

7.2.2　数据挖掘及其与大数据的关系

数据挖掘是指通过大量数据集进行分类的自动化过程，以通过数据分析来识别趋势和模式，建立关系来解决业务问题。换句话说，数据挖掘是从大量的、不完全的、有噪声的、模糊的、随机的数据中提取隐含在其中的、人们事先不知道的，但又是潜在有用的信息和知识的过程。数据挖掘通常与计算机科学有关，并通过统计、在线分析处理、情报检索、机器学习、专家系统(依靠过去的经验法则)和模式识别等诸多方法来实现上述目标。

数据挖掘分为有指导的数据挖掘和无指导的数据挖掘。有指导的数据挖掘是利用可用的数据建立一个模型，这个模型是对一个特定属性的描述。无指导的数据挖掘是在所有的属性中寻找某种关系。具体而言，分类、估值和预测属于有指导的数据挖掘；关联规则和聚类属于无指导的数据挖掘。

大数据是一个领域，是专门应对大量数据的领域。假如一个系统产生的数据量小，那么开发或者架构的方法就很简单；反之，如果量大的话，那么架构和开发难度就不在同一个量级上，所以大数据自己单独成为一个领域。数据挖掘属于数据分析的一部分，是对于大量数据中包含的信息的探索和分析，最终目的是提取数据中的价值。数据挖掘的前提是要有数据，这就涉及大数据的集成，也就是说把大量的数据收集到一起，大数据集成也是大数据领域的一部分。

7.2.3 数据挖掘算法

目前，数据挖掘的算法主要包括神经网络法、决策树法、遗传算法、粗糙集法、模糊集法、关联规则法等。

1) 神经网络法

神经网络法是模拟生物神经系统的结构和功能，是一种通过训练来学习的非线性预测模型，它将每一个连接看作一个处理单元，试图模拟人脑神经元的功能，可完成分类、聚类、特征挖掘等多种数据挖掘任务。

神经网络的学习方法主要表现在权值的修改上，其优点是具有抗干扰，非线性学习，联想记忆功能，对复杂情况能得到精确的预测结果；缺点是不适合处理高维变量，不能观察中间的学习过程，具有“黑箱”性，输出结果也难以解释，需要较长的学习时间。神经网络法主要应用于数据挖掘的聚类技术中。

2) 决策树法

决策树法是根据对目标变量产生效用的不同而建构分类的规则，通过一系列的规则对数据进行分类的过程，其表现形式是类似于树形结构的流程图。最典型的算法是罗斯·昆兰(Ross Quinlan)于 1986 年提出的 ID3 算法，之后在 ID3 算法的基础上又提出了极其流行的 C4.5 算法。

采用决策树法的优点是决策制定的过程是可见的，不需要长时间构造过程，描述简单，易于理解，分类速度快；缺点是很难基于多个变量组合发现规则。决策树法擅长处理非数值型数据，而且特别适合大规模的数据处理。决策树法可以展示在不同条件下将会得到的相应的值。比如，在贷款申请中要对申请的风险大小做出判断。

3) 遗传算法

遗传算法模拟了自然选择和遗传中发生的繁殖、交配和基因突变现象，是一种采用遗传结合、遗传交叉变异及自然选择等操作来生成实现规则的、基于进化理论的机器学习方法。它的基本观点是“适者生存”原理，具有隐含并行性，易于和其他模型结合等性质。

遗传算法主要的优点是可以处理许多数据类型，同时可以并行处理各种数据；缺点是需要的参数太多，编码困难，一般计算量比较大。遗传算法常用于优化神经元网络。

4) 粗糙集法

粗糙集法也称粗糙集理论，是由波兰数学家波拉克(Pawlak)在 20 世纪 80 年代初提出的，是一种新的处理含糊、不精确、不完备问题的数学工具，可以处理数据约简、数据相关性发现、数据意义的评估等问题。

粗糙集法的优点是算法简单，在其处理过程中可以不需要关于数据的先验知识，可以自动找出问题的内在规律；缺点是难以直接处理连续的属性，需要先进行属性的离散化。因此，连续属性的离散化问题是制约粗糙集理论实用化的难点。粗糙集理论主要应用于近似推理、数字逻辑分析和化简、建立预测模型等问题。

5) 模糊集法

模糊集法是利用模糊集合理论对问题进行模糊评判、模糊决策、模糊模式识别和模糊聚类分析。模糊集合理论是用隶属度来描述模糊事物的属性，系统的复杂性越高，模糊性就越强。

6) 关联规则法

关联规则法反映了事物之间的相互依赖性或关联性，最著名的算法是由阿格拉瓦尔(Agrawal)等人提出的 Apriori 算法。

关联规则法的算法思想是：首先找出频繁性至少和预定意义的最小支持度一样的所有频集。然后由频集产生强关联规则这样规则必须满足最小支持度和最小可信度。在这个意义上，数据挖掘的目的就是从源数据库中挖掘出满足最小支持度和最小可信度的关联规则。

7.3 大数据的应用

经过近些年的发展，大数据技术已经慢慢地渗透到各个行业。不同行业的大数据应用进程的速度，与行业的信息化水平，行业与消费者的距离，行业的数据拥有程度有着密切的关系。

7.3.1 大数据在金融行业的应用

金融行业一直较为重视大数据技术的发展。相比常规商业分析手段，大数据可以使业务决策具有前瞻性，让企业战略的制定过程更加理性化，实现生产资源优化分配，依据市场变化迅速调整业务策略，提高用户体验以及资金周转率，降低库存积压的风险，从而获取更高的价值和利润。

大数据在金融行业的应用可以总结为以下三个方面。

(1) 精准营销：依据客户消费习惯、地理位置、消费时间进行推荐。

金融行业一般以用户属性和信用信息为主来构成用户画像，通过用户画像实现精准营销。用户属性如学历、月度收入、婚姻状况、职位等，都可以成为描述用户消费能力的特征和信贷能力的维度。而信用信息可以直接证明客户的消费能力，是用户画像中最重要和最基础的信息。

精准营销有助于企业了解客户需求，分析客户价值，从而为客户制定相应的策略和资源配置，提升产品服务质量，如图 7-1 所示。

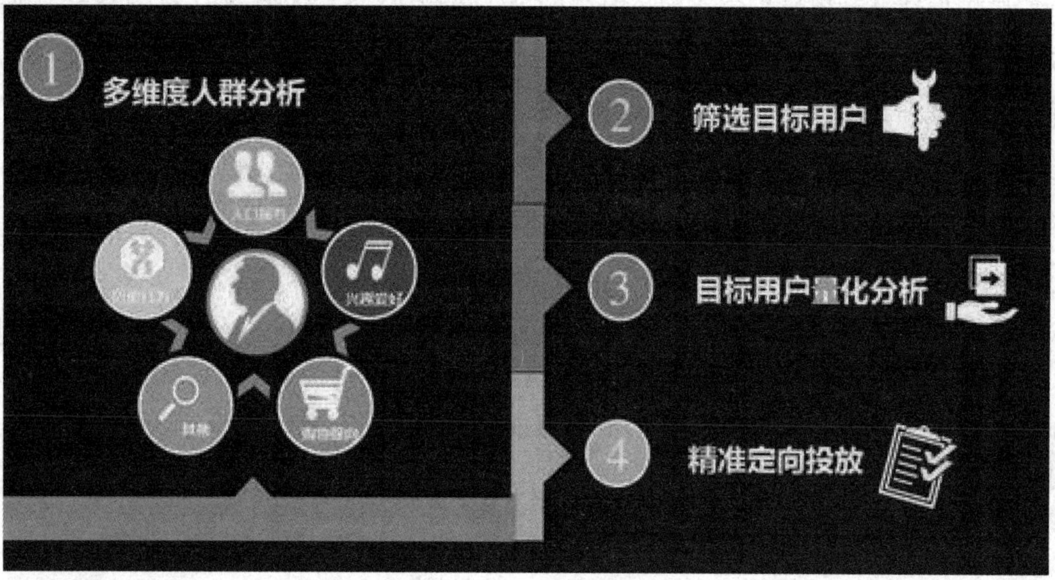

图 7-1　大数据精准营销

(2) 风险管控：依据客户消费和现金流提供信用评级或融资支持，利用客户社交行为记录实施信用卡反欺诈。

传统的风控技术，多由各机构自己的风控团队以人工的方式进行经验控制。但随着互联网技术不断发展，传统的风险管控方式已逐渐不能支撑金融公司的业务扩展，而大数据对多维度、大量数据的智能处理，批量标准化的执行流程，更能贴合信息发展时代风险管控业务的发展要求，越来越激烈的行业竞争，也正是现今大数据风控如此火热的重要原因。与原有人为对借款企业或借款人进行经验式风控不同，通过采集大量借款人或借款企业的各项指标进行数据建模的大数据风险管控更为科学有效。

(3) 决策支持：利用决策树技术进抵押贷款管理，利用数据分析报告实施产业信贷风险控制。

7.3.2　大数据在医疗行业的应用

医疗行业很早就遇到了海量数据和非结构化数据的挑战。除了较早前就开始利用大数据的互联网公司，医疗行业是让大数据分析最先发扬光大的传统行业之一。我们面对的数目及种类众多的病菌、病毒，以及肿瘤细胞，其都处于不断的进化的过程中。在发现诊断疾病时，疾病的确诊和治疗方案的确定是最困难的。医疗行业拥有大量的病例，病理报告，治愈方案，药物报告等，如果这些数据可以被整理和应用将会极大地帮助医生和病人。

我们借助于大数据平台可以收集不同病例和治疗方案，以及病人的基本特征，可以建立针对疾病特点的数据库，如图 7-2 所示。如果未来基因技术发展成熟，可以根据病人的基因序列特点进行分类，建立医疗行业的病人分类数据库。在医生诊断病人时可以根据病人的疾病特征、化验报告和检测报告，参考疾病数据库来快速帮助病人确诊。在制定治疗方案时，医生可以依据病人的基因特点，调取相似基因、年龄、人种、身体情况相同的有效治疗方案，制定出适合病人的治疗方案，帮助更多人及时进行治疗。同时这些数据也有利于医药行业开发出更加有效的药物和医疗器械。

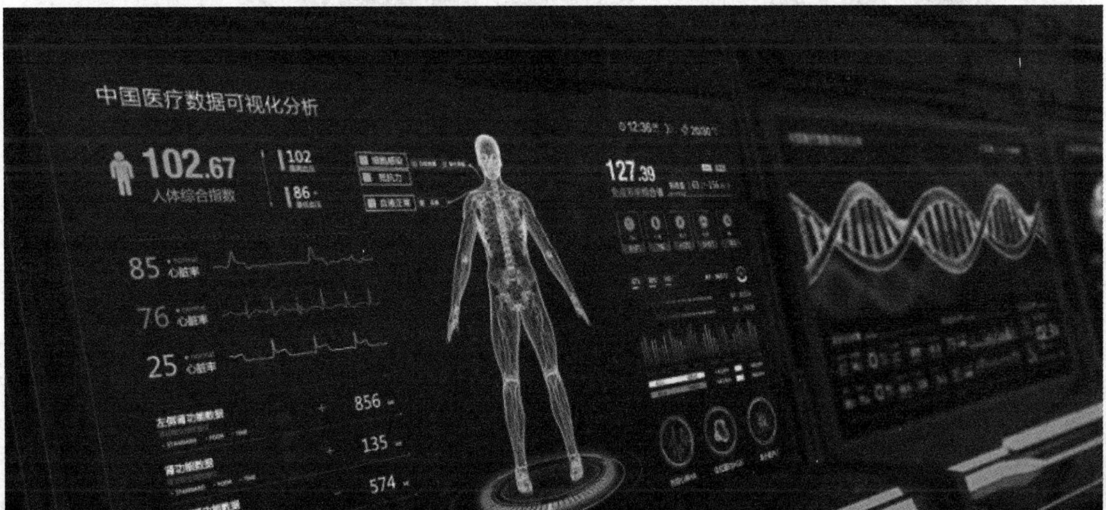

图 7-2　医疗大数据平台

医疗行业的数据应用一直在进行，但是数据没有打通，都是孤岛数据，没有办法进行大规模应用。未来需要将这些数据统一收集起来，纳入统一的大数据平台，为人类健康造福。政府和医疗行业是推动这一趋势的重要动力。

7.3.3　大数据在环保行业的应用

2016 年，我国颁布了生态环境大数据建设总体方案，明确我国将通过大数据建设加强环境保护。基于这样的背景下，目前环保大数据发展很快。随着环境监管升级，针对性、精确化、智能化的服务需求激增，大数据将在环境领域大有用武之地。

与此同时，环保数据量呈爆发式增长，给计算资源和存储资源的扩展性和高可用性带来挑战。另外，生态监测网实时数据也给数据平台带来性能挑战。而非结构化数据、时间序列数据、关系型数据等多类型数据，也增加了数据处理及分析的复杂性。因此大数据在环保行业有着不可或缺的作用，如图 7-3 所示。

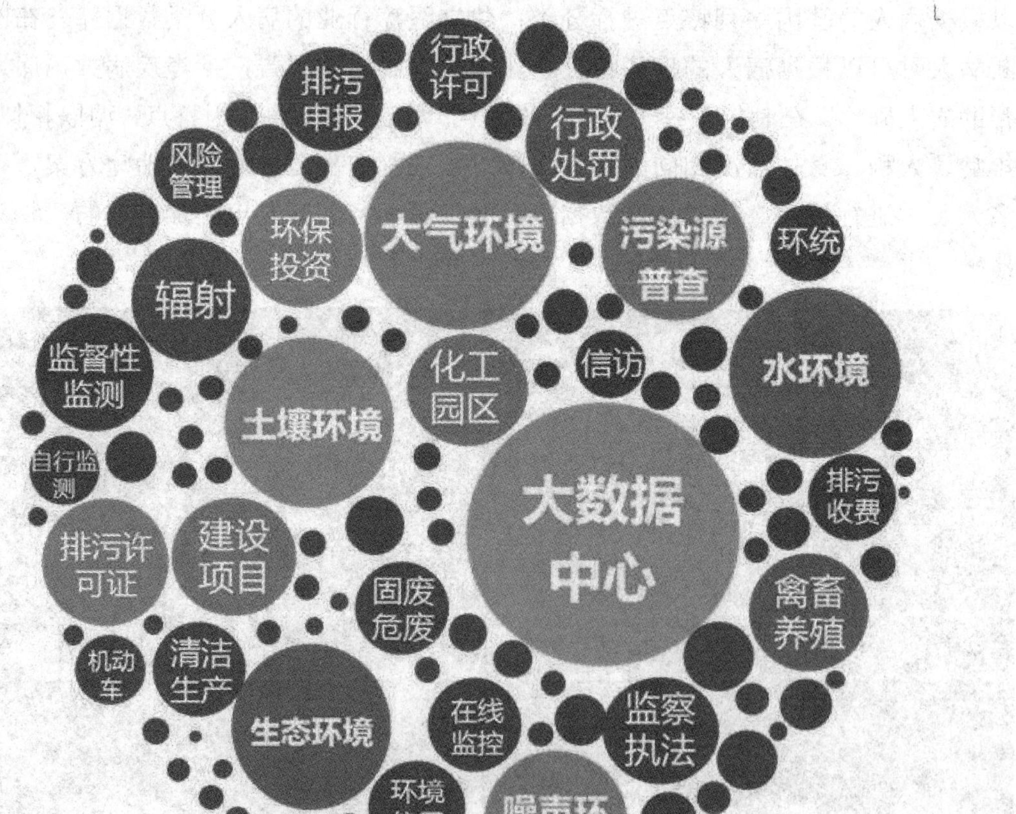

图 7-3　大数据在环保行业的应用

例如，大数据可以全面地记录污染源全生命周期各个节点的各类数据，并可以精准计算、分析其对环境影响的过程和程度，并建立包括大气、水、土壤在内的环境监测系统。大数据可以通过对各环节的监测数据进行收集、整合和分析，实现对各环境要素及污染因子全方位、全覆盖、全时段、全天候、全过程的监管和预测，通过构建以互联网信息技术与计算机技术为基础的监测网络，实时更新监测数据，为环境监督管理提供坚实的数据支撑，实现环境监管的信息化。

大数据正逐步转变人们的态度与思维，使人们从整体上认识和了解环境保护的重要性，进而对环境保护工作产生了积极的监督意识，在将环境保护工作从小范围的环境监测转化为大范围的监督管理的同时不断进行探究与创新。

7.4 云　计　算

近几年来，云计算也正在成为信息技术产业发展的战略重点，全球的信息技术企业都在纷纷向云计算转型。

7.4.1 什么是云计算

云计算是分布式计算的一种，指的是通过网络“云”将巨大的数据计算处理程序分解成无数个小程序，然后通过多部服务器组成的系统对这些小程序进行处理和分析，最终得到结果并返回给用户。早期的云计算，简单地说就是简单的分布式计算，解决任务分发，并进行计算结果的合并。因此，云计算又称为网格计算。通过这项技术，可以在很短的时间内(几秒)完成对数以万计的数据的处理，从而达到强大的网络服务。

从广义上说，云计算是与信息技术、软件、互联网相关的一种服务，这种计算资源共享池叫作“云”，云计算把许多计算资源集合起来，通过软件实现自动化管理，只需要很少的人参与就能让资源被快速提供。也就是说，计算能力作为一种商品可以在互联网上流通，就像水、电、煤气一样，可以方便地取用且价格较为低廉。

云计算不是一种全新的网络技术，而是一种全新的网络应用概念，云计算的核心概念就是以互联网为中心，在网站上提供快速且安全的云计算服务与数据存储，让每一个使用互联网的用户都可以使用网络上的庞大计算资源与数据中心。

云计算是继计算机、互联网后在信息时代的又一种革新，云计算是信息时代的一大飞跃，未来的时代可能是云计算的时代。

7.4.2 云计算与大数据的关系

大数据是一种移动互联网和物联网背景下的应用场景，需要对各种应用产生的巨量数据进行处理和分析，挖掘有价值的信息；云计算是一种技术解决方案，利用这种技术可以解决计算、存储、数据库等一系列 IT 基础设施按需构建的需求。两者并不是同一个层面的东西。

大数据的对数据进行专业化处理的过程离不开云计算的支持。大数据的特色在于对海量数据进行分布式数据挖掘，但它必须依托云计算的分布式处理、分布式数据库和云存储、虚拟化技术。大数据分析常和云计算联系到一起，因为实时的大型数据集分析需要框架来向数十、数百甚至数千的计算机分配工作。适用于大数据的技术，包括大规模并行处理数据库、数据挖掘、分布式文件系统、分布式数据库、云计算平台、互联网和可扩展的存储系统。

简而言之，云计算作为计算资源的底层，支撑着上层的大数据处理。

7.4.3 云计算的应用

较为简单的云计算技术已经普遍服务于现如今的互联网服务中，最为常见的就是网络搜索引擎和网络邮箱。

大家最为熟悉的搜索引擎莫过于谷歌和百度了，在任何时刻，只要通过移动终端就可以在搜索引擎上搜索任何自己想要的资源，通过云端共享数据资源。网络邮箱也是如此，在过去，寄写一封邮件是一件比较麻烦的事情，过程也很慢，而在云计算技术和网络技术的推动下，电子邮箱成为社会生活中的一部分，现在只要在网络环境下就可以实现实时的邮件寄收。

常用的 App、搜索引擎、听歌软件，它们的服务器都“跑”在云上，为我们提供服务。除此之外还有存储云和医疗云等。

存储云是在云计算技术上发展起来的一种新的存储技术。云存储是一个以数据存储和管理为核心的云计算系统。用户将本地的资源上传至云端上，就可以在任何地方连入互联网来获取云上的资源，如图 7-4 所示。大家所熟知的谷歌、微软等大型网络公司均有云存储的服务。在国内，百度云和微云则是市场占有量最大的云存储。存储云向用户提供了存储容器服务、备份服务、归档服务和记录管理服务等，大大方便了使用者对资源的管理。

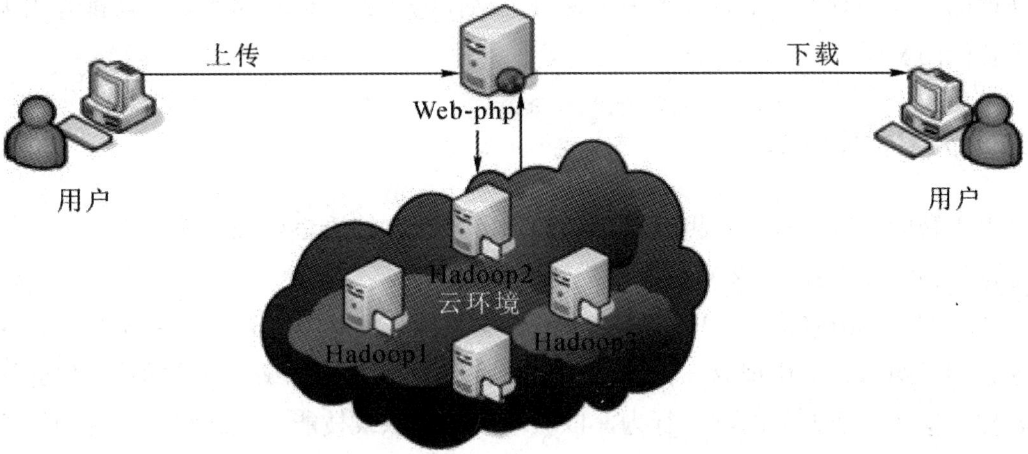

图 7-4　存储云

医疗云是指在云计算、移动技术、多媒体、4G 通信、大数据以及物联网等新技术的基础上，结合医疗技术，使用云计算来创建医疗健康服务云平台，实现了医疗资源的共享和医疗范围的扩大。因为云计算技术的运用与结合，医疗云提高了医疗机构的效率，方便了居民就医。现在医院的预约挂号、电子病历、医保等都是云计算与医疗领域结合的产物，同时医疗云还具有数据安全、信息共享、动态扩展、布局全国的优势。

7.5 人工智能

这是一个大数据的时代，更是一个召唤人工智能的时代。人类对于人工智能的期盼由来已久，在各种科幻小说中常见各种拥有人类智慧的机器人。智能机器人长久以来一直是人类的一个梦想，如今这个梦想被重新点燃，离我们触手可及。

7.5.1 人工智能战胜人类

让人工智能程序去下棋似乎是一个传统了，在棋类游戏上战胜人类顶尖高手成为人工智能程序证明自己的一种方式。早在 1997 年 IBM 的超级计算机“深蓝”就以微弱优势战胜了当时的国际象棋大师卡斯帕罗夫，那算是人工智能的一次预演。不过由于围棋的复杂度远不是国际象棋可以比拟的，所以当时人们普遍认为计算机在围棋上要想胜过人类职业选手还遥遥无期。然而仅仅不到 20 年，谷歌旗下的 DeepMind 公司研发的人工智能程序 AlphaGo 就战胜了人类顶尖围棋选手之一韩国九段李世石。这个轰动性的事件，对于人工智能来说可谓一个绝佳的广告，一时间普罗大众都开始关注人工智能的发展。

7.5.2 人工智能技术

人工智能领域，包含了机器学习、知识图谱、自然语言处理、人机交互、计算机视觉、生物特征识别、AR/VR 七个关键技术。

(1) 机器学习(Machine Learning)。机器学习是一门涉及统计学、系统辨识、逼近理论、神经网络、优化理论、计算机科学、脑科学等诸多领域的交叉学科。研究计算机怎样模拟或实现人类的学习行为，以获取新的知识或技能，重新组织已有的知识结构使之不断改善自身的性能，是人工智能技术的核心。基于数据的机器学习是现代智能技术中的重要方法之一，研究从观测数据(样本)出发寻找规律，利用这些规律对未来数据或无法观测的数据进行预测。根据学习模式、学习方法以及算法的不同，机器学习存在不同的分类方法。

(2) 知识图谱。知识图谱本质上是结构化的语义知识库，是一种由节点和边组成的图数据结构，每个节点表示现实世界的“实体”，每条边为实体与实体之间的“关系”，以符号形式描述物理世界中的概念及其相互关系，其基本组成单位是“实体—关系—实体”三元组，以及实体及其相关“属性—值”对。不同实体之间通过关系相互联结，构成网状的知识结构。通俗地讲，知识图谱就是把所有不同种类的信息连接在一起而得到的一个关系网络，提供了从“关系”的角度去分析问题的能力。

知识图谱可用于反欺诈、不一致性验证、组团欺诈等公共安全保障领域，需要用到异常分析、静态分析、动态分析等数据挖掘方法。知识图谱在搜索引擎、可视化展示和精准营销方面有很大的优势，已成为业界的热门工具。随着知识图谱应用的不断深入，还有一系列关键技术需要突破，如数据的噪声问题，即数据本身有错误或者数据存在冗余。

(3) 自然语言处理。自然语言处理是计算机科学领域与人工智能领域中的一个重要方向，不是研究自然语言，而是研制能有效地实现自然语言通信的计算机系统。自然语言处理的目的是实现人与计算机之间用自然语言进行有效通信的各种理论和方法。

(4) 人机交互。人机交互主要研究人和计算机之间的信息交换，主要包括人到计算机和计算机到人的两部分信息交换，是人工智能领域的重要外围技术。人机交互是与认知心理学、人机工程学、多媒体技术、虚拟现实技术等密切相关的综合学科。传统的人与计算机之间的信息交换主要依靠交互设备进行，包括键盘、鼠标、操纵杆、数据服装、眼动跟踪器、位置跟踪器、数据手套、压力笔等输入设备，以及打印机、绘图仪、显示器、头盔式显示器、音箱等输出设备。人机交互技术除了传统的基本信息交互和图形交互外，还包括语音交互、情感交互、体感交互及脑机交互等技术。

(5) 计算机视觉。计算机视觉是一门研究如何使机器“看”的科学，就是利用摄影机和计算机代替人眼对目标进行识别、跟踪和测量，并进一步做图形处理，使其成为更适合人眼观察或仪器检测的图像。计算机视觉的主要任务是通过对采集的图片或者视频进行处理以获得相应场景的三维信息。

(6) 生物特征识别。生物特征识别技术是指通过个体生理特征或行为特征对个体身份进行识别认证的技术。从应用流程看，生物特征识别通常分为注册和识别两个阶段。注册阶段通过传感器对人体的生物表征信息进行采集，如利用图像传感器对指纹和人脸等光学信息进行采集，用话筒对说话声等声学信息进行采集，利用数据预处理以及特征提取技术对采集的数据进行处理，得到相应的特征进行存储。识别过程采用与注册过程一致的信息采集方式对待识别人进行信息采集、数据预处理和特征提取，然后将提取的特征与存储的特征进行比对分析，完成识别。

从应用任务看，生物特征识别一般分为辨认与确认两种任务。辨认是指从存储库中确定待识别人身份的过程，是一对多的问题；确认是指将待识别人信息与存储库中特定单人信息进行比对然后确定身份的过程，是一对一的问题。

生物特征识别技术涉及的内容十分广泛，包括指纹、掌纹、人脸、虹膜、指静脉、声纹、步态等多种生物特征，其识别过程涉及图像处理、计算机视觉、语音识别、机器学习等多项技术。目前生物特征识别作为重要的智能化身份认证技术，在金融、公共安全、教育、交通等领域得到广泛的应用。

(7) 增强现实(AR)/虚拟现实(VR)是以计算机为核心的新型视听技术。通过结合相关科学技术，在一定范围内生成与真实环境在视觉、听觉、触感等方面高度近似的数字化环境。用户借助显示设备、跟踪定位设备、触觉交互设备、数据获取设备、专用芯片等实现与数字化环境中的对象进行交互，获得近似真实环境的感受和体验。

增强现实/虚拟现实从技术特征角度，按照不同处理阶段，可以分为获取与建模技术、分析与利用技术、交换与分发技术、展示与交互技术以及技术标准与评价体系五个方面。获取与建模技术研究如何把物理世界或者人类的创意进行数字化和模型化，难点是三维物理世界的数字化和模型化技术；分析与利用技术重点研究对数字内容进行分析、理解、搜索和知识化方法，其难点在于内容的语义表示和分析；交换与分发技术主要强调各种网络环境下大规模的数字化内容流通、转换、集成和面向不同终端用户的个性化服务等，其核心是开放的内容交换和版权管理技术；展示与交互技术重点研究符合人类习惯的数字内容的各种显示技术及交互方法，以期提高人类对复杂信息的认知能力，其难点在于建立自然和谐的人机交互环境；标准与评价体系重点研究增强现实/虚拟现实基础资源、内容编目、信源编码等的规范标准以及相应的评估技术。

目前增强现实/虚拟现实面临的挑战主要体现在智能获取、普适设备、自由交互和感知融合四个方面。在硬件平台与装置、核心芯片与器件、软件平台与工具、相关标准与规范等方面存在一系列科学技术问题。总体来说，增强现实/虚拟现实呈现虚拟现实系统智能化、虚实环境对象无缝融合、自然交互全方位与舒适化的发展趋势。

7.5.3 人工智能应用

本节将介绍人工智能在自然语言处理、计算机视觉、语音识别技术、专家系统以及交叉领域等五个领域的应用。

1. 自然语言处理

自然语言处理的一个主要应用方面就是外文翻译。生活中遇到外文文章，大家想到的第一件事就是寻找翻译网页或者 App，然而每次机器翻译出来的结果基本上都是不符合语言逻辑的，需要我们对句子进行二次加工排列组合，如图 7-5 所示。但专业领域的翻译，如法律、医疗领域，机器翻译根本就是不可行的。面对这一困境，自然语言处理正在努力打通翻译的壁垒，只要提供海量的数据，机器就能自己学习任何语言。

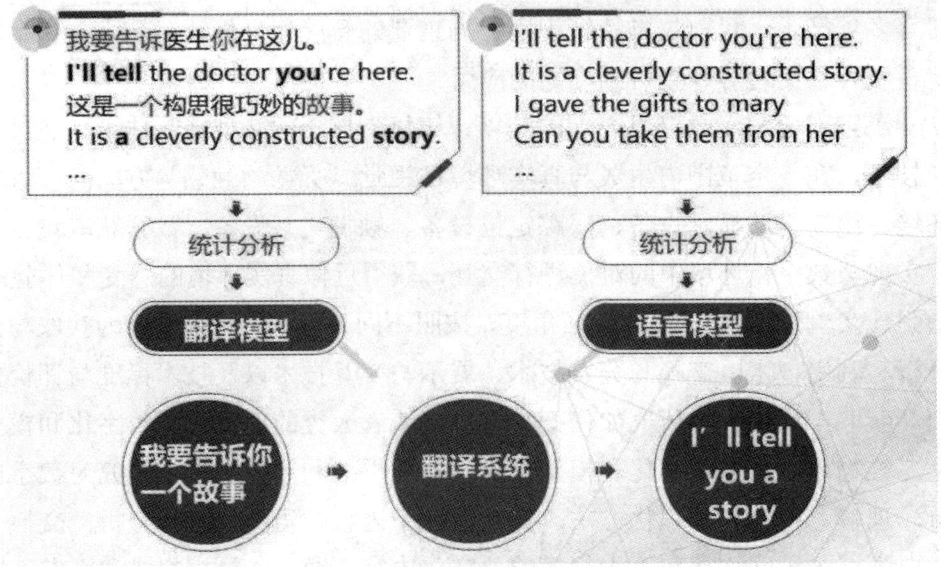

图 7-5　自然语言处理外文翻译

自然语言处理还可以将积压的病例自动批量转化为结构化数据库，通过机器学习和自然语言处理技术自动抓取病历中的临床变量，生成标准化的数据库，大大提高了医院的办公效率，缓解了求医难的问题。

2. 计算机视觉

计算机视觉有着广泛的细分应用，其中包括医疗领域成像分析、人脸识别、公关安全、安防监控等。

以智能安防为例，随着各级政府大力推进“平安城市”的建设，监控点位越来越多，视频和卡口产生了海量的数据。尤其是高清监控的普及，整个安防监控领域的数据量都在爆炸式增长，依靠人工来分析和处理这些信息变得越来越困难。以计算机视觉为核心的安防技术可以处理海量的数据源，具有丰富的数据层次，可以应用于事前预防及事后追查等各环节。

3. 语音识别技术

语音识别技术最通俗易懂的讲法就是语音转化为文字，并对其进行识别认知和处理，如图 7-6 所示。语音识别技术的主要应用包括医疗听写、语音书写、计算机系统声控、电话客服等。

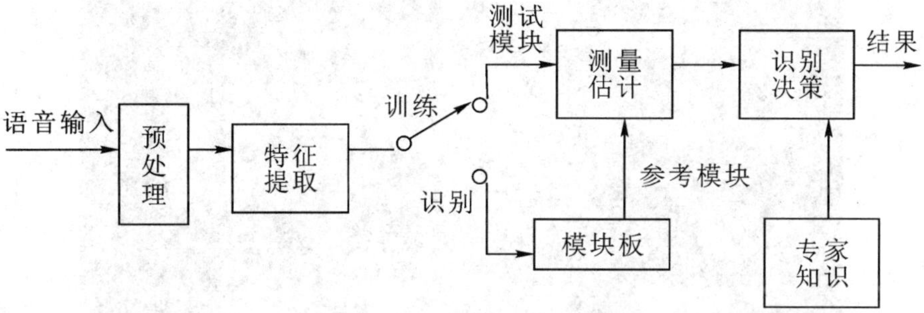

图 7-6 语音识别技术

语音测评服务是语音识别技术比较有趣的一个应用，语音评测服务是利用云计算技术，将自动口语评测服务放在云端，并开放 API 接口供客户远程使用。在语音测评服务中，通过人机交互式教学，能实现一对一口语辅导，就好像是请了一个外教在家，解决了哑巴英语的问题。

4. 专家系统

专家系统是根据某领域一个或多个专家提供的知识和经验，进行推理和判断，模拟人类专家的决策过程，去解决那些需要人类专家处理的复杂问题的智能计算机程序系统。

自 20 世纪 60 年代末，费根鲍姆等人开发出第一个专家系统 DENDRAL 以来，专家系统已被成功地运用到工业、农业、地质矿产业、科学技术、医疗、教育、军事等众多领域，并产生了巨大的社会效益和经济效益。它实现了人工智能从理论研究走向实际应用，从一般思维方法探讨转入专门知识运用的重大突破，成为人工智能应用研究中最活跃、也最有成效的一个重要领域。

随着手机的普及，现在越来越多的人已经习惯观看手机中的天气预测，而在天气预测中，专家系统的地位是决定性的。专家系统可以通过手机定位到用户所处的位置，再利用算法对覆盖全国的雷达图进行数据分析并预测，如图 7-7 所示。这样用户就可以随时随地查询自己所在地的天气趋势，并且天气预测中再无“局部地区有雨”的字眼，取而代之的是“您所在街道 25 分钟后小雨，50 分钟后雨停”。

图 7-7　天气预测专家系统

无人汽车也是专家系统的应用成果。无人驾驶汽车是智能汽车的一种，也称为轮式移动机器人，主要依靠车内的以计算机系统为主的智能驾驶仪来实现无人驾驶的目标。从 20 世纪 70 年代开始，美国、英国、德国等发达国家开始进行无人驾驶汽车的研究，在可行性和实用化方面都取得了突破性的进展。我国从 20 世纪 80 年代开始进行无人驾驶汽车的研究，国防科技大学在 1992 年成功研制出我国第一辆真正意义上的无人驾驶汽车。2005 年，首辆城市无人驾驶汽车在上海交通大学研制成功。

5. 交叉领域

人工智能的四大方面应用其实或多或少都涉及了其他领域，然而交叉应用最突出的方面还是智能机器人。机器人是自动执行工作的机器装置，它既可以接受人类指挥，又可以运行预先编排的程序，也可以根据以人工智能技术制定的原则纲领行动，它的任务是协助或取代人类的工作，多从事服务业、生产业、建筑业或是危险的工作。

例如我国有一家名叫“AI 咖啡”的咖啡厅，在咖啡厅内可以看到机器人咖啡师、机器人服务员及各种人工智能设备。顾客只需在桌面通过电子屏幕或语音下单，智能咖啡机就会现磨咖啡，由机器人完成咖啡的传送，再由机器人服务员将咖啡送达顾客手中，如图 7-8 所示。经过精确计算，从点单到端到顾客手中，做一杯美式咖啡只需 53 秒，拿铁咖啡只需 78 秒。“AI 咖啡”咖啡厅的顺利运行归功于一个完全开放的人工智能平台，能够帮助第三方应用和第三方智能设备利用平台的语音、图像等能力提供相应服务。咖啡厅内的机器人及其他智能设备的语音交互、协作等功能，都由这个平台操控。

图 7-8 “AI 咖啡”咖啡厅

还有比较常见的陪护机器人。陪护机器人可以实现自主导航避障功能，能够通过语音和触屏进行交互。配合相关检测设备，陪护机器人具有血压、心跳、血氧等生理信号检测与监控功能，可无线连接社区网络并传输到社区医疗中心，紧急情况下可及时报警或通知亲人。陪护机器人为人口老龄化带来的重大社会问题提供解决方案。

7.6 区 块 链

区块链作为一种新型去中心化协议，能安全地存储数据或信息，信息不可伪造和篡改，可以自动执行智能合约，无需任何中心化机构的审核。

7.6.1 什么是区块链

区块链是一个信息技术领域的术语。从本质上讲，它是一个共享数据库，存储于其中的数据或信息，具有“不可伪造”“全程留痕”“可以追溯”“公开透明”“集体维护”等特征。基于这些特征，区块链技术奠定了坚实的“信任”基础，创造了可靠的“合作”机制，具有广阔的运用前景。

区块链以其可信任性、安全性和不可篡改性，让更多数据被解放出来，推进数据的海量增长。区块链的可追溯性使得数据从采集、交易、流通，以及计算分析的每一步记录都可以留存在区块链上，使得数据的质量获得前所未有的强信任背书，也保证了数据分析结果的正确性和数据挖掘的效果。

区块链能够进一步规范数据的使用，精细化授权范围。脱敏后的数据交易流通，则有利于突破信息孤岛，建立数据横向流通机制，形成“社会化大数据”。

区块链提供的是账本的完整性，数据统计分析的能力较弱。大数据则具备海量数据存储技术和灵活高效的分析技术，极大提升区块链数据的价值和使用空间。区块链提供的卓越的数据安全性和数据质量，可以改变人们处理大数据的方式。

7.6.2 区块链金融应用

在区块链的创新和应用探索中，金融是最主要的领域，也是最早的应用领域之一，现阶段主要的区块链应用探索和实践，也都是围绕金融领域展开的。在金融领域中，区块链技术在数字货币、支付清算、智能合约、金融交易、物联网金融等多个方面存在广阔的应用前景，一定程度上推动解决了此前金融服务中存在的信用校验复杂、成本高、流程长、数据传输误差等难题。

目前，金融服务领域已有一些典型案例，例如通过区块链技术改造的跨境直联清算业务系统。之前的跨境支付结算时间长、费用高、必须通过多重中间环节。当跨境汇款与结算的方式日趋复杂，付款人与收款人之间所仰赖的第三方中介角色更显得极其重要。因每个国家的清算程序不同，每一笔汇款所需的中间环节不但费时，效率极低，而且在途资金占用量极大，同时还需要支付大量的手续费。

通过区块链的平台，不但可以绕过中转银行，减少中转费用，还因为区块链安全、透明、低风险的特性，提高了跨境汇款的安全性，并且加快了结算与清算速度，大大提高了资金利用率。银行与银行之间可以通过区块链技术打造点对点的支付方式，省去第三方金融机构的中间环节，不但可以全天候支付、实时到账、提现简便及没有隐形成本，也有助于降低跨境电商资金风险及满足跨境电商对支付清算服务的及时性、便捷性的需求，如图 7-9 所示。

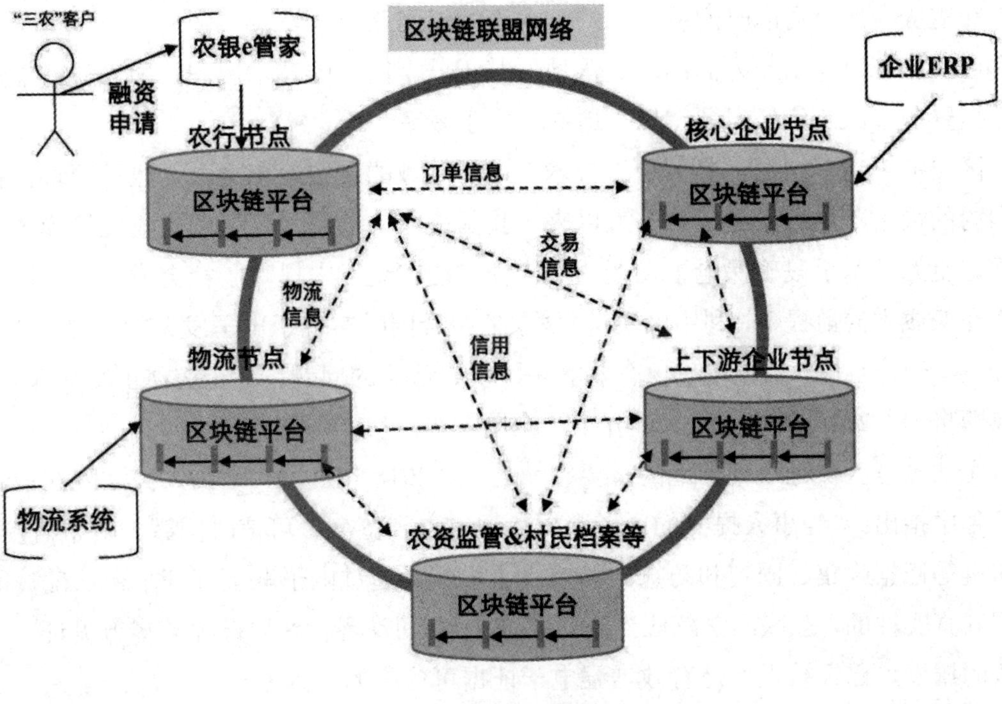

图 7-9　区块链金融应用

在发展特点上，一方面由于金融服务行业注重多方对等合作，并具有强监管和高级别的安全要求，需要对节点准入、权限管理等作出要求，因此更倾向于选择联盟链的技术方向；另一方面该领域的应用更加强调可监管性，从金融监管机构的角度看，区块链为监管机构提供了一致且易于审计的数据，使得金融业务的监管审计更快更精确。

记载于区块链中的客户信息与交易纪录可以随时更新，同时在客户信息保护法规的框架下，如果能实现客户信息和交易纪录的自动化加密关联共享，银行之间能省去许多客户身份识别的重复工作。银行也可以通过分析和监测在共享的分布式账本内客户交易行为的异常状态，及时发现并消除欺诈行为。

7.6.3　区块链政务应用

政务领域是区块链技术落地的场景之一，政府方面对区块链的接受度愈发高涨。

在国外，日本开发了基于区块链的国民身份证系统，马来西亚的商业登记处引入了区块链技术，巴西的圣保罗市政府计划通过区块链登记公共工程项目。在我国，政府部门也积极应用区块链技术。例如，北京市政府部门的数据目录都将通过区块链的形式进行锁定和共享，形成“目录链”。2019 年 6 月，重庆上线了区块链政务服务平台，在重庆注册公司的时间从过去的十余天缩短到三天。

区块链在政府工作方面的广泛落地，基于一个简单的技术原理，即区块链能够打破数据壁垒，解决信任问题，极大地提升办事效率。

区块链 + 电子票据，是区块链技术在政务领域的重要应用之一，也是区块链技术在国内的最早落地场景之一。一直以来，我国采取“以票管税”的税收征管模式，需要用繁复的技术手段确保电子发票的唯一性，这在无形中提高了社会成本。而区块链技术在低成本的前提下，利用区块链+发票的组合同时实现了电子发票的不可作伪、按需开票、全程监控、数据可询，有效解决了发票造假的问题，真正实现了交易即开票，开票即报销。2018 年 8 月，深圳开出了全国首张区块链发票。

司法也是区块链政务落地的重要领域之一。2018 年 9 月，最高人民法院在最新司法解释中指出：“当事人提交的电子数据，通过电子签名、可信时间戳、哈希值校验、区块链等证据收集、固定和防篡改的技术手段或者通过电子取证存证平台认证，能够证明其真实性的，互联网法院应当确认。”如今在司法界，区块链凭着多方见证、不可篡改的属性，已经被视作是有效增强电子证据可信度的工具之一。

2018 年 6 月，杭州互联网法院宣告审结区块链电子证据“第一案”。原告将电子证据的哈希值存储在了区块链上，这一证据随后被法院认定为“上链后‘保存完整，未被修改’”。

2019 年 10 月，绍兴成功判决全国首例区块链存证刑事案件，在案件办理过程中通过区块链技术对数据进行加密，并通过后期哈希值比对，保证据的真实性。

7.6.4 区块链溯源应用

区块链是一个分散的数据库，记录了区块链数据的输入输出，从而可以轻松的追踪数据的变化，即产生的任何数据信息都会被区块链所记录，这些数据信息都具有准确性和唯一性，且不可进行篡改，这就是区块链的可追溯性。

溯源的本质是信息传递，区块链本身也是利用信息传递将数据做成区块，然后按照相关的算法生成私钥、防止篡改，再用时间戳等方式形成链，这恰恰符合了商品市场流程化生产模式。商品流通本身就是流程化的，从原材料到加工到流通到销售，是一个以时间为顺序的流程化的过程，区块链内信息同样也是按时间顺序排序并且可实时追溯的，两者刚好完美契合。

因此，将区块链技术运用到商品市场当中，任何数据信息都能够被记录，并且这个数据信息是可以追溯查询的。所以，当有假冒伪劣产品出现在市场上时，区块链的可追溯性能够帮助找到产品造假的源头，方便监管部门切断造假源头，防止假冒伪劣产品流向市场。

另外，对于已经流向市场的假冒伪劣产品，区块链的可追溯性也能够查询到其准确的流向位置，方便监管部门将其召回，给予到消费者更好的购物环境，如图 7-10 所示。

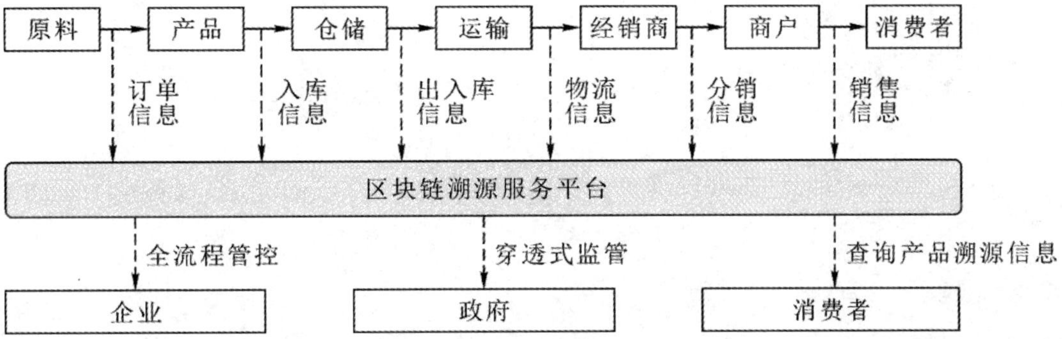

图 7-10 区块链溯源应用

对税务进行实时监督也是区块链溯源的重要应用。对于税务监管部门来说，如何防止偷税、漏税情况的出现，一直都是他们最为关心的话题。因为在当下的市场环境中，即便税务部门在各个流程上进行了监督，也总会有些企业通过做假账来实现偷税、漏税。将区块链技术运用到税务管理系统当中，区块链的可追溯性能够对发放的每一张发票信息进行追溯查询，这就意味着企业登记的每一笔财务信息，都能被区块链数据系统查询到。这就方便税务机关实时的进行监管，防止偷税、漏税情况的出现。

思考与练习

1. 简述云计算、大数据、数据挖掘之间的关系。

2. 举例说明大数据的基本应用。

3. 什么是人工智能？试从学科和能力两方面加以说明。

4. 请根据你对区块链的理解，谈一谈你认为它最伟大的革新之处，并分析未来最有可能得到广泛应用的领域。

参 考 文 献

[1] 聂爱林，符啸威，林忠会. 计算机应用基础项目教程(Windows 7 + Office 2016)[M]. 北京：航空工业出版社，2021.
[2] 吕新平，王丽彬. 大学计算机基础[M]. 7 版. 北京：人民邮电出版社，2021.
[3] 崔向平，周庆国. 大学信息技术基础[M]. 北京：人民邮电出版社，2021.
[4] 石慧升，王思义，MS Office 2016 高级应用[M]. 北京：北京邮电大学出版社，2020.
[5] 赵明. 计算机应用基础(Windows 7 + Officc 2010)[M]. 上海：上海交通大学出版社，2020.
[6] 顾沈明，张建科. 计算机基础[M]. 4 版. 北京：清华大学出版社，2018.